Java面向对象程序设计

■ 李金忠 杨德石　编著　　微课视频版

清华大学出版社

北京

内 容 简 介

　　TOIBE 公布的近 20 年来的编程语言排行榜中，Java 语言基本每年霸占 TIOBE 指数榜单的前 3 名，已经成为热门且主流的程序设计语言。同时，为贯彻落实 2020 年教育部印发的《高等学校课程思政建设指导纲要》中对工科类专业课程提出的课程思政要求，本书从实用性和思政性两方面设计了一些包含思政元素的编程案例，将思政元素有机融入程序的代码编写中，寓价值观引导于知识传授和程序设计能力培养之中。

　　本书共 13 章，主要讲解面向对象程序设计思想与特性、Java 语言概述、变量与常量、运算符与表达式、选择结构与循环结构、方法与数组、类与对象、继承与多态、抽象类与接口、内部类与异常、Java 常用类、集合与泛型、Lambda 与 Stream、文件与 I/O 流、JDBC 数据库操作、多线程与网络编程、反射与注解等内容。本书提供了大量应用实例，每章后均附有习题，并且在大部分章节中指出了思政元素融入点。

　　本书可作为高等院校本科、专科计算机类相关专业的面向对象程序设计(Java)或 Java 语言程序设计课程的教材，也可作为自学编程人员的参考用书。

图书在版编目（CIP）数据

Java 面向对象程序设计：微课视频版/李金忠，杨德石编著. —北京：清华大学出版社，2023.5
（2024.8重印）
（清华开发者学堂）
ISBN 978-7-302-63045-6

Ⅰ.①J… Ⅱ.①李… ②杨… Ⅲ.①JAVA 语言－程序设计 Ⅳ.①TP312.8

中国国家版本馆 CIP 数据核字(2023)第 041433 号

责任编辑：张　玥　常建丽
封面设计：刘　键
责任校对：郝美丽
责任印制：杨　艳

出版发行：清华大学出版社
　　　　网　　　址：https://www.tup.com.cn，https://www.wqxuetang.com
　　　　地　　　址：北京清华大学学研大厦 A 座　　　　邮　　编：100084
　　　　社 总 机：010-83470000　　　　　　　　　　邮　　购：010-62786544
　　　　投稿与读者服务：010-62776969，c-service@tup.tsinghua.edu.cn
　　　　质量反馈：010-62772015，zhiliang@tup.tsinghua.edu.cn
　　　　课件下载：https://www.tup.com.cn，010-83470236
印 装 者：三河市铭诚印务有限公司
经　　　销：全国新华书店
开　　　本：185mm×260mm　　　　印　　张：23　　　字　　数：560 千字
版　　　次：2023 年 6 月第 1 版　　　　　　　　　　印　　次：2024 年 8 月第 3 次印刷
定　　　价：75.00 元

产品编号：097197-01

　　面向对象程序设计 Java 语言是一种流行的计算机程序设计语言，以其面向对象、简单易用性、跨平台性、可移植性、安全性、健壮性、分布性和动态性等优良特性以及其无处不在且开源免费、适用范围广泛等显著优点，成为近年来较流行的优秀编程语言之一。在全球云计算、大数据和人工智能以及互联网蓬勃发展的产业应用环境下，Java 语言更具有得天独厚的优势和广阔的应用前景。为贯彻落实 2020 年教育部印发的《高等学校课程思政建设指导纲要》中所明确提出的要求："工学类专业课程，要注重强化学生工程伦理教育，培养学生精益求精的大国工匠精神，激发学生科技报国的家国情怀和使命担当"，本书在全面系统讲解面向对象程序设计 Java 语言编程知识的同时，结合案例程序的特点将思政元素渗透到具体章节中，使学生在学习程序设计专业知识的过程中，领悟其所蕴含的思政味，增强课程的知识性、引领性和时代性，达到寓价值观有机融入知识传授和程序设计能力培养之中的目的。

　　本书全面地讲解了 Java 的重要知识，尤其强调面向对象的设计思想和 Java 的编程核心思想，共分为 13 章，主要内容组织如下。

　　第 1 章 初识 Java 与面向对象程序设计：主要介绍计算机编程语言发展史，Java 语言的发展史、特点和跨平台原理，面向对象程序设计思想，Java 开发环境搭建和第一个 Java 程序，以及 Eclipse 和 IntelliJ IDEA 等常用集成开发工具。

　　第 2 章 Java 编程基础：主要介绍 Java 中的变量与常量、运算符与表达式、选择结构与循环结构、方法与数组，以及 JVM 中的堆内存与栈内存等编程基础知识。

　　第 3 章 面向对象程序设计（基础）：主要讲述面向对象的概念、特性和编程思想，类和对象，构造方法，this 和 static 关键字，以及包的概念和使用等面向对象程序设计基础知识。

　　第 4 章 面向对象程序设计（进阶）：主要讨论封装、继承和多态，抽象类和接口，super 和 final 关键字，Object 类，以及内部类等面向对象程序设计进阶知识。

　　第 5 章 异常：主要介绍异常的概念、体系和类型，异常处理和自定义异常，包括 try、catch、finally、throw 和 throws 五大关键字的用法。

第 6 章 Java 常用类：主要讲述包装类，枚举类，字符串类 String、StringBuffer 和 StringBuilder，时间和日期相关类 Date、SimpleDateFormat 和 Calendar，以及 Math、Random 和 UUID 等 Java 常用类。

第 7 章 集合与泛型：主要概述集合与泛型，讲解 Collection 接口，讨论三大集合框架：List、Map、Set 及其各自的实现类的使用。

第 8 章 Lambda 与 Stream：主要介绍 JDK 8 中的新特性和新语法——Lambda 表达式与 Stream 的语法及它们的使用。

第 9 章 文件与 I/O 流：主要概述 I/O 流与 File 类，讲解字节流、字符流、缓冲流、打印流、对象流和字节数组流的使用。

第 10 章 JDBC：主要概述 JDBC，讲解 Java 怎样使用 JDBC 操作数据库，讨论 JDBC 工具类封装、JDBC 事务处理、JDBC 连接池等重要技术和 SQL 注入问题。

第 11 章 多线程：主要概述 Java 多线程，介绍线程的创建、线程的生命周期和状态转换，讨论 synchronized 关键字、线程通信、显式锁 Lock、Java 并发包和线程池等重要技术。

第 12 章 网络编程：主要介绍网络编程中的一些基础概念，包括网络通信协议、TCP 和 UDP、IP 与端口号，讲解 Socket 通信，并重点讲解 Socket 与 ServerSocket 类，以及如何通过 Socket 通信实现一个简单的疫情背景下的网课聊天室，讨论 Java 中的 UDP、HTTP 和 URL，并重点介绍 HttpURLConnection 类。

第 13 章 反射与注解：主要介绍反射的概念及其相关知识，讲解反射中的 Class、Field、Constructor、Method 类的使用方式，还讲解注解的概念、语法、属性和使用以及元注解，演示反射＋注解在实际开发中的应用场景。

由于编著者水平和时间有限，书中难免有不妥之处，欢迎各界专家、同仁和读者批评指正，我们将不胜感激。

编 著 者
2023 年 4 月于吉安

第 3 章　面向对象程序设计（基础）　/70

第 8 章　Lambda 与 Stream　/187

第 9 章　文件与 I/O 流　/204

第 11 章 多线程 /260

第1章　初识Java与面向对象程序设计

1.1　Java 概述

1.1.1　计算机编程语言发展史

自 1944 年有着"计算机之父"之称的冯·诺依曼(见图 1.1)提出冯·诺依曼理论后,计算机已经发展了很多年,其中计算机语言也历经了三个发展历程:机器语言、汇编语言、高级语言。

第一代计算机编程语言是机器语言。机器语言是微处理器理解和使用的语言,用于控制它的操作二进制代码。机器语言下编写代码要通过大量"0"和"1"进行,尽管它们之间有规律可循,但依然避免不了背诵记忆,至今存在多至 100000 种机器语言的指令,并且要求开发者熟知硬件知识,这意味着编程需要大量的记忆,门槛很高。

图 1.1　"计算机之父"
冯·诺依曼

第二代计算机编程语言是汇编语言。汇编语言是计算机语言的一次重大革新,不同于第一代语言,汇编语言采用英文单词作为指令编写程序,这意味着不记忆那些枯燥的 0 和 1 也可以写出一个小型应用。汇编语言本身是一门低级语言,由于在不同平台没有做到统一化,导致不同平台的汇编语言指令不同,并且依然需要开发者掌握硬件知识,因此汇编语言的使用门槛依然很高。

第三代计算机编程语言是高级语言。高级语言的出现,甚至可以用"计算机语言革命"形容,是一次非常大的突破。高级语言使用近乎自然语言和数学公式的编程方式,基本脱离了硬件设施,使得编程难度直线降低。高级语言出现之后,涌现出大量的开发者,计算机软件从而蓬勃发展。

计算机编程语言发展历程如图 1.2 所示。

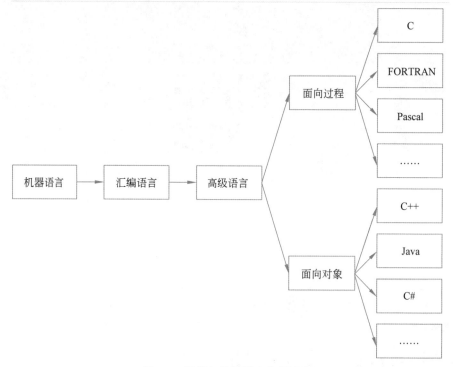

图 1.2　计算机编程语言发展历程

1.1.2　Java 语言发展史

1990 年年末,Sun 公司预料嵌入式系统将在未来家用电器领域大显身手。于是 Sun 公司成立了一个由詹姆斯·高斯林(见图 1.3)领导的"Green 计划",准备为下一代智能家电(电视机、电话)编写一个通用控制系统。但不同的家电所用的操作系统和硬件设备可能不同,而当时并没有一款足够好的跨平台语言,于是詹姆斯·高斯林决定创造一种全新的语言:Oak(橡树,Java 的前身)。詹姆斯·高斯林也被誉为"Java 语言之父"。

直到 1995 年,Sun 公司推出了 Java 测试版,并于 1996 年发布了正式版 JDK 1.0,之后 Java 的发展势头突飞猛进,于 1997 年推出 JDK 1.1,1998 年大大改进了早期版本的缺陷,发布了 Java 1.2 企业平台 J2EE,JDK 1.2 正式更名为 Java 2。1999 年,Java 被

图 1.3　"Java 语言之父"詹姆斯·高斯林

分成标准版 J2SE、企业版 J2EE 和微型版 J2ME,JSP/Servlet 技术诞生,Java 开始向服务端开发发展。2001 年和 2002 年分别发布了 J2SE 1.3 和 J2SE 1.4 版本,自此 Java 的计算能力有了大幅提升。2004 年,J2SE 1.5 Tiger 版本诞生,为了表示这个版本的重要性,J2SE 1.5更名为 J2SE 5.0,次年,J2SE 6.0 Mustang 诞生,并重新更名 Java 的各种版本,J2EE 更名为

Java EE,J2SE 更名为 Java SE,J2ME 更名为 Java ME。2009 年发布了 Java EE 6,Sun 公司被 Oracle 公司收购,2010 年,"Java 语言之父"詹姆斯 · 高斯林从 Oracle 公司辞职。2011年、2014 年和 2017 年,Oracle 公司分别发布了 Java SE 7、Java SE 8 和 Java SE 9 版本。2018 年、2019 年和 2020 年各自的 3 月和 9 月,Oracle 公司分别发布了 Java SE 10 至 Java SE 15 这 6 个不同的版本,随后,2021 年的 3 月和 5 月,Oracle 公司分别发布了 Java SE 16 和 Java SE 17 版本,并于 2022 年 3 月 22 日发布了 Java SE 18。在 2022 年 9 月 20 日,尽管 Java 已经正式发布了 Java SE 19 版本,但目前最受欢迎的版本仍为 Java SE 8 和 Java SE 11。

在 Java 语言的发展历程中,Java 被分成 3 个版本。

- Java SE:定位在个人计算机上的应用。
- Java EE:定位在服务端的应用。
- Java ME:定位在消费性电子产品的应用。

其中,随着塞班(Symbian)系统的淘汰,Java ME 也随之沦为历史的尘埃。

1.1.3　Java 语言的特点

Java 语言迄今为止依然火热的原因,离不开它的显著特点。Java 是一门简单的、面向对象的优秀编程语言,它具有跨平台性、可移植性、安全性、健壮性、编译和解释性、高性能和动态性等特点,支持多线程、分布式计算与网络编程等高级特性。

1. 简单性

Java 语言继承了 C 和 C++ 语言的优点,而摒弃了 C 和 C++ 语言中比较难的知识和易引发程序错误的地方,例如取消了 #include 等预处理功能,取消了 struct、typedef 等关键字,取消了指针、多重继承、goto 等危险的语法,取消了操作符重载,取消了手动内存管理,并提供了自动的垃圾回收机制,大大简化了程序员的资源释放管理工作,使得程序员不必为内存管理而担忧;Java 提供了丰富的类库和 API 文档,以及第三方开发工具包,还有大量的基于 Java 的开源项目,帮助程序设计人员参考学习,程序员可以充分利用这些资源,在一个较高的层次上展开其程序代码的编写和软件设计与开发的工作。总之,Java 语法更清晰,规模更小,把很多语言中最容易出 Bug 的组成部分都进行了摒弃,取其精华去其糟粕,并且还扩展了编程的丰富资源,使得开发者能更全身心地关注逻辑的处理。所以,Java 语言学习起来更简单易懂,使用起来也更方便。

2. 面向对象

很多资料中会将 C++ 列为半面向对象半面向过程的语言,因为其为了兼容 C,保留了很多面向过程的成分,使其自身成为仅带有类的 C 语言。而 Java 是一种完全面向对象的程序设计语言,它具备抽象、封装、继承和多态等特性,支持类之间的单继承和接口之间的多继承,还支持类与接口之间的实现机制和全面动态绑定。面向对象是 Java 最重要的特性之一,具有代码扩展,代码复用等功能,可以使得应用程序的开发变得更加简单易用、易维护和易扩展等。

3. 跨平台性

跨平台性是指软件可以不受计算机硬件和操作系统的约束而在任意计算机环境下正常

运行。Java是跨平台的,它自带的Java虚拟机(Java Virtual Machine,JVM)可以很好地实现跨平台性。Java源程序代码经过编译后生成与平台无关的二进制代码,即字节码文件(.class文件),可被JVM中的Java解释器解释成所在具体平台上的机器指令,可以在装有JVM的任何平台上运行,从而实现Java与平台无关。JVM提供了一个字节码到底层硬件平台及操作系统的桥梁,使得Java语言具备了跨平台性,真正实现了"Write once, run anywhere(一处编译,处处运行)"。

4. 可移植性

Java的可移植性来源于其跨平台性,Java语言的设计者在设计时重点考虑了Java程序的可移植性,采用多种机制保证可移植性,其中Java提供的JVM是对Java程序可移植性最直接、最有效的支持。Java系统本身具有很强的可移植性,Java编译器是用Java实现的,Java的运行环境是用ANSI C实现的。另外,Java还严格规定了各个基本数据类型的长度。总之,Java语言是可移植的,它并不依赖平台,用Java编写的程序可以运用到任何操作系统上。

5. 安全性

Java是在网络环境中使用的编程语言,必须考虑安全性问题,其安全性可从多方面得到保证。例如,Java的数据结构是完整的对象,这些封装过的数据类型具有安全性;Java提供数组元素下标检测机制,禁止程序越界访问内存;Java屏蔽了强大而又危险的指针,避免了非法操作内存、访问不应该访问的内存空间,并且提供了自动内存管理机制,避免程序遗漏或重复释放内存,从而使得Java程序在内存中的数据不会被其他程序直接篡改;Java程序中的存储是在程序运行时由Java解释程序决定的。还有,编译时代码要经过语法和语义的检查,运行时Java类需要类加载器载入,并经由字节码校验器校验之后才可以运行,即解释执行前,先对字节码程序作检查,防止网络"黑客"对字节码程序作非法、恶意改动,所以未经允许的Java程序不可能出现损害系统平台的行为。再者,在网络环境中使用Java类时,Java对它的权限进行了设置,提供了一个安全机制以防恶意代码的攻击,保证了被访问用户的安全性,从而可以提高系统的安全性。总之,Java语言在语言定义阶段、字节码检查阶段及程序执行阶段所进行的多级代码安全检查和控制机制,尽可能保证了Java的安全性。

6. 健壮性

Java是健壮的,刚开始设计Java时就是为了写高可靠和稳健的软件,所以用Java写可靠的软件很容易。Java语言的类型安全检查机制、异常处理、自动垃圾收集等是Java程序健壮性的重要保证。Java吸收了其他语言的优点,丢弃了其他语言中容易出问题的部分,比如指针、手动内存释放等,使得一份Java代码不容易出现Bug。Java致力于检查程序在编译和运行时的错误,类型检查帮助检查出许多开发早期出现的错误。Java使用强大的内存管理,从而避免了有安全问题的指针,Java操纵内存以减少内存出错的可能性。

7. 编译和解释性

Java语言是一种解释执行的高级编程语言,用Java语言编写的源程序在计算机上运行需经过编译和解释执行两个阶段。Java语言的编译程序先将Java源程序编译生成与机器无关的字节码,而不是通常的编译程序将源程序翻译成计算机的机器码,这使得Java开发程序比用其他语言开发程序快很多。运行时,Java 运行系统和链接需要执行的类,并作必要的优化,之后解释执行字节码程序。Java 解释器能直接运行目标代码指令,链接程序通常比编译程序所需资源少,所以程序员可以在创建源程序上花更多的时间。

Java 语言比传统的解释更快,因为 Java 的字节码在设计上非常接近现代计算机的机器码,这有助于提高解释执行的速度,但仍然比编译语言(例如 C++)慢一些。如果解释器速度不慢,Java 可以在运行时直接将目标代码翻译成机器指令,翻译目标代码的速度与 C/C++ 的性能相差不大。

8. 高性能

Java 是一种先编译后解释的语言,所以它不如全编译性语言快。但是,有些情况下性能是很要紧的,为了支持这些情况,Java 设计者制作了“及时”(Just-In-Time,JIT)编译程序,它能在运行时把 Java 字节码翻译成特定 CPU 的机器代码,即实现了全编译。Java 字节码格式设计时考虑到这些 JIT 编译程序的需要,所以生成机器代码的过程相当简单,它能产生相当好的代码。事实上,Java 的运行速度随着 JIT 编译器技术的发展越来越接近 C++。与那些解释型的高级脚本语言相比,Java 语言的确是高性能的。

9. 动态性

Java 语言的设计目标之一是适应于动态变化的环境,Java 程序需要的类能够动态地被载入运行环境,也可以通过网络载入所需要的类,程序可以自动进行版本升级。另外,Java 类库中增加的新类、新方法等 API,不会影响原有程序的执行,这也有利于软件的升级。

10. 多线程

多线程是指允许一个应用程序同时存在两个或两个以上的线程,用于支持程序中的事务并发和多任务处理。多线程的主要优点是可在很大程度上提高程序的执行效率,且每个线程不占用内存,它们共享一个公共内存区域。多线程机制使程序具有更好的交互性和实时性,通过使用多线程,用户可以分别用不同的线程完成特定的行为,而不需要采用全局的事件循环机制,这样就能轻松实现网络上的实时交互行为。

Java 除定义了内置的多线程技术外,还定义了一些类、方法等建立和管理用户定义的多线程。用 Java 语言能直接编写多线程程序,只要继承 Thread 类,通过定义多个线程一次处理多个任务,就可以编写可使用户程序并行执行的多线程程序。Java 还提供了多线程之间的同步机制,可以很好地保证不同线程对共享数据的正确操作,完成各自的特定任务。

11. 分布性

Java 语言是一种支持分布式计算的网络编程语言,既支持各种层次的网络连接,又可以通过 Socket 类等支持可靠的 Stream 进行网络连接,从而支持 Internet 应用的开发。在基本的 Java 应用编程接口中有一个网络应用编程接口(java.net),它提供了用于网络应用编程的类库,包括 URL(统一资源定位符)、URLConnection、Socket、ServerSocket 等以支持 Java 的分布式环境下的网络编程。还有,Java 语言支持客户机/服务器计算模式,Java 的 RMI(远程方法激活)机制也是开发分布式应用的重要手段。Java 的分布性主要是操作分布和数据分布,利用好 Java 的网络编程技术,可高效地实现 Java 应用程序的分布式计算。

1.1.4 Java 跨平台原理

计算机编程高级语言一般可以分为两大类：解释型语言和编译型语言。Java 就是这两类语言相结合的语言。首先通过开发工具编写 Java 源代码文件，然后通过编译器将源代码文件编译成字节码文件，最后在不同的 JVM(Java 虚拟机)上通过解释器将字节码解释成机器码而运行，如图 1.4 所示。

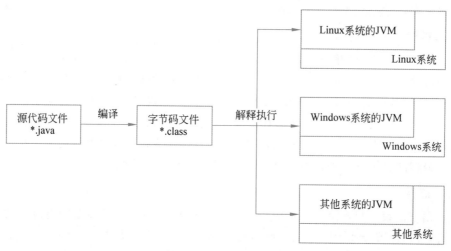

图 1.4　Java 跨平台原理

JVM(Java Virtual Machine)是一种规范，可以使用软件实现，也可以使用硬件实现，就是一个虚拟的用于执行字节码的计算机。它也定义了指令集、寄存器集、结构栈、垃圾收集堆、内存区域。JVM 是 Java 跨平台的基础，不同平台的机器指令不同，同一份字节码文件自然在不同平台的识别结果也不一样，而 JVM 则充当这个过程中的"翻译"角色，将同一份字节码文件翻译成不同平台能够识别的机器指令，从而实现跨平台。

1.2　面向对象程序设计思想

1.2.1　面向过程程序设计

面向过程是程序设计的一种思想，它的核心是分析出问题的解决步骤，"先干什么后干什么"，然后用函数把这些步骤一个一个实现，最后按照流程调用。

面向过程以过程为核心，强调事件的流程、顺序，适合开发一些小型应用，如单片机、嵌入式开发，其性能比面向对象高，但代码的可维护性、可读性、复用性、可扩展性不如面向对象。

1.2.2　面向对象程序设计

面向对象程序设计的思维方式是一种更符合人们思考习惯的思想。面向对象将构成问题的事物分解成各个对象,这些对象是为了描述某个事物在整个问题解决步骤中的行为。

面向对象以对象为核心,强调事件的角色、主体。在宏观上使用面向对象进行把控,而微观上依然是面向过程。如果说面向过程的思想是执行者,那么面向对象的思想就是指挥者。

面向对象具有抽象、封装、继承、多态的特性,更符合程序设计中"高内聚、低耦合"的主旨,其编写的代码的可维护性、可读性、复用性、可扩展性远比面向过程高,但是性能相比面向过程偏低一些。

封装、继承、多态是面向对象的三大特性,这是任何一门面向对象编程语言都要具备的。

封装:指隐藏对象的属性和实现细节,仅对外提供公共的访问方式。

继承:继承就是子类继承父类的特征和行为,使得子类对象(实例)具有父类的实例属性和方法,或子类从父类继承方法,使得子类具有父类相同的行为。

多态:指的是同一个方法调用,由于对象不同可能会有不同的行为。

关于面向对象的三大特性,将在讲解面向对象程序设计章节中详细介绍。

1.2.3　面向对象与面向过程程序设计的比较

比如现在要计算三角形和矩形的周长,分别使用面向过程和面向对象的思想进行分析。

按照面向过程的方式,首先要输入三角形的三条边,接着将三条边相加得到三角形的周长。之后,再输入矩形的长和宽,计算矩形的周长。这就是面向过程的思想,核心是"先做什么后做什么",非常简单易懂。但如果要开发一款 App,面向过程思想就很不合适了,因为一款 App 往往需要有很多功能,你无法分析出一个 App 应该先做什么后做什么。

按照面向对象的方式,首先要分析这个需求中有哪些事物参与进来了,即三角形和矩形。接着创建三角形和矩形这两个类,再分析三角形和矩形各有哪些属性,将三角形的三条边和矩形的长、宽分别定义到这两个类中。之后再分析二者有哪些行为,从而在三角形和矩形类中都定义一个计算周长的方法,最后分别调用两个方法即可。细化到每个类计算周长的代码中,又回到了"先做什么后做什么"的话题,因此前面提到,面向对象是宏观上的把控,微观上依然是面向过程。

面向对象的这种方式看起来烦琐,但是后期维护的成本相当低。哪个图形周长计算有问题,就修改哪个类。面向对象更适合开发一些大型商业应用,比如一款 App 中的每个功能,都可以认为是一个类,从宏观上把控功能个数,而细化到每一个功能时,都是面向过程的思想。

 **1.3** Java 开发环境搭建

扫一扫

1.3.1　JDK 与 JRE

JRE(Java Runtime Environment)是 Java 程序的运行环境,它包含了 Java 虚拟机、Java 基础类库,当一台计算机想运行 Java 编写的程序时,至少需要安装 JRE。

JDK(Java Development Kit)是 Java 开发工具包,它包含了 JRE,同时还包含了编译器以及很多 Java 程序调试和分析的工具,是提供给开发者用来编写 Java 程序的。

简单来说,如果想运行 Java 程序,在计算机中安装 JRE 即可。如果想开发 Java 程序,就需要在计算机中安装 JDK。

扫一扫

1.3.2　JDK 安装

接下来开始安装 JDK。因为 JDK 8 版本比较稳定,且目前使用 JDK 8 版本的用户依然比较普遍,所以本节以安装 JDK 8 版本为例介绍 JDK 的安装,其他更高版本的安装方法大同小异。双击所提供资料中的 jdk_8.0.1310.11_64.exe 进行安装,或者上 Sun 公司官网 http://java.sun.com 下载指定版本,安装步骤如图 1.5 所示。

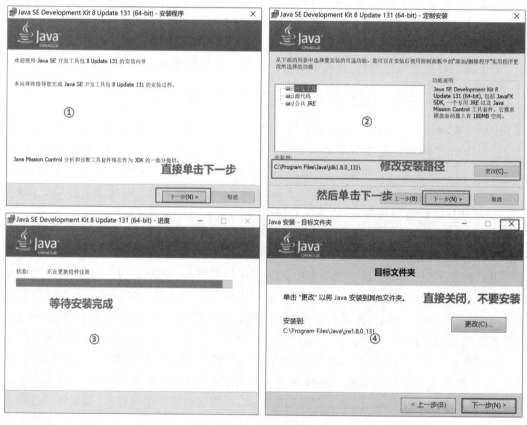

图 1.5　JDK 安装

注意:JDK 本身已经自带了 JRE,因此最后出现的"安装 Java"弹窗直接关闭就好,这是安装 JRE 的弹窗,无须安装。

最后,打开安装目录,本书中为 C:\Program Files\Java,再进入 bin 目录,直接单击文件管理器上方的路径,输入 cmd 并按回车键,打开命令行窗口。当然,也可以使用 Win+R 键打开,并用 cd 命令进入安装目录。之后,输入 java -version 查看版本,如果成功查看到了版本,说明安装成功,如图 1.6 所示。

图 1.6　查看 Java 版本

1.3.3　环境变量配置

上面已经安装好了 JDK,但是 JDK 中的工具和命令只能在特定的目录下才可以生效,不可能每次编写代码都在该目录下编写,因此还需要配置环境变量,使 bin 目录下所有的程序都能在计算机任何位置上直接使用。

首先右击桌面上的"此电脑"(备注:Windows 10 操作系统),如果桌面上没有,可以在文件管理器中右击,之后选择快捷菜单中的"属性",在弹出的页面中找到"高级系统设置"单击,之后在出现的"系列属性"对话框中依次单击"高级","环境变量",如图 1.7 所示。

在"系统变量"中单击"新建"按钮,设置变量名为 JAVA_HOME,变量值为 JDK 安装目录(bin 目录上一级),之后单击"确定"按钮,如图 1.8 所示。

接下来在系统变量中找到名为 Path 的变量双击,在弹出的页面中单击"新建"按钮,设置值为%JAVA_HOME%\bin,之后单击所有弹窗的"确定"按钮关闭弹窗,如图 1.9 所示。

扫一扫

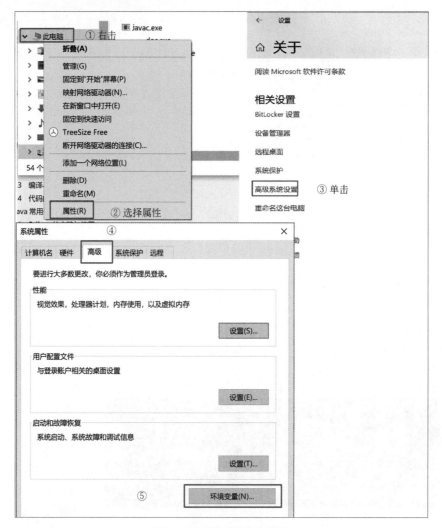

图 1.7 打开环境变量配置

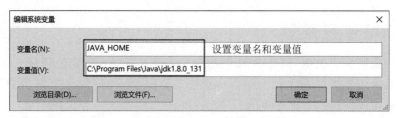

图 1.8 新建系统变量

图 1.9 配置 Path

配置完毕后，按 Win＋R 组合键，在弹出的窗口输入框中输入 cmd，如图 1.10 所示。

图 1.10　cmd

在弹出的命令窗口的命令行中输入 java -version 查看 Java 版本，如图 1.11 所示。如果能正常查看，则环境变量配置成功，否则需要重新配置。

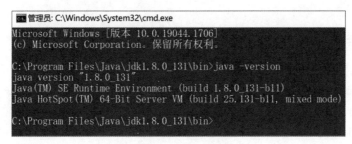

图 1.11　查看 Java 版本

1.4 第一个 Java 程序：HelloWorld！

1.4.1 显示文件扩展名

经过前面的一些努力，终于可以开始编写代码了。首先在任意一个位置新建一个文本文件，此时如果你的计算机中显示的文件名不是"新建文本文档.txt"，就说明你的系统没有开启文件扩展名显示。

以 Windows 10 系统为例，单击"查看"，勾选"文件扩展名"，即可显示出文件的扩展名，如图 1.12 所示。

图 1.12　显示文件扩展名

之后,将新建的文本文件名称修改为"HelloWorld.java",接下来就开始进入代码编写环节。

扫一扫

1.4.2 编写代码

右击 HelloWorld.java 文件,在弹出的快捷菜单中选择"编辑"命令,将代码清单 1.1 输入文件中。

代码清单 1.1 HelloWorld

```java
public class HelloWorld {
    public static void main(String[] args) {
        System.out.println("HelloWorld!");
    }
}
```

编写完毕后按快捷键 Ctrl+S 保存。现在你并不需要知道这些代码的含义,后面将会介绍代码中的每部分。

扫一扫

1.4.3 编译与执行

代码编写完毕后,就需要运行了。直接在当前文件管理器上方输入 cmd 并按回车键,打开命令行。在命令行中输入 javac HelloWorld.java 并按回车键进行编译,如果没有任何输出,说明编译成功。紧接着,再输入 java HelloWorld 并按回车键,查看程序运行结果,如图 1.13 所示。

```
F:\新建文件夹>javac HelloWorld.java

F:\新建文件夹>java HelloWorld
HelloWorld!
```

图 1.13 程序运行结果

至此,第一份代码编写完毕。

扫一扫

1.4.4 代码解析

现在解释上面的代码可能尚早,因为很多知识点读者还未接触,可以暂时将其理解成一种固定的写法,后面逐渐学习到对应的知识点时,自然就掌握了。代码解析如图 1.14 所示。

图 1.14 代码解析

- public class 是 Java 中的两个关键字,用于声明这是一个公共的类,将在面向对象章节详细介绍。
- HelloWorld 是这个类的主类名,主类名必须与文件名完全一致(区分大小写),这里你可以随意修改,只要保证与文件名一致即可。
- public static void main 是 Java 的 main()方法。main()方法是程序的入口,它有固定的书写格式,一个字母都不能出错。

- String[] args 是 main()方法的参数,其中 args 是参数名,参数名称可以随意修改,但这对于 main()方法而言是没有意义的。
- System.out.println("")是输出语句,需要输出的文本内容放入英文双引号内,执行这条语句后就会输出对应的文本。如果想输出其他文本,只修改双引号内的文本内容即可。

编写代码时,需要注意以下书写规范。

- 类名的首字母大写,单词之间的第一个字母也需要大写,这称作驼峰规则。
- 类名只能由数字、字母、下画线、美元符号 $ 组成,并且第一个字符不能是数字。因为类名要与文件名一致,因此文件名也需要遵循这个规则。
- 一个 Java 源文件中至多只有一个类能用 public 声明,并且 public 修饰的类必须和文件名保持一致。
- 花括号用于划分程序的各个部分,方法和类的代码都必须以"{"开始,以"}"结束。
- 代码中的每条语句以英文的分号";"结束。
- Java 代码对字母大小写敏感,如果出现了大小写拼写错误,程序无法运行(例如 string)。

为了让代码尽量少出错,应当养成"{}"成对编程的习惯,即如果需要用花括号,先将左右两个花括号写完,再往花括号内填充内容,分号、圆括号同理。同时,注意缩进,每个花括号内的代码都需要有缩进,缩进一般使用键盘上的 Tab 键。

1.4.5 代码的注释

如果编写了一个相当复杂的程序,经过一段时间之后可能自己都看不明白。为了提高代码的可读性,需要像阅读书籍一样在某些地方进行"标注"。在 Java 中也有这些"标注",通常称之为注释。

注释就是程序员为程序代码阅读者作说明的,是一种提高程序可读性的手段。源文件编译后,注释不会出现在字节码文件中,即 Java 编译器编译时会跳过注释语句。

Java 中的注释分为单行注释、多行注释、文档注释三种。

(1) 单行注释使用"//"开头,"//"后面的内容均为注释。

(2) 多行注释以"/ * "开头,以" * /"结尾,在"/ * "和" * /"之间的内容均为注释,并且注释内容可以随意换行。

(3) 文档注释以"/ * * "开头,以" * /"结尾,注释中包含一些说明性的文字及一些 JavaDoc 标签。

接下来给 HelloWorld 程序加注释,方便用户阅读程序,如代码清单 1.2 所示。

代码清单 1.2 HelloWorld2

```
/**
 这是文档注释
 这里的 HelloWorld2 是主类名
 必须与文件名完全一致
 */
public class HelloWorld2 {
```

```
/*
  这是多行注释
  这里的 main()方法是 Java 程序的入口
  它的写法一般是固定的。
 */
public static void main(String[] args) {
    //这是单行注释
    //println()方法用于输出内容,将想输出的内容放入双引号之间即可
    System.out.println("HelloWorld!");
}
}
```

加上注释之后的代码,可读性明显提高了,即便其他开发者拿到了你写的程序代码,通过注释也可以快速读懂代码的逻辑。

在以后的开发中,一定要养成写注释的习惯。对于复杂逻辑,除保证代码优雅和简洁之外,合理的注释也是不可或缺的。

1.5 Java 常用开发工具

扫一扫

1.5.1 Eclipse 的安装与使用

在前面编写代码时,可能你觉得使用记事本非常不方便,因为要随时处理那些烦人的缩进,同时在编写代码过程中,如果代码出错,记事本也不会立即告诉开发者,因此,在以后的开发中不会使用记事本开发程序。

Eclipse 是一款开源免费、基于 Java 的可扩展开发平台的开源软件,拥有强大的代码提示和自动编译功能,能大大提高开发效率。

直接解压所提供的课程资料中的 eclipse.zip 文件,本书资料提供的 Eclipse 是绿色版,不需要安装就可以使用。之后进入解压后的文件夹,双击 eclipse.exe 即可启动开发工具。

启动 Eclipse 之后,需要设置一个工作空间,后续的代码都会放到工作空间对应的目录中,如图 1.15 所示。

图 1.15 设置工作空间

下面就可以编写代码了。直接在左侧的空白区域右击,从弹出的快捷菜单中单击 New→Java Project 新建一个项目,输入项目名称 MyProject,单击 Finish 按钮即可创建一个项目,如图 1.16 所示。

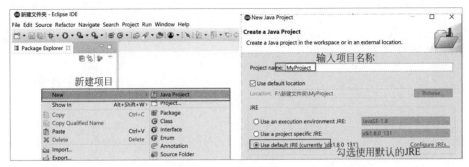

图 1.16　创建项目

项目创建完毕后,就可以在左侧的 src 目录下编写代码了。

右击 src 目录,从弹出的快捷菜单中选择 New→Class,并输入类名,创建一个类,如图 1.17 所示。

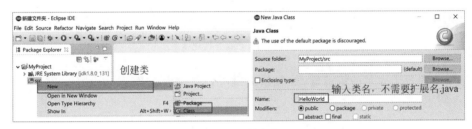

图 1.17　创建类

之后就可以双击 HelloWorld,在里面编写代码了。这里介绍一个快捷方式,直接输入 main,并按住 Alt+/,就可以快速生成 main()方法。同样,输入 syso,按住 Alt+/也可以快速生成 System.out.println()方法。代码编写完毕后如图 1.18 所示。

```
1
2  public class HelloWorld {
3      public static void main(String[] args) {
4          System.out.println("HelloWorld!");
5      }
6  }
```

图 1.18　HelloWorld

Eclipse 的强大之处在于程序是自动编译的,这意味着不需要再执行 javac 命令,并且在编写代码的过程中,如果语法有错误,Eclipse 会立即提示。Eclipse 提供了一个运行按钮,直接单击这个按钮就可以运行当前程序了,如图 1.19 所示。

至此,在集成开发环境 Eclipse 中编写和运行一个 Java 程序的基本流程就介绍完毕了。至于 Eclipse 中其他的菜单和使用在此不作介绍,读者可参考相关教材或者互联网上对 Eclipse 的一些介绍。

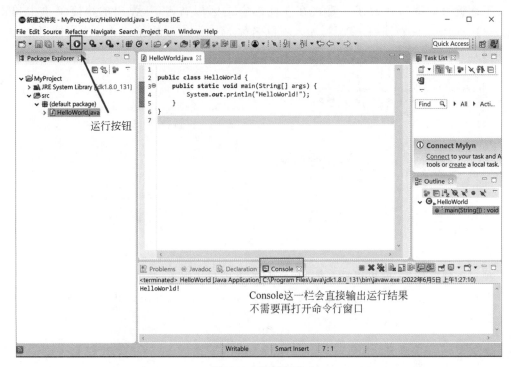

图 1.19　运行程序

Eclipse 内置了大量的快捷键,这些快捷键可以提高开发效率。Eclipse 常见的快捷键如表 1.1 所示。

表 1.1　Eclipse 常见的快捷键

快　捷　键	作　　用
Ctrl＋/	为光标所在行或者选中行添加或取消注释
Ctrl＋Shift＋F	格式化代码,自动添加缩进
Ctrl＋D	删除当前行代码
Alt＋/	代码提示
Ctrl＋Shift＋T	查找 Java 类
Alt＋Shift＋R	重命名
Ctrl＋Alt＋↓	向下复制一行
Alt＋↓	将代码向下移动一行
Alt＋Shift＋M	抽取方法
Ctrl＋T	显示当前类的继承结构

除此之外,Eclipse 还有很多快捷键,感兴趣的读者可以自行学习。

扫一扫

1.5.2　IntelliJ IDEA 的安装与使用

IDEA 的全称为 IntelliJ IDEA,其是 Java 编程语言开发的集成环境。IntelliJ 在业界被公认为最好的 Java 开发工具,尤其在智能代码助手、代码自动提示、重构、J2EE 支持、各类版本工具(如 git、svn 等)、JUnit、CVS 整合、代码分析、创新的 GUI 设计等方面的功能可以说是超常的,但 IDEA 是收费的。

本书中提供的 IDEA 也是免安装版,直接解压资料中的 ideaIU-2020.2.4.win.zip,然后进入解压目录的 bin 目录下,双击 idea64.exe(64 位)或者 idea.exe(32 位)运行 IDEA(备注:具体选择 64 位还是 32 位的 IDEA,要依据用户的计算机所安装的操作系统的位数决定)。之后,进入 IDEA 的 logo 页面,单击 New Project 创建项目,如图 1.20 所示。

图 1.20　创建项目

接下来对项目进行设置。项目类型选择 Java,勾选项目模板,选择项目所在目录,并设置项目名称和包名,最后单击 Finish 按钮即可完成项目的创建,如图 1.21 所示。

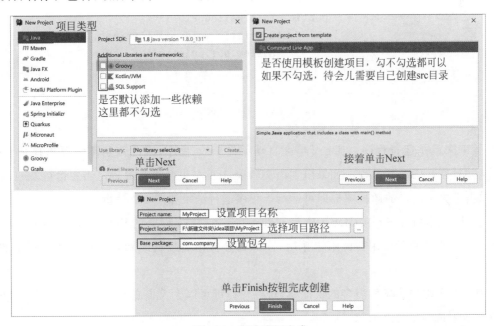

图 1.21　创建项目完成

接着进入项目 src 目录下的 com.company 包（包名在上面设置），右击，从快捷菜单中选择 New→Java Class，并输入类名，创建一个类，如图 1.22 所示。

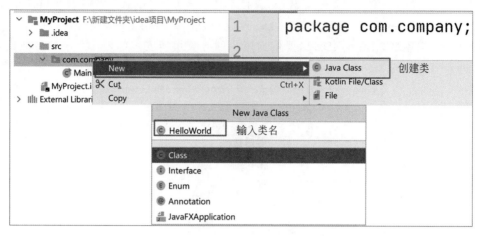

图 1.22　创建类

这样，类 HelloWorld 就创建成功了。接下来开始编写 HelloWorld 程序，IDEA 的代码提示是自动的，并不需要使用快捷键开启，当输入 psvm 时，就会提示 main() 方法；当输入 sout 时，就会提示输出语句，并且 IDEA 的代码是自动保存的，这意味着不需要随时使用保存快捷键保存代码，代码编写完毕后如图 1.23 所示。

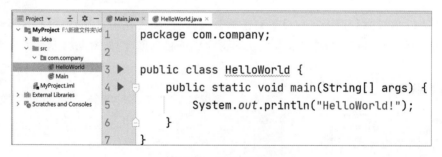

图 1.23　HelloWorld

接下来就是运行程序。IDEA 也会自动编译 Java 程序，因此依然不需要再执行 javac 命令，并且在代码编写过程中如果出现语法错误，IDEA 也会进行提示。当想运行 Java 程序时，单击上方工具栏的运行图标即可运行。程序运行结果如图 1.24 所示。

至此，在集成开发环境 IDEA 中编写和运行一个 Java 程序的基本流程就介绍完毕了。IDEA 中其他菜单的使用在此不作介绍，读者可参考相关教材或者互联网上对 IDEA 的一些介绍。

IDEA 中也内置了相当多的快捷键，这些快捷键可以大大提高开发效率。IntelliJ IDEA 常见的快捷键如表 1.2 所示。

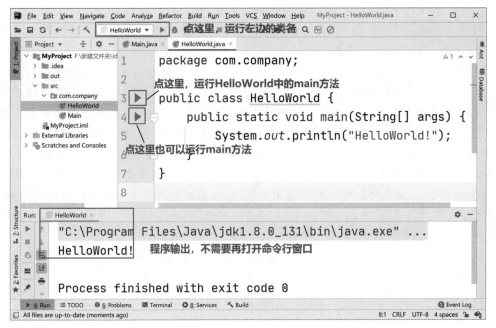

图 1.24　程序运行结果

表 1.2　IntelliJ IDEA 常见的快捷键

快　捷　键	作　　用
Ctrl+F	在当前文件中搜索
Ctrl+Shift+F	全局搜索
Ctrl+Shift+U	代码大小写切换
双击 Shift	全局搜索某个类
Ctrl+X	快速剪切或删除一行
Ctrl+Y	快速删除一行
Ctrl+D	快速复制一行
Ctrl+/	使用单行注释,注释当前行或者注释选中的行
Ctrl+Shift+/	使用多行注释,注释选中的行
Alt+Enter	万能的快捷键,可以代码提示,可以导包,可以生成返回值等

IDEA 的快捷键远不止这些,感兴趣的读者可以自行搜索学习。

1.6　本章思政元素融入点

思政育人目标:培养软件工匠精神,激发学生科技报国的家国情怀和使命担当,培育学生的职业素养。

思政元素融入点：通过介绍Java编程语言的发展史，有机渗透学生对Java版本持续更新的精益求精的软件工匠精神，引发学生在学习和编写程序中努力发扬工匠精神。通过介绍"Java之父"詹姆斯·高斯林(James Gosling)等典型杰出人物，激发学生敬仰榜样的力量，以照亮和指引学生前行的道路。同时，画龙点睛式点评美国制裁中兴、华为等事件之痛，美国"清洁网络"计划滥用国家力量打压遏制中国企业，美国MATLAB和EDA软件断供事件等，以此激发学生科技报国的家国情怀和使命担当，激发学生的学习热情和奋斗之心等内生动力，为未来补短板、锻长板、掌握核心技术、攀登科技高峰，避免"卡脖子"现象而努力学习和潜心研发。通过搭建Java开发环境，让学生尊重软件版权，培养他们的版权意识。通过介绍当前Java软件开发技术及其强大的生态系统，软件行业发展现状和趋势以及就业前景，激发学生对Java软件新技术的热爱和追求，让他们认识到要进军软件开发技术行业，需要掌握软件开发技术，从而提高学习Java课程的兴趣；同时，还可激发学生对未来人生目标的憧憬，对未来职业的规划，培育学生的职业素养。

思政素材一　中国卡脖子技术之二——工业软件：堵点与出路

中国科技投资杂志社　张婷　秋平

摘自网址：https://news.10jqka.com.cn/20220722/c640628008.shtml。

导语：世界处于百年未有之大变局，大国战略博弈进一步聚焦制造业，美国"先进制造业领导力战略"、德国"国家工业战略2030"、日本"社会5.0"等以重振制造业为核心的发展战略，均以智能制造为主要抓手，力图抢占全球制造业新一轮竞争制高点。我国制造业增加值多年维持全球第一，但长期处于价值链的中低端，制造大国向制造强国的转变中，工业软件的作用举足轻重，EDA、MATLAB断供事件更是倒逼国产工业软件加速发展。

工业软件在国内因起步较晚，高端核心技术长期被外国垄断，中国制造业规模约占全球30%，但国产工业软件的市场份额不足6%，工业软件正在成为我国由制造大国向制造强国迈进的主要瓶颈。下面以工业软件堵点、出路为题，进行一些探讨。

一、我国工业软件堵点

工业软件是工业知识软件化的结果，指将数学、物理、化学、电子、机械等多学科知识进行融合并软件化，使工业软件成为智能工具，起到定义工业产品、控制生产设备、完善业务流程、提高运行效率等作用，其核心价值在于帮助工业企业提质、降本、增效，提高企业在高端制造中的竞争力。

2021年，我国工业软件产品实现收入2414亿元，同比增长24.8%。而近5年，全球工业软件市场规模平均增速维持在6%。我国开始进入工业化进程后期，工业软件需求缺口大。工业软件与先进制造一同成长，德国、美国、英国已完成工业化进程，凭借深厚的工业积累，已诞生百亿欧元体量的巨头公司。海外工业软件巨头均诞生于工业强国的转型时期，产品与产业融合不断提升产品的实际应用性能。

目前，国外软件巨头占据国内工业软件从设计、制造至服务的80%以上市场，掌控着仿真设计、分析工具、企业管理和先进控制等工业软件核心技术。国际主流常用的各领域工业软件超过150余款，涵盖研发设计、生产控制、测试验证等环节，几乎都是国外企业提供，且软件封闭不开源、不开放。结合产品形态、用途和特点的不同，工业软件可分为研发设计、生产控制、信息管理和嵌入式软件四大类。每一类工业软件的堵点或者卡脖子之处简述如下。

研发设计类软件：目前，我国工业软件最大的短板几乎被国外厂商垄断，主要用于提高企业的研发能力和效率,包括 CAD、CAE、PLM、EDA 等。研发设计类工业软件是我国工业软件的短板,国产化率较低。从龙头企业数量的角度看,研发设计类工业软件(如 CAD、CAE、CAM 等)各细分领域的前十大供应商中,国内企业数量占比较少。国内企业营业收入及研发投入与海外企业仍具有较大差距。从实际的研发投入看,国内 6 家头部企业研发投入不及 SAP(全球企业软件供应商思爱普)的 1/9。通用型研发设计类软件,外资厂商占据主要市场份额,国内厂商追赶难度较大。研发设计类软件具有跨学科、复杂知识系统的工程化特点,造成商业化难度大,生态构建难。同时,由于通用型软件厂商正在以平台化的方式快速发展,因此国内厂商追赶难度较大。在 CAD、EDA、BIM 等赛道,国产厂商已获得细分垂直领域的国产化突破。

生产控制类软件:国产化率达 50%,集中在中低端软件,主要用于提高制造过程的管控水平,改善生产设备的效率和利用率,包括 PLC、EMS、MES 等,代表企业有西门子、霍尼韦尔、宝信软件、中控技术等。行业垂直化特征明显,国内厂商更贴近客户需求,国产化率达 50%。国外厂商在高端离散行业市占率较高,国内厂商主要集中在中低端的细分市场,且规模相对较小。国内厂商在具有垄断性、生产技艺较为成熟的流程行业初步完成国产化替代。在 DCS、MES、SCADA 等领域,国产厂商拥有一定程度的国产化基础,各厂商解决方案的模块化程度、产品化程度提高,复用率不断提升,形成良性循环。

信息管理类软件:中低端市场国产厂商垄断,高端市场海外厂商占比超 61%,主要用于提高企业管理水平和资源利用效率,包括 ERP、PM、CRM 等,代表企业有 SAP、Oracle、用友网络、金蝶等。行业进入稳定发展期,中低端市场基本实现国产替代,云化加速性能赶超。本土信息管理类软件工业软件已经出现代表厂商,在中低端市场占有率高,诸如金蝶、用友网络等,这些代表厂商已经具备较大规模和实力。国内 ERP 企业从财务数据及战略执行力上都展现了极强的云转型动力。国内厂商分别推出"PaaS+多模块 SaaS"的核心云原生产品,针对大企业、中型企业、小企业均推出相应产品,并针对中大型企业灵活提供本地化、混合云、公有云等多种部署方案,从战略和落地均领先于海外厂商。

嵌入式软件:国产软件与国外巨头同场竞技的局面。嵌入在硬件中的操作系统和开发工具软件,包括 PLC、SCADA、DNC 等,代表企业有 WNDRVR、西门子、海尔、中兴等,在智能化转型中得以大规模应用,国产化率较高。嵌入式软件在产业数字化转型中得到大规模应用。嵌入式软件部门收入占工业增加值比重与工业增长速度正相关,嵌入式软件收入占工业增加值比重增加 1%,人均工业增加值增长率平均增加 2.3%,嵌入式软件对智能制造发展起到关键作用。

二、我国工业软件的发展出路

我国目前面临制造业升级的问题,制造业要升级,就必须有匹配的工业软件作为基石。作为工艺沉淀与传承的载体,工业软件涉及生产制造过程中的各个环节,并且成为锻造智能化制造与作业体系的核心基础,工业软件是工业 4.0 时代实现智能制造的关键。要避免国产工业软件被"卡脖子",实现对国外先进工业软件的追赶和超越,有关专家表示,可以从以下几方面入手。

一是在国家战略层面,要把高端工业软件放在"中国制造"向"中国智造"转向的关键位置。由于工业软件研发难度大、体系设计复杂、技术门槛高、硬件开销大、复合型研发人才紧缺、对可靠性要求较高,因此研发周期长、研发迭代速度慢。一般大型工业软件的研发周期

需要 3~5 年时间,若要被市场认可,则需要 10 年左右,需要长期的积累才能完成目标。鼓励软件企业、工业企业、高校、科研机构协同研发,避免出现技术空心化现象,扎根工业领域,注重工业数据积累,联合开发面向产品全生命周期和制造全过程各环节的核心工业软件,逐步破解工业软件受制于人的局面。

二是加强人才要素支持,培养研发人才。工业软件研发需要兼具行业知识和软件研发背景的复合型人才,要充分挖掘高校和科研院所的科研潜力,对标国际领先职业技术人才培养模式,校企对接,高校根据产业需求定向培养,企业重视对人才的再教育、再培养。

三是加大资金投入力度。从“十五”到“十二五”的 15 年间,国家对 CAD、CAE 等核心工业软件投入资金不超过 2 亿元。而全球最大的 CAE 仿真软件公司 ANSYS 在 2019 年的研发投入为 2.98 亿美元,约为 21 亿元,是我国 15 年投入的十倍之多。要把工业软件的发展放到航空、航天、兵工、船舶等行业同等重要的地位,发挥国家体制的优越性,加大研发资金投入。

四是满足特定需求。支持国产工业软件企业发展壮大,帮助拓展工业软件创新产品应用场景。加强与国际领先企业在技术研发标准等方面深度合作,共同开发和推广具有我国产业特色的高端产品,聚焦工业软件网络安全,加入国际联合组织。

附件 1　EDA、MATLAB 断供事件

2019 年 5 月 15 日,美国商务部正式对中国华为及其子公司发出禁售令,隔天美国 EDA 软件公司 ANSYS 规定立即禁止与华为及其子公司的一切生意往来、服务以及训练等工作。

ANSYS 为全球当前工程模拟软件的大厂,在众多产品的创造过程中,都扮演着至关重要的角色。其领域涵盖航天、建筑、科技、生医等,借由 ANSYS 旗下的工程模拟软件,进行各项产品设计的模拟与事后的验证工作,以达到产品快速进入市场,并降低成本的目的。目前,对科技业全球重镇的中国台湾来说,包含台积电、联发科以及其他的零组件元件厂,甚至是系统厂都是 ANSYS 的客户。目前,ANSYS 也获得了台积电 5nm FinFET 制程技术,以及新系统整合芯片先进 3D 芯片堆栈技术的认证,是现代科技产品发展中不可或缺的关键工具之一。

EDA 的全称为“电子设计自动化”(Electronic Design Automation),被誉为“芯片之母”,是所有芯片设计的基础软件。芯片被禁,华为尚且有海思替代,但如果没有 EDA 软件,海思想设计芯片没有工具可用。全球范围内,EDA 行业每年 70% 的收入都集中在美国三家公司手中,分别是楷登电子科技(Cadence)、新思科技(Synopsys)和明导国际(Mentor Graphics)。我国华为及其 IC 子公司海思虽有补救方案,但在对先进技术和工艺的支持上,还存在不小差距。

2020 年 5 月 22 日,美国商务部将 33 个中国实体加入“实体清单”,哈尔滨工业大学和哈尔滨工程大学位列其中,遭遇 MATLAB 禁用。

MATLAB 的全名为“矩阵实验室”(Matrix Laboratory),有着“工科神器”之称。对于很多工科生来说,这是学习生涯中要学会使用的软件,之所以它能被冠以“神器”之名,是因为其在工科领域有广泛的应用,涵盖数学计算、建模仿真、电子通信、机械化工、汽车航空、电力能源、经济金融和生物医学等跨度极大的学科。

MATLAB 本身已经成为“合格认定”的一部分,许多提交论文必须附加 MATLAB 的程序验证,如果不允许使用 MATLAB,则会使得许多研究人员直接断炊,这就是标准的

力量。

不管是 MATLAB,还是 EDA,都指向了中国核心工业软件缺失的问题。

1.7　本章小结

本章是 Java 的入门章节,首先对计算机编程语言的发展史进行了介绍,引出本书的主角：Java 语言。通过 Java 与其他语言的对比,凸显 Java 简单、易学的特点。接着介绍了面向过程与面向对象设计思想的特点与区别,从而引出面向对象程序设计的优势。安装完JDK 之后,进入第一个入门程序 HelloWorld 的编写环节,并通过注释提高代码的可读性,通过这个简单的程序,引出了编写代码时的规范和细节。接着还介绍了目前市面上较流行的两款集成开发工具 Eclipse 和 IDEA,使读者正式步入 Java 学习的大门。最后,指出本章中的一些知识点可融入的思政元素。

1.8　习题

1.詹姆斯·高斯林在 Java 领域被誉为什么？

2.请说出 JDK 与 JRE 分别是什么？

3.Java 相比其他语言拥有哪些优势？

4.Java 是如何跨平台的？

5.请简单描述面向对象程序设计和面向过程程序设计的思想。

6.如何使用 JDK 编译一个 Java 文件？之后如何运行这个 Java 程序？

7.为了方便搜索文件,一般会给文件标号,比如"1.课程介绍.mp4",Java 文件可以像这样命名吗？为什么？

8.注释的作用是什么？注释是否会被编译到 class 文件中？

9.请使用 Eclipse 或者 IntelliJ IDEA 编写一个程序,分别输出自己的姓名、年龄、班级。

10.(扩展)编译是将源代码编译成字节码文件的过程,而反编译是将字节码文件编译成源代码的过程,你知道有哪些工具可以对 Java 字节码文件反编译吗？

Java编程基础

2.1　变量与常量

2.1.1　关键字和保留字

在第 1 章的 HelloWorld 程序中，像 public、class、static、void 等，都被称为"关键字"。关键字是 Java 中预先定义好的一些有特别意义的单词，它们是构成 Java 语法的核心。而保留字则是 Java 预先保留，在以后的版本中可能使用到的特殊标识符，在定义类名、变量名、方法名时，不可以使用关键字和保留字。

Java 中的关键字和保留字如表 2.1 所示。

表 2.1　Java 中的关键字和保留字

while	catch	double	break	try	switch
void	assert	boolean	transient	super	package
this	throw	throws	static	new	import
return	strictfp	short	native	abstract	final
public	volatile	long	if	extends	continue
private	protected	goto	enum	const	
instanceof	int	else	class	synchronized	
finally	float	char	interface	case	
default	do	for	byte	implements	

2.1.2　标识符与命名规范

标识符是给 Java 中的类、方法、变量、包命名的符号。标识符需要遵守一定的规则。

（1）标识符只能由字母、数字、下画线、美元符号组成，并且不能以数字开头。

（2）Java 标识符大小写敏感，长度无限制。

（3）标识符不可以是 Java 关键字和保留字。

在这些规则的基础上，每种标识符也都有自己的命名规范，这些将在后面介绍。

2.1.3　数据类型

在介绍变量之前，先了解一下数据类型。

Java 是一门强类型语言，每个变量都需要指定数据类型。Java 数据类型分为基本数据类型和引用数据类型，如图 2.1 所示。

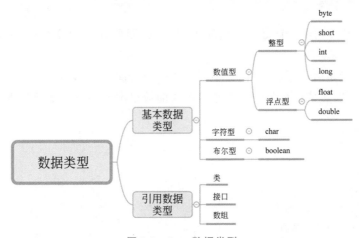

图 2.1　Java 数据类型

这里先介绍基本数据类型。基本数据类型除了字符型和布尔型之外，其余 6 个都是表示数字的，统称为"数值型"。每种基本数据类型在内存中的存储方式和占用空间都不同，数据类型占用空间如表 2.2 所示。

表 2.2　数据类型占用空间

数据类型	占用空间	备　　注
byte	1B	$-2^7 \sim 2^7-1(-128 \sim 127)$
short	2B	$-2^{15} \sim 2^{15}-1(-32768 \sim 32767)$
int	4B	$-2^{31} \sim 2^{31}-1$
long	8B	$-2^{63} \sim 2^{63}-1$
float	4B	$-3.403 \times 10^{38} \sim 3.403 \times 10^{38}$
double	8B	$-1.798 \times 10^{308} \sim 1.798 \times 10^{308}$
boolean	官方没有明确指出	只有 true 和 false 两个值
char	2B	能够表示任何 Unicode 字符，并且在一定范围内可以与 int 互相转换

扫一扫

2.1.4 变量的定义与赋值

变量的本质就是一个"可操作的存储空间",空间位置是确定的,但是里面放置什么值不确定。如果拿一间房间来对比变量,房间号就是变量名,房间类型就是变量类型,而入住的客人就是变量值。

变量必须先声明再使用。变量声明的语法如下。

```
//声明一个变量
数据类型 变量名;
//一次声明多个变量
数据类型 变量名 1, 变量名 2, 变量名 3;
```

在一个代码块中,同一个变量名只能出现一次,因此在声明变量时,变量名不能重复出现。

声明一个变量之后,仅仅是在内存中开辟了一块存储空间,必须对其赋值才能使用。变量的赋值使用"=",赋值的数据类型必须与声明的数据类型一致。变量赋值语法如下所示。

```
//声明一个变量
数据类型 变量名;
//之后赋值
变量名 = 变量值;
//声明变量时就赋值
数据类型 变量名 = 变量值;
//一次声明多个变量并赋值
数据类型 变量名 1 = 变量值 1, 变量名 2 = 变量值 2, 变量名 3 = 变量值 3;
```

下面定义一些变量,之后输出这些变量的值,如代码清单 2.1 所示。

代码清单 2.1　Demo1Variable

```java
package com.yyds.unit2.demo;
public class Demo1Variable {
    public static void main(String[] args) {
        int num = 10;
        double num2 = 3.14;
        //long 类型数据以 L 结尾
        long num3 = 100L;
        float num4 = 3.14F;
        char c = '迎';
        System.out.println(num);
        System.out.println(num2);
        System.out.println(num3);
        System.out.println(num4);
        System.out.println(c);
    }
}
```

程序(代码清单 2.1)运行结果如图 2.2 所示。

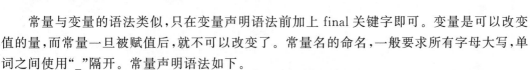

图 2.2　程序运行结果

变量是可以改变值的量,在声明一个变量之后,它的值就可以被改变任意次。变量名的命名需要遵守小写字母开头的驼峰规则。

2.1.5　常量

扫一扫

常量与变量的语法类似,只在变量声明语法前加上 final 关键字即可。变量是可以改变值的量,而常量一旦被赋值后,就不可以改变了。常量名的命名,一般要求所有字母大写,单词之间使用"_"隔开。常量声明语法如下。

```
//声明一个常量
final 数据类型 常量名 = 常量值;
```

常量也可以先声明后赋值,只要保证一个常量自始至终只被赋值一次就好。

下面通过代码清单 2.2 演示常量的使用。

代码清单 2.2　Demo2Constant

```
package com.yyds.unit2.demo;
public class Demo2Constant {
    public static void main(String[] args) {
        final double PI = 3.1415926;
        //再次赋值编译不通过
        //PI = 3.14;
        System.out.println(PI);
    }
}
```

程序(代码清单 2.2)运行结果如图 2.3 所示。

3.1415926

图 2.3　程序运行结果

2.1.6　变量的类型转换

扫一扫

Java 是强类型的语言,在执行赋值运算和算术运算时,要保证参与运算的变量或者常量的数据类型保持一致,但实际中可能存在诸如整数与小数一起计算等场景,为了解决数据类型不一致的问题,Java 中提供了类型转换机制。

Java 中的数据类型转换主要分为两种:自动类型转换(隐式转换)和强制类型转换(显

式转换）。

　　首先是自动类型转换，在 Java 中，占用字节数少的数据类型的值可以直接赋值给占用字节数多的数据类型的变量，比如 short 类型的值可以直接赋值给 int 类型的变量，或者把 int 类型的值赋值给 double 类型的变量，如下所示。

```
int num1 = 10;
double num2 = num1;
```

　　其中有个特例：int 类型的常量可以直接赋值给 char、short、byte，只要不超过它们能够表示的值的范围即可。

　　而强制类型转换则可以强制性地将占用字节数多的数据类型的数据转换成占用字节数少的数据类型的数据，但这个转换过程可能存在数据精度丢失的问题。强制类型转换的语法格式如下。

```
数据类型 变量名 = (数据类型)变量值;
```

　　这样就可以将变量值转换成指定的数据类型了。接下来通过代码清单 2.3 演示数据类型转换。

　　代码清单 2.3　Demo3Convert

```java
package com.yyds.unit2.demo;
public class Demo3Convert {
    public static void main(String[] args) {
        int num1 = 10;
        //int 类型可以直接赋值给 double,因为 double 的容量比 int 大
        double num2 = num1;
        //使用+号拼接输出结果,其中文本要用双引号包裹起来
        System.out.println("num1:" + num1);
        System.out.println("num2:" + num2);
        //将容量大的转换给容量小的,使用强制类型转换
        float num3 = (float) num2;
        System.out.println("num3:" + num3);
        //算术运算过程中也发生了隐式转换
        //首先,num1 与 num3 的数据类型不一致,会将 num1 隐式转换成 float,保证两个
        //float 类型能够运算
        //接着计算出的结果也是 float,会将它隐式转换成 double
        double num4 = num1 + num3;
        System.out.println("num4:" + num4);
    }
}
```

　　程序(代码清单 2.3)运行结果如图 2.4 所示。

```
num1：10
num2：10.0
num3：10.0
num4：20.0
```

图 2.4　程序运行结果

扫一扫

2.1.7　Scanner 的使用

目前编写的程序都是只有输出功能,有时候可能需要让用户通过键盘输入一些内容,此时就需要借助 Scanner 类。

Scanner 类在 java.util 包下,使用时需要导包,不过好在所使用的开发工具会自动导包,因此并不需要关心。首先需要使用 new 关键字创建 Scanner 的对象,再通过 Scanner 类的 next()方法获取用户在控制台输入的字符串,通过 nextByte()、nextShort()、nextInt()、nextLong()、nextFloat()、nextDouble()获取用户在控制台输入的基本数据类型,如代码清单 2.4 所示。

代码清单 2.4　Demo4Scanner

```
package com.yyds.unit2.demo;
import java.util.Scanner;
public class Demo4Scanner {
    public static void main(String[] args) {
        //虽然是引用类型,但变量的创建方式还是差不多的,sc 是变量名
        Scanner sc = new Scanner(System.in);
        System.out.println("请输入一个字符串: ");
        //String 类型也是引用类型,代表着字符串
        String str = sc.next();
        System.out.println("你输入的字符串为: " + str);
        System.out.println("请输入一个整数: ");
        int num = sc.nextInt();
        System.out.println("你输入的整数为: " + num);
    }
}
```

程序(代码清单 2.4)运行结果如图 2.5 所示。

```
请输入一个字符串:
你好, Java
你输入的字符串为: 你好, Java
请输入一个整数:
1024
你输入的整数为: 1024
```

图 2.5　程序运行结果

通过 Scanner 类和 System.out.println()方法,已经可以编写一些简单的交互性程序了。

2.2　运算符与表达式

2.2.1　算术运算符

扫一扫

算术运算符是 Java 中最简单、最常用的运算符,它主要提供了数值的加、减、乘、除以及

求余运算的功能。算术运算符分为一元运算符和二元运算符,如表 2.3 所示。

表 2.3　算术运算符

运　算　符		描　　述
二元运算符	＋	可以进行加法运算,也可以进行字符串的拼接
	—	减法运算
	＊	乘法运算
	／	除法运算,需要注意整数之间除法运算的结果依然是整数
	％	取模运算,即求余数
一元运算符	num＋＋	自增运算符,先返回 num 的值,再将 num 加 1
	＋＋num	自增运算符,先将 num 加 1,再返回 num 的值
	num－－	自减运算符,先返回 num 的值,再将 num 减 1
	－－num	自减运算符,现将 num 减 1,再返回 num 的值

接下来编写程序,演示算术运算符的使用,如代码清单 2.5 所示。

代码清单 2.5　**Demo5Operator**

```java
package com.yyds.unit2.demo;
public class Demo5Operator {
    public static void main(String[] args) {
        int num1 = 7;
        int num2 = 3;
        System.out.println("num1 + num2 = " + (num1 + num2));
        System.out.println("num1 - num2 = " + (num1 - num2));
        System.out.println("num1 * num2 = " + (num1 * num2));
        System.out.println("num1 / num2 = " + (num1 / num2));
        System.out.println("num1 %num2 = " + (num1 %num2));
        //++会先输出 7,然后再将 num+1,因此下一行是 8
        System.out.println("num1++: "+num1++);
        System.out.println("num1++之后: "+num1);
        //-- 会先-1,然后再输出
        System.out.println("--num2: "+--num2);
        System.out.println("--num2 之后: "+ num2);
    }
}
```

程序(代码清单 2.5)运行结果如图 2.6 所示。

```
num1 + num2 = 10
num1 - num2 = 4
num1 * num2 = 21
num1 / num2 = 2
num1 % num2 = 1
num1++: 7
num1++之后: 8
--num2: 2
--num2之后: 2
```

图 2.6　程序运行结果

2.2.2　赋值运算符

在前面已经接触过赋值运算符很多次，不必再多说。除赋值运算符之外，Java中还将赋值运算符与算术运算符进行了合并，提供了更简洁的扩展赋值运算符。扩展赋值运算符的作用是简化一部分代码的书写，如表2.4所示。

表 2.4　赋值运算符与扩展赋值运算符

运算符	描　　述	运算符	描　　述
＝	将右边的值赋值给左边的变量，如 num＝5	＊＝	如 num＊＝5，相当于 num＝num＊5
＋＝	如 num＋＝5，相当于 num＝num＋5	／＝	如 num／＝5，相当于 num＝num／5
－＝	如 num－＝5，相当于 num＝num－5	％＝	如 num％＝5，相当于 num＝num％5

接下来编写程序，实现交换两个数的值，并将交换后的值分别加2，如代码清单2.6所示。

代码清单 2.6　**Demo6Operator**

```java
package com.yyds.unit2.demo;
public class Demo6Operator {
    public static void main(String[] args) {
        int num1 = 7;
        int num2 = 3;
        System.out.println("交换前：num1="+num1+",num2="+num2);
        //借助临时变量交换
        int num3 = num1;
        num1 = num2;
        num2 = num3;
        System.out.println("交换后：num1="+num1+",num2="+num2);
        num1 += 2;
        num2 += 2;
        System.out.println("加 2 后：num1="+num1+",num2="+num2);
    }
}
```

程序(代码清单2.6)运行结果如图2.7所示。

```
交换前：num1=7,num2=3
交换后：num1=3,num2=7
加2后：num1=5,num2=9
```

图 2.7　程序运行结果

2.2.3　关系运算符

当需要比较两个数值的大小时，可以使用关系运算符。关系运算符也称作比较运算符，关系运算符的运算结果为布尔类型，如表2.5所示。

表 2.5　关系运算符

运算符	描　　述	运算符	描　　述
>	大于	>=	大于或等于
<	小于	<=	小于或等于
==	等于,注意,一个"="是赋值运算符	!=	不等于

接下来通过代码清单 2.7 演示关系运算符的使用,如下所示。

代码清单 2.7　**Demo7Operator**

```java
package com.yyds.unit2.demo;
public class Demo7Operator {
    public static void main(String[] args) {
        int num1 = 7;
        int num2 = 3;
        System.out.println("num1 > num2: " + (num1 > num2));
        System.out.println("num1 < num2: " + (num1 < num2));
        System.out.println("num1 == num2: " + (num1 == num2));
        System.out.println("num1 >= num2: " + (num1 >= num2));
        System.out.println("num1 <= num2: " + (num1 <= num2));
        System.out.println("num1 ! = num2: " + (num1 != num2));
    }
}
```

程序(代码清单 2.7)运行结果如图 2.8 所示。

```
num1 > num2：true
num1 < num2：false
num1 == num2：false
num1 >= num2：true
num1 <= num2：false
num1 != num2：true
```

图 2.8　程序运行结果

2.2.4　逻辑运算符

扫一扫

逻辑运算符用于连接多个布尔值,一般与比较运算符一起使用,表示与、或、非的关系。逻辑运算符如表 2.6 所示。

表 2.6　逻辑运算符

运算符	描　　述
&	与运算。当两边表达式都为 true 时,结果为 true,否则结果为 false
|	或运算。当两边表达式都为 false 时,结果为 false,否则结果为 true
^	异或运算。当两边结果不同时,结果为 true,否则结果为 false
!	非运算。如果表达式结果为 true,那么计算结果为 false,反之亦然

运算符	描　　述
&&	短路与运算。计算结果与 & 运算符一致,但当第一个表达式为 false 时,第二个表达式就不再运算
||	短路或运算。计算结果与|运算符一致,但当第一个表达式为 true 时,第二个表达式就不再运算

接下来通过代码清单 2.8 演示上面运算符的使用方式,如下所示。

代码清单 2.8　Demo8Operator

```java
package com.yyds.unit2.demo;
public class Demo8Operator {
    public static void main(String[] args) {
        int num1 = 7;
        int num2 = 3;
        int num3 = 5;
        System.out.println("num1 > num2 & num1 > num3: " + (num1 > num2 & num1 >
        num3));
        System.out.println("num1 > num2 | num2 > num3: " + (num1 > num2 | num2 >
        num3));
        System.out.println("num1 > num2 && num1 > num3: " + (num1 > num2 && num1 >
        num3));
        System.out.println("num1 > num2 || num2 > num3: " + (num1 > num2 || num2 >
        num3));
        System.out.println("num1 > num2: " + (num1 > num2) + ",!(num1 > num2): " + !
        (num1 > num2));
        System.out.println("num1 > num2 ^ num1 > num3: " + (num1 > num2 ^ num1 >
        num3));
    }
}
```

程序(代码清单 2.8)运行结果如图 2.9 所示。

```
num1 > num2 & num1 > num3：true
num1 > num2 | num2 > num3：true
num1 > num2 && num1 > num3：true
num1 > num2 || num2 > num3：true
num1 > num2：true, !(num1 > num2)：false
num1 > num2 ^ num1 > num3：false
```

图 2.9　程序运行结果

2.2.5　位运算符

虽然高级编程语言中都提供了算术运算符,但实际上计算机中的计算都是二进制的,这意味着使用算术运算符虽然简单,但存在着性能的损失。而位运算是直接对二进制进行的计算,性能极高,很多框架中都会使用位运算。位运算符如表 2.7 所示。

表 2.7　位运算符

运算符	描　　述
<<	将二进制位左移指定位数。移动 n 位就相当于 ＊ 2^n
>>	将二进制位右移指定位数。移动 n 位就相当于 ／ 2^n
>>>	无符号右移,结果会连同二进制最高位的符号位也移动
&	与运算,类似于逻辑运算符。参与运算的两个数字位都为 1,结果才为 1,否则结果为 0
|	或运算,类似于逻辑运算符。参与运算的两个数字位都为 0,结果才为 0,否则结果为 1
^	异或运算,类似于逻辑运算符。若参与运算的两个数字位不相同,则结果为 1;若参与运算的两个数字位相同,则结果为 0
~	按位取反运算,二进制数中的每一位如果为 0 就变成 1,如果为 1 就变成 0

位运算在实际开发中应用较少,因为相较于这些细微的性能提升,代码可读性更加重要,因此了解即可。通过代码清单 2.9 对位运算符进行演示。

代码清单 2.9　Demo9Operator

```java
package com.yyds.unit2.demo;
public class Demo9Operator {
    public static void main(String[] args) {
        int num1 = 13, num2 = 6;
        System.out.println("num2 << 2: " + (num2 << 2));
        System.out.println("num1 >> 2: " + (num1 >> 2));
        System.out.println("num2 >>> 1: " + (num2 >>> 1));
        System.out.println("num1 & num2: " + (num1 & num2));
        System.out.println("num1 | num2: " + (num1 | num2));
        System.out.println("num1 ^ num2: " + (num1 ^ num2));
        System.out.println("~ num1: " + (~ num1));
    }
}
```

程序(代码清单 2.9)运行结果如图 2.10 所示。

```
num2 << 2: 24
num1 >> 2: 3
num2 >>> 1: 3
num1 & num2: 4
num1 | num2: 15
num1 ^ num2: 11
~num1: -14
```

图 2.10　程序运行结果

扫一扫

2.2.6　三元运算符

三元运算符又称三目运算符,是连接三个表达式的运算符,语法格式如下。

条件表达式？表达式 1：表达式 2；

当条件表达式为 true 时，执行表达式 1，否则执行表达式 2。

三元运算符可用于一些简单的逻辑判断，比如获取两个数中的较大值，如代码清单 2.10 所示。

代码清单 2.10　　**Demo10Operator**

```java
package com.yyds.unit2.demo;
import java.util.Scanner;
public class Demo10Operator {
    public static void main(String[] args) {
        Scanner scanner = new Scanner(System.in);
        System.out.print("请输入一个数字: ");
        int num1 = scanner.nextInt();
        System.out.print("请再输入一个数字: ");
        int num2 = scanner.nextInt();
        //计算较大值,如果 num1 比 num2 大,则 num1 为较大值,否则 num2 为较大值
        int max = num1 > num2 ? num1 : num2;
        System.out.println("num1 和 num2 中较大值为: " + max);
    }
}
```

程序（代码清单 2.10）运行结果如图 2.11 所示。

```
请输入一个数字：10
请再输入一个数字：12
num1和num2中较大值为：12
```

图 2.11　程序运行结果

2.2.7　运算符的优先级

在实际开发中，可能同时使用到多种运算符，而运算符之间的优先级是不同的，优先级越低的运算符越先执行。运算符的优先级如表 2.8 所示。

表 2.8　运算符的优先级

优先级	描　　述	运　算　符	结　合　性
1	括号	()	
2	正负号	+、-	从右到左
3	一元运算符	++、--、!	从右到左
4	乘除	*、/、%	从左到右
5	加减	+、-	从左到右
6	移位运算	>>、>>>、<<	从左到右
7	比较大小	>、<、>=、<=	从左到右

优先级	描述	运算符	结合性
8	比较是否相等	==、!=	从左到右
9	按位与运算	&	从左到右
10	按位异或运算	^	从左到右
11	按位或运算	|	从左到右
12	逻辑与运算	&&(简洁逻辑与)、&(非简洁逻辑与)	从左到右
13	逻辑或运算	||(简洁逻辑或)、|(非简洁逻辑或)	从左到右
14	三元运算符	? :	从右到左
15	赋值运算符	=	从右到左

事实上,并不需要特意记这些无意义的优先级,合理使用括号运算符,让表达式按照自己想要的效果运行即可。

2.3 选择结构

扫一扫

2.3.1 if 语句

从结构化程序设计角度出发,Java 有三种结构:顺序结构、选择结构、循环结构。

Java 的基本结构就是顺序结构,除非特别指明,否则就按照顺序从上往下一句一句执行。顺序结构是最简单的算法结构,语句与语句之间,框与框之间是按从上到下的顺序进行的。顺序结构不必做过多说明,前面的程序都是顺序结构。

选择结构用于在代码中做一些逻辑判断,当满足某些条件时,执行某段代码。if 语句就是选择结构的代表。通过 if 语句,能够实现各种各样的逻辑判断。if 语句的语法格式如下所示。

```java
if(条件表达式 1) {
    //代码块 1
}else if(条件表达式 2) {
    //代码块 2
}else if(条件表达式 3) {
    //代码块 3
}else {
    //代码块 n
}
```

程序执行到 if 语句后会进行判断:当条件表达式 1 为 true 时,执行代码块 1;否则,当条件表达式 2 为 true 时,执行代码块 2;否则,当条件表达式 3 为 true 时,执行代码块 3;否则,执行代码块 n。其中,一个 if 语句之后可以有 0 至多个 else if 语句,可以有 0 或 1 个 else 语句。

接下来编写程序,接收用户输入的分数,对分数进行判断:90(包含)～100(包含)分为

优秀,70(包含)～90 分为良好,60(包含)～70 分为及格,60 分以下为不及格,如代码清单 2.11 所示。

代码清单 2.11 Demo11If

```java
package com.yyds.unit2.demo;
import java.util.Scanner;
public class Demo11If {
    public static void main(String[] args) {
        Scanner scanner = new Scanner(System.in);
        System.out.print("请输入学生成绩: ");
        double score = scanner.nextDouble();
        if(score > 100) {
            System.out.println("分数不合法");
        } else if(score >= 90 && score <= 100) {
        System.out.println("学生分数为: " + score + ",评分为优秀");
        } else if(score >= 70 && score < 90) {
        System.out.println("学生分数为: " + score + ",评分为良好");
        } else if(score >= 60 && score < 70) {
        System.out.println("学生分数为: " + score + ",评分为及格");
        } else {
        System.out.println("学生分数为: " + score + ",评分不及格");
        }
    }
}
```

程序(代码清单 2.11)运行结果如图 2.12 所示。

请输入学生成绩: *85*
学生分数为: **85.0**,评分为良好

图 2.12 程序运行结果

if 语句在使用过程中还需要注意以下两点。

(1) 如果 if 选择结构只需执行一条语句,那么可以省略{}。为了提高代码的易读性,建议不省略{}。

(2) {}中的代码语句也称为代码块,在代码块定义的常量或变量的作用域仅限于代码块中,在代码块之外不能使用。

2.3.2 switch 语句

除了 if 语句外,switch 语句也是选择结构。switch 语句一般用于做一些精确值的判断,其语法格式如下所示。

扫一扫

```java
switch(变量) {
case 值 1:
    代码块 1;
    break;
case 值 2:
```

```
        代码块 2;
        break;
    case 值 3:
        代码块 3;
        break;
        ...
    default:
        代码块 n;
        break;
}
```

switch 语句会根据表达式的值从相匹配的 case 标签处开始执行,一直执行到 break 语句处或者 switch 语句的末尾。如果 case 全都不匹配,则进入 default 语句。

接下来编写一个简单的加减乘除计算器。用户输入两个数字和计算符号,根据计算符号决定执行加法、减法、乘法、除法运算,如代码清单 2.12 所示。

代码清单 2.12　Demo12Switch

```java
package com.yyds.unit2.demo;
import java.util.Scanner;
public class Demo12Switch {
  public static void main(String[] args) {
   Scanner sc = new Scanner(System.in);
   System.out.println("请输入运算表达式,数字与符号之间使用空格隔开");
        int num1 = sc.nextInt();
        //输入字符串,取第一个字符,暂时理解成固定写法即可,将在常用类章节介绍该方法
        char operator = sc.next().charAt(0);
        int num2 = sc.nextInt();
        switch(operator) {
            case '+':
                System.out.println(num1 + " + " + num2 + " = " + (num1 + num2));
                break;
            case '-':
                System.out.println(num1 + " - " + num2 + " = " + (num1 - num2));
                break;
            case '*':
                System.out.println(num1 + " * " + num2 + " = " + (num1 * num2));
                break;
            case '/':
                System.out.println(num1 + " / " + num2 + " = " + (num1 / num2));
                break;
            default:
                System.out.println("运算符号不合法!");
                break;
        }
    }
}
```

程序(代码清单 2.12)运行结果如图 2.13 所示。

```
请输入运算表达式，数字与符号之间使用空格隔开
12 + 21
12 + 21 = 33
```

图 2.13　程序运行结果

switch 语句判断的变量中，类型只能是 byte、short、int、char、string（JDK 1.7）和枚举，因此它的适用范围较窄，但对于精确值的判断，switch 依然是非常方便的。

下面运用所学的 if 选择结构编写一个"人生选择"的游戏，从 9 项人生特质（包括智商、情商、才华、颜值、健康、自信、勇气、乐观、诚实）中，请挑选对你来说最重要的 1 项特质，并简要说明挑选该项特质的理由。同时运用 switch 选择结构实现一个职业选择的意向调研，请从"[1]人民教师、[2]医生、[3]公务员、[4]科学家、[5]人民警察、[6]法官、[7]其他（请说出你的意向职业）、[8]目前还不确定所要从事的职业"这些职业选项中挑选你未来意向的理想职业，并简要说明选择该职业的理由。实现代码示例如代码清单 2.13 所示。

代码清单 2.13　choices_of_life

```java
package com.yyds.unit2.demo;
import java.util.Scanner;
public class choices_of_life {
  public static void main(String[] args) {
    System.out.println("人生的选择有许多种,同学们,你准备好了吗?");
    System.out.println("下面来做一个人生选择的游戏,从下面 9 项人生特质中,请挑选 1
项对你来说最重要的特质,并简要说明理由!");
    System.out.println("********************************");
    System.out.println("[1]智商\t"+"[2]情商\t"+"[3]才华\t"+"[4]颜值\t"+"[5]健康
\t"+"[6]自信\t"+"[7]勇气\t"+"[8]乐观\t"+"[9]诚实");
    System.out.println("********************************");
    Scanner input = new Scanner(System.in);
    System.out.println("请输入 1~9 中的一个整数来选择你认为应具备的最重要的 1 项人生
特质: ");
    int choosenumber = input.nextInt();
    if(choosenumber == 1) {
        System.out.println("[1]智商");
    } else if(choosenumber == 2) {
        System.out.println("[2]情商");
    } else if(choosenumber == 3) {
        System.out.println("[3]才华");
    } else if(choosenumber == 4) {
        System.out.println("[4]颜值");
    } else if(choosenumber == 5) {
        System.out.println("[5]健康");
    } else if(choosenumber == 6) {
        System.out.println("[6]自信");
    } else if(choosenumber == 7) {
        System.out.println("[7]勇气");
    } else if(choosenumber == 8) {
        System.out.println("[8]乐观");
```

```
        } else if(choosenumber == 9) {
            System.out.println("[9]诚实");
        } else {
            System.out.println("你所输入的数字有误,请重新运行程序,并输入 1~9 中的
一个整数以重新选择!");
        }
        System.out.println("你已经挑选了对你来说最重要的 1 项特质,请说明所选择的
理由!");
        System.out.println("***下面介绍另一种选择语句***");
        System.out.println("下面来做一个职业选择的意向调研,从下面 8 项职业选项中挑选你
未来意向的职业!");
        System.out.println("职业选择: ");
        System.out.println("[1]人民教师\t"+ "[2]医生\t" + "[3]公务员 \t" + "[4]科学家\
t" + "[5]人民警察\t" + "[6]法官\t");
        System.out.println("[7]其他(请说出你的意向职业)\t" + "[8]目前还不确定所要从事
的职业");
        System.out.println("请输入 1~8 中的一个整数来选择你未来意向的理想职业: ");
        int choosenumber2 = input.nextInt();
        switch (choosenumber2) {
            case 1:
                System.out.println("你所选择的职业是: 人民教师");
                break;
            case 2:
                System.out.println("你所选择的职业是: 医生");
                break;
            case 3:
                System.out.println("你所选择的职业是: 公务员");
                break;
            case 4:
                System.out.println("你所选择的职业是: 科学家");
                break;
            case 5:
                System.out.println("你所选择的职业是: 人民警察");
                break;
            case 6:
                System.out.println("你所选择的职业是: 法官");
                break;
            case 7:
                System.out.println("其他(请说出你的意向职业)");
                break;
            case 8:
                System.out.println("目前还不确定所要从事的职业");
                break;
            default:
                System.out.println("你所输入的数字有误,请重新运行程序,并输入 1~8 中
                的一个整数以重新选择!");
                break;
        }
        System.out.println("请简要说明选择该职业的理由!");
        input.close();
    }
}
```

程序(代码清单 2.13)运行结果如图 2.14 所示。

```
人生的选择有许多种，同学们，你准备好了吗？
下面来做一个人生选择的游戏，从下面9项人生特质中，请挑选1项对你来说最重要的特质，并简要说明理由！
********************************************************
[1]智商 [2]情商 [3]才华 [4]颜值 [5]健康 [6]自信 [7]勇气 [8]乐观 [9]诚实
********************************************************
请输入1~9中的一个整数来选择你认为应具备的最重要的1项人生特质：
1
[1]智商
你已经挑选了对你来说最重要的1项特质，请说明所选择的理由！
********************下面介绍另一种选择语句********************
下面来做一个职业选择的意向调研，从下面8项职业选项中挑选你未来意向的职业！
职业选择：
[1]人民教师 [2]医生 [3]公务员 [4]科学家 [5]人民警察 [6]法官
[7]其他（请说出你的意向职业）[8]目前还不确定所要从事的职业
请输入1~8中的一个整数来选择你未来意向的理想职业：
1
你所选择的职业是：人民教师
请简要说明选择该职业的理由！
```

图 2.14 程序运行结果

2.3.3 选择结构的嵌套

扫一扫

选择结构在使用上可以嵌套，if 中的代码块也可以是 switch 语句，switch 语句中的代码块也可以是 if 语句。通过嵌套，可以判断更加复杂的逻辑。

编写程序，判断一个年份是否为闰年。闰年的判断方法为：如果一个年份能被 400 整除，那么该年是闰年。否则，如果这个年份不能被 100 整除，但可以被 4 整除，也是闰年，如代码清单 2.14 所示。

代码清单 2.14 Demo14If

```java
package com.yyds.unit2.demo;
import java.util.Scanner;
public class Demo14If {
    public static void main(String[] args) {
        Scanner sc = new Scanner(System.in);
        System.out.println("请输入年份");
        int year = sc.nextInt();
        if(year %400 == 0) {
            System.out.println(year + "年是闰年");
        } else {
            if(year %100 != 0 && year %4 == 0) {
                System.out.println(year + "是闰年");
            } else {
                System.out.println(year + "不是闰年");
            }
        }
    }
}
```

程序(代码清单 2.14)运行结果如图 2.15 所示。

图 2.15　程序运行结果

2.3.4　两种选择结构的对比

if 语句和 switch 语句都可以实现逻辑判断,但它们的使用场景有所不同。if 语句一般用于区间值的判断,而 switch 语句只能用于确定值的判断。凡是 switch 语句能够实现的,if 语句都可以实现,反之则不行。

2.4　循环结构

扫一扫

2.4.1　for 语句

循环结构是 Java 三大结构之一,它可以在满足某些条件下一直执行某一段程序,从而简化代码。

for 循环是最常见的循环结构,它的语法格式如下。

```
for(循环初始化表达式; 循环条件表达式; 循环后的操作表达式) {
    //循环体
}
```

首先执行一次循环初始化表达式,接着判断循环条件表达式,如果为 false,则结束循环。如果为 true,则执行循环体,之后执行循环后的操作表达式,重复以上操作,直到条件表达式的值为 false 为止。

接下来编写程序,输出 1~1000 既能被 5 整除又能被 3 整除的数,并且每行输出 5 个,如代码清单 2.15 所示。

代码清单 2.15　**Demo15For**

```java
package com.yyds.unit2.demo;
public class Demo15For {
    public static void main(String[] args) {
        //从 1 循环到 1000
        //计数器
        int count = 0;
        for(int i = 1; i <= 1000; i++) {
            //判断是否满足要求
            if(i %5 == 0 && i %3 == 0) {
                System.out.print(i + "\t");
                count++;
                //每 5 个一行
                if(count == 5) {
```

```
                    System.out.println();
                    count = 0;
                }
            }
        }
    }
}
```

程序(代码清单 2.15)运行结果如图 2.16 所示。

15	30	45	60	75
90	105	120	135	150
165	180	195	210	225
240	255	270	285	300
315	330	345	360	375
390	405	420	435	450
465	480	495	510	525
540	555	570	585	600
615	630	645	660	675
690	705	720	735	750
765	780	795	810	825
840	855	870	885	900
915	930	945	960	975
990				

图 2.16 程序运行结果

2.4.2 while 语句

扫一扫

while 语句相较于 for 循环更加简单,它的语法格式有点类似于 if 语句,如下所示。

```
while (条件表达式) {
    //循环体
}
```

while 语句的执行规则也很简单,只要条件表达式的值为 true,就会执行循环体,直到条件表达式的值为 false 时才退出循环。while 循环一般用于不确定循环次数的场景。

接下来编写程序,找出前 10 个既能被 7 整除又能被 11 整除的数字,如代码清单 2.16 所示。

代码清单 2.16 Demo16While

```
package com.yyds.unit2.demo;
public class Demo16While {
    public static void main(String[] args) {
        int count = 0;
        //从 11 开始找,11 之前的肯定不符合要求
        int num = 11;
```

```
    //只要小于 10 个就继续找
    while(count < 10) {
        if(num %7 == 0 && num %11 == 0) {
            System.out.println(num);
            count++;
        }
        num++;
    }
}
```

程序(代码清单 2.16)运行结果如图 2.17 所示。

```
77
154
231
308
385
462
539
616
693
770
```

图 2.17　程序运行结果

扫一扫

2.4.3　do…while 语句

不管是 for 循环还是 while 循环,都会在循环之前判断循环条件,如果条件刚开始就为 false,那么循环体就不会被执行。实际开发中,可能存在需要循环体至少执行一次的场景,此时就可以使用 do…while 循环语句。do…while 语句的语法格式如下所示。

```
do{
    //循环体
} while(条件表达式);
```

首先执行循环体,之后再判断条件表达式,如果结果为 true,就重复上述步骤,直到条件表达式的值为 false 为止。do…while 语句的语法比较简单,但需要注意的细节是条件表达式最后有一个分号。

下面编写程序模拟登录,用户名为 admin,密码为 123456,如果用户输入的用户名和密码不匹配,就重新登录,直到用户名和密码完全匹配为止,如代码清单 2.17 所示。

代码清单 2.17　**Demo17DoWhile**

```
package com.yyds.unit2.demo;
import java.util.Scanner;
public class Demo17DoWhile {
    public static void main(String[] args) {
```

```
        Scanner sc = new Scanner(System.in);
        String username;
        String password;
        do {
            System.out.print("请输入用户名: ");
            username = sc.next();
            System.out.print("请输入密码: ");
            password = sc.next();
            //判断字符串相等要使用 equals
        }while(!"admin".equals(username) || !"123456".equals(password));
        System.out.println("登录成功");
    }
}
```

程序(代码清单 2.17)运行结果如图 2.18 所示。

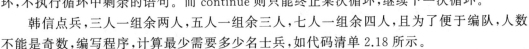

图 2.18　程序运行结果

2.4.4　break 和 continue 语句

扫一扫

在任何循环语句的主体部分,均可用 break 控制循环的流程。break 用于强行退出循环,不执行循环中剩余的语句。而 continue 则只能终止某次循环,继续下一次循环。

韩信点兵,三人一组余两人,五人一组余三人,七人一组余四人,且为了便于编队,人数不能是奇数,编写程序,计算最少需要多少名士兵,如代码清单 2.18 所示。

代码清单 2.18　Demo18While

```
package com.yyds.unit2.demo;
public class Demo18For {
    public static void main(String[] args) {
        //不确定循环次数,使用 while
        int num = 0;
        while(true) {
            num++;
            //如果是奇数,就直接跳过
            if(num %2 == 1) {
                continue;
            }
            if(num %3 == 2 && num %5 == 3 && num %7 == 4) {
                //找到了正确的人数,终止循环
                System.out.println("至少需要" + num + "人");
```

```
            break;
        }
    }
}
```

程序(代码清单 2.18)运行结果如图 2.19 所示。

至少需要158人

图 2.19　程序运行结果

扫一扫

2.4.5　循环语句的嵌套

同选择结构一样,循环结构也可以任意嵌套。

接下来编写程序,寻找前 20 个素数,并且每 5 个为一行输出(如果一个数字不能被 1 和它本身以外的数字整除,那么这个数字就称作素数),如代码清单 2.19 所示。

代码清单 2.19　Demo19For

```java
package com.yyds.unit2.demo;
public class Demo19For {
    public static void main(String[] args) {
        //素数个数
        int count = 0;
        //2是最小的素数,从 2 开始
        int num = 2;
        //不确定找多少次,while 循环
        while(true) {
            //先假设是
            boolean flag = true;
            for(int i = 2; i < num; i++) {
                if(num %i == 0) {
                    flag = false;
                    break;
                }
            }
            if(flag) {
                System.out.print(num + "\t");
                count++;
                if(count %5 == 0) {
                    System.out.println();
                }
                if(count == 20) {
                    break;
                }
            }
            num++;
        }
    }
}
```

程序(代码清单 2.19)运行结果如图 2.20 所示。

2	3	5	7	11
13	17	19	23	29
31	37	41	43	47
53	59	61	67	71

图 2.20 程序运行结果

2.4.6 三种循环结构的应用场景

三种循环在任何场景下都是可以互相替换的,但实际开发中应当根据合适的需求场景选择不同的循环语句。如果能够确定循环次数,建议使用 for 循环;如果不能确定循环次数,或者想让循环永远执行,建议使用 while 循环;如果想让循环体至少执行一次,建议使用 do…while 循环。当然,这三种循环可以互相通用,见如下的示例。

运用所学的三种循环语句,编程实现分别计算 1.01、1.02、0.99 和 0.98 的 365 次方。

代码清单 2.20 **Wake_up_the_formula_of_your_life**

```java
package com.yyds.unit2.demo;
import java.util.Scanner;
public class Wake_up_the_formula_of_your_life {
    public static void main(String[] args) {
        //分别计算 1.01、1.02、0.99 和 0.98 的 365 次方
        double big = 1.01;
        double bigger = 1.02;
        double small = 0.99;
        double smaller = 0.98;
        double increase = 1;
        double increase2 = 1;
        double decrease = 1;
        double decrease2 = 1;
        //***要求学生补充下述循环,可以用 while、do…while 或者 for 语句实现***//
        int i=1;
        while(i<=365) {//while 循环
            increase = increase * big;
            increase2 *=  bigger;
            decrease *= small;
            decrease2 *= smaller;
            i++;
        }
        /*
    int i=1;
    do{//do…while 循环
        increase = increase * big;
        increase2 *=  bigger;
        decrease *= small;
        decrease2 *= smaller;
```

```
        i++;
    }while(i<=365);
 */
 /*
for(int i=1;i<=365;i++) {      //for 循环
    increase = increase * big;
    increase2 *= bigger;
    decrease *= small;
    decrease2 *= smaller;
}
 */
//*********输出结果进行对比*************//
System.out.println("1.01 的值经过 365 天的迭代进化,变成了"+increase);
System.out.println("1.02 的值经过 365 天的迭代进化,变成了"+increase2);
System.out.println("而 0.99 的值经过 365 天的迭代进化,变成了"+decrease);
System.out.println("而 0.98 的值经过 365 天的迭代进化,变成了"+decrease2);
System.out.println("这个例子告诫了我们什么道理呢? 请大家讨论!");
    }
}
```

程序(代码清单 2.20)运行结果如图 2.21 所示。

```
1.01的值经过365天的迭代进化,变成了37.783434332887275
1.02的值经过365天的迭代进化,变成了1377.4082919660766
而0.99的值经过365天的迭代进化,变成了0.025517964452291122
而0.98的值经过365天的迭代进化,变成了6.273611596921231E-4
这个例子告诫了我们什么道理呢? 请大家讨论!
```

图 2.21　程序运行结果

这个示例是一个典型的"叫醒你人生"的公式,在加减乘除背后蕴含了哪些哲理? 0.01 的差别看似微小,然而人生路上,差之毫厘,便谬以千里,量变到质变,往往就在不经意间完成。你可曾忽视过那 0.01 的努力? 这个例子告诫了大家什么道理呢? 请讨论!

2.5　方法

2.5.1　方法介绍

方法就是定义在类中的具有特定功能的一段独立小程序,用来完成某个功能操作。在某些语言中,方法也称为函数或者过程。

在平时的开发中,不可能把程序的所有功能都写到 main()方法中,这样维护起来成本很大,因此需要将功能拆分成一个个方法,需要完成该功能时只调用对应方法即可。

2.5.2　方法声明与调用

前面接触的 main()方法也是一个方法,当想使用方法时,必须先声明该方法,才能在其他代码中调用。方法声明语法格式如下所示。

```
修饰符 返回值类型 方法名(参数类型 参数名1, 参数类型 参数名2,…) {
    //方法体;
    return 返回值;
}
```

方法的声明包含了很多组成部分,每个组成部分的含义如下。

(1) 修饰符:用于控制方法的访问权限,目前学习阶段全部写为 public static 即可。

(2) 返回值类型:方法需要返回给调用者数据的数据类型,如无返回值,必须声明返回值类型为 void。

(3) 方法名:方法的名字,命名规范在标识符规范的基础之上,采用首字母小写的驼峰命名规则。

(4) 形参列表:由参数类型和参数名组成,也称作形式参数(形参),形参可以为任意多个,用于调用者给方法内部传递数据。

(5) 方法体:该方法需要实现的具体逻辑。

(6) 返回值:方法执行完毕后提供给调用者的数据。如果定义了返回值类型,那么返回值和返回值类型必须保持一致;如果定义的返回值类型为 void,那么需要省略返回值,也就是直接用语句"return;"返回或者省略该语句直至该方法执行结束。当方法在执行过程中遇到 return 语句,就会返回而结束该方法的执行。

当声明了一个方法之后,就可以使用代码在其他方法中调用它了。调用方法的语法格式如下所示。

```
方法名(实际参数1, 实际参数2, …);
```

方法调用时的参数列表称为实际参数(实参)。实参列表的数据类型和参数个数必须与方法声明时完全一致。

在了解了方法的基本使用后,接下来开始编写代码演示。

1. 无返回值的方法

编写一个方法 isTriangle(),接收三角形的三条边,判断这三条边是否能构成三角形。如果能够构成,则输出三角形的三条边,并计算周长;如果不能构成,则输出三条边不能构成三角形,如代码清单 2.21 所示。

代码清单 **2.21　Demo21Triangle**

```java
package com.yyds.unit2.demo;
import java.util.Scanner;
public class Demo21Triangle {
    public static void main(String[] args) {
        Scanner sc = new Scanner(System.in);
        System.out.println("请输入三角形的三条边");
        int a = sc.nextInt();
        int b = sc.nextInt();
        int c = sc.nextInt();
        isTriangle(a, b, c);
    }
```

```
public static void isTriangle(int a, int b, int c) {
    //构成三角形要素：任意两条边之和大于第三条边
    if(a + b > c && a + c > b && b + c > a) {
        System.out.println(a + "," + b + "," + c + "能构成三角形,周长为：" +
        (a + b + c));
    } else {
        System.out.println(a + "," + b + "," + c + "不能构成三角形");
    }
}
```

程序(代码清单 2.21)运行结果如图 2.22 所示。

```
请输入三角形的三条边
3 4 5
3,4,5能构成三角形，周长为：12
请输入三角形的三条边
3 4 7
3,4,7不能构成三角形
```

图 2.22　程序运行结果

2. 有返回值的方法

有时,方法需要在调用结束后提供给调用者一些信息,此时就需要给方法声明一个返回值。比如新冠疫情爆发后,各地会根据疫情确诊人数划分低、中、高风险区,下面编写一个方法,判断输入的人数属于哪个等级的风险区,其中,假设确诊数在 100 以下定义为低风险,在 100~1000 定义为中风险,在 1000 以上定义为高风险,如代码清单 2.22 所示。

代码清单 2.22　**Demo22Disease**

```
package com.yyds.unit2.demo;
import java.util.Scanner;
public class Demo22Disease {
    public static void main(String[] args) {
        Scanner sc = new Scanner(System.in);
        System.out.println("请输入地区确诊数：");
        int num = sc.nextInt();
        String level = getLevel(num);
        System.out.println("该地区为" + level + "区");
    }
    public static String getLevel(int num) {
        if(num <= 100) {
            return "低风险";
        } else if(num > 100 && num <= 1000) {
            return "中风险";
        } else {
            return "高风险";
        }
    }
}
```

程序(代码清单 2.22)运行结果如图 2.23 所示。

```
请输入地区确诊数:
1500
该地区为高风险区
```

图 2.23　程序运行结果

2.5.3　方法重载

扫一扫

在介绍方法重载之前,先考虑一个问题。现在需要编写一系列方法,用于计算两个数之和。这非常简单,对于现在的你而言可能分分钟就可以写好,但这时候就出现问题了:方法名和方法参数如何命名和定义? 可能你会脱口而出定义为"add(int, int)",那么如果要求这些方法对 byte、short、double 等数值型数据都可以进行运算,此时方法名和方法参数又将如何定义? 如果再要求这些方法能同时对 3 个数或者更多个数,例如 2、3、4 的数字,都能实现求和,那么方法名和方法参数又该如何定义呢?

可以看出,如果出现了很多功能类似的方法,为了让方法能够做到见名知意,这些方法的命名就需要类似,如果这些方法很多,就会导致方法名非常混乱。为了解决这种问题,出现了方法的重载。

在同一个类中,允许存在一个以上的同名方法,只要它们的参数个数或者参数类型不同即可,这种现象称作方法重载。需要注意的是,方法重载只与参数和方法名有关,返回值类型不同,不构成方法的重载;形参的名称不同,不构成方法的重载;方法修饰符不同,不构成方法的重载。

有了方法重载之后,就可以将所有的方法名称都定义为 add 了,如代码清单 2.23 所示。

代码清单 2.23　Demo23Overload

```java
package com.yyds.unit2.demo;
public class Demo23Overload {
    public static void main(String[] args) {
        System.out.println("add(int, int): " + add(3,4));
        System.out.println("add(int, int, int): " + add(3,4,5));
        System.out.println("add(double, double): " + add(3.2,4.1));
        System.out.println("add(double, double, double): " + add(3.2,4.1, 5.3));
    }
    public static int add(int num1, int num2) {
        return num1 + num2;
    }
    //方法名相同,但参数个数不同,是重载
    public static int add(int num1, int num2, int num3) {
        return num1 + num2 + num3;
    }
    //方法名相同,但参数类型不同,是重载
    public static double add(double num1, double num2) {
        return num1 + num2;
    }
```

```
public static double add(double num1, double num2, double num3) {
    return num1 + num2 + num3;
}
}
```

程序(代码清单2.23)运行结果如图2.24所示。

```
add(int, int): 7
add(int, int, int): 12
add(double, double): 7.3
add(double, double, double): 12.6
```

图2.24　程序运行结果

从输出结果可以看出,虽然方法名都相同,但是根据传入的参数不同,JVM会自动调用对应的重载方法。System.out.println方法就是一个非常典型的重载方法,该方法为了能够打印任何数据类型,就重载了大量的println()方法,为的就是能够支持所有的数据类型,如图2.25所示。

void	println() Terminates the current line by writing the line separator string.
void	println(boolean x) Prints a boolean and then terminate the line.
void	println(char x) Prints a character and then terminate the line.
void	println(char[] x) Prints an array of characters and then terminate the line.
void	println(double x) Prints a double and then terminate the line.
void	println(float x) Prints a float and then terminate the line.
void	println(int x) Prints an integer and then terminate the line.
void	println(long x) Prints a long and then terminate the line.
void	println(Object x) Prints an Object and then terminate the line.
void	println(String x) Prints a String and then terminate the line.

图2.25　println()方法的重载

2.5.4　方法递归

扫一扫

编程语言中,若方法直接或间接调用方法本身,则称该方法为递归方法。合理使用递归,能够解决很多使用循环难以解决的问题。

比如典型的斐波那契数列问题:斐波那契数列(Fibonacci sequence)又称黄金分割数列,因数学家莱昂纳多·斐波那契(Leonardo Fibonacci)以兔子繁殖为例而引入,故又称为"兔子数列",指的是这样一个数列:0、1、1、2、3、5、8、13、21、34、…,在数学上,斐波那契数列被以如下递推的方式定义:$F(0)=0$,$F(1)=1$,$F(n)=F(n-1)+F(n-2)$($n \geqslant 2$,$n \in \mathbf{N}^*$)。

编写程序,用户输入一个表示位置含义的数字,计算出斐波那契数列在该位置上的值。

这个需求可能你会觉得非常复杂,一眼看上去这个题目很明显应该使用循环语句解决,但始终没有思路。事实上,这个题目如果采用递归方法就会变得非常简单,如代码清单 2.24 所示。

代码清单 2.24　**Demo24Fibonacci**

```java
package com.yyds.unit2.demo;
import java.util.Scanner;
public class Demo24Fibonacci {
    public static void main(String[] args) {
        Scanner scanner = new Scanner(System.in);
        System.out.println("请输入要计算的位数: ");
        int num = scanner.nextInt();
        int fib = fib(num);
        System.out.println("斐波那契数列中第" + num + "位数字为: " + fib);
    }
    public static int fib(int n) {
        //前两个比较特殊,直接返回即可
        if(n == 1 || n == 2) {
            return 1;
        } else {
            //之后的位置都满足 F(n)=F(n - 1)+F(n - 2),调用本身即可
            return fib(n - 1) + fib(n - 2);
        }
    }
}
```

程序(代码清单 2.24)运行结果如图 2.26 所示。

请输入要计算的位数:
30
斐波那契数列中第30位数字为:832040

图 2.26　程序运行结果

需要注意的是,递归虽然能够巧妙地解决一些问题,但是它的性能非常低。实际开发中如果能使用循环解决问题,就尽量不使用递归解决。如果使用其他方案的代码可读性很差,就需要仔细斟酌是否有必要为了代码的可读性而允许部分性能损耗以使用递归方法编写代码。

 **数组**

2.6.1　数组概述

有时候可能需要存储多条同类型的数据,比如存储 1000 名学生的成绩,存储 1000 条订

单的信息,这种情况下不可能创建1000个变量来记录,此时就可以使用数组。

数组就是一种能够存放相同数据类型的有序集合,或者说它是一个存储数据的容器。可以创建出一个指定长度的数组,这样就可以存储对应条数的数据了。

在Java中,数组的创建方式分为3种,语法格式如下所示。

```
//方式一、创建出指定长度的数组,数组有多长,就能存储多少数据
数据类型[]  数组名 = new 数据类型[数组长度];
//方式二、创建数组的同时向数组中存储数据,此时不需要指定数组长度,有多少元素则数组就
//多长
数据类型[]  数组名 = new 数据类型[]{元素1,元素2,元素3,…};
//方式三、方式二的简写方式
数据类型[]  数组名 = {元素1,元素2,元素3,…};
```

其中,数据类型可以是任意的基本数据类型和引用类型。

2.6.2 数组的常见操作

介绍完数组的创建语法后,下面介绍数组常见的操作方式。

1. 通过索引操作元素

扫一扫

数组元素的操作都是通过索引(也称作下标)进行的,当创建了一个长度为n的数组后,它的索引范围是$[0, n-1]$。代码清单2.25为数组的赋值以及取值操作。

代码清单2.25　Demo25Array

```java
package com.yyds.unit2.demo;
public class Demo25Array {
    public static void main(String[] args) {
        int[] arr = new int[3];
        //根据索引给数组某个位置赋值,索引不能超过数组长度
        arr[0] = 10086;
        arr[1] = 10010;
        arr[2] = 10000;
        //根据索引获取元素
        int num2 = arr[2];
        int num1 = arr[1];
        int num0 = arr[0];
        System.out.println("num0: " + num0);
        System.out.println("num1: " + num1);
        System.out.println("num2: " + num2);
    }
}
```

程序(代码清单2.25)运行结果如图2.27所示。

```
num0: 10086
num1: 10010
num2: 10000
```

图2.27　程序运行结果

扫一扫

通过索引操作数组元素时,一定要注意索引不能超出数组下标范围,比如上面代码中如果使用 arr[3]操作元素,程序运行时就会抛出 ArrayIndexOutOfBoundsException,表示数组索引越界异常。

2. 数组的遍历

当数组元素很多时,不可能一个一个使用索引获取元素,而是希望能够通过循环的方式取出数组中的每一个元素,这个操作称作遍历。数组的遍历一般使用 for 循环遍历,从 0 遍历到数组长度－1 即可,如代码清单 2.26 所示。

代码清单 2.26　**Demo26Array**

```java
package com.yyds.unit2.demo;
public class Demo26Array {
    public static void main(String[] args) {
        //直接创建有元素的数组
        String[] arr = {"Java", "PHP", "Python", "C++", "Golang"};
        //从 0~length-1,每次遍历时 i 都是当前索引
        for (int i = 0; i < arr.length; i++) {
         String str = arr[i];
            System.out.println("索引为" + i + "处的元素为: " + str);
        }
    }
}
```

程序(代码清单 2.26)运行结果如图 2.28 所示。

```
索引为0处的元素为: Java
索引为1处的元素为: PHP
索引为2处的元素为: Python
索引为3处的元素为: C++
索引为4处的元素为: Golang
```

图 2.28　程序运行结果

事实上,如果只是想获取数组中的每一个元素,并不需要给数组元素赋值,也不需要操作索引,还有一种更简便的遍历方式:foreach 循环,又称作增强 for 循环。

foreach 循环的语法格式如下所示。

```java
for(数据类型 变量 : 数组) {
    System.out.println(变量);
}
```

其中数据类型需要与数组的数据类型一致。

接下来使用 foreach 循环的方式遍历数组,如代码清单 2.27 所示。

代码清单 2.27　**Demo27Array**

```java
package com.yyds.unit2.demo;
public class Demo27Array {
```

```
public static void main(String[] args) {
    String[] arr = {"Java", "PHP", "Python", "C++", "Golang"};
    for(String str : arr) {
        System.out.println("当前遍历到的元素为: " + str);
    }
}
}
```

程序(代码清单2.27)运行结果如图2.29所示。

当前遍历到的元素为：Java
当前遍历到的元素为：PHP
当前遍历到的元素为：Python
当前遍历到的元素为：C++
当前遍历到的元素为：Golang

图2.29　程序运行结果

foreach循环比普通的for循环语法更简洁,但是无法获取到索引。当不需要使用数组索引的时候,可以考虑使用这种循环方式。

3. 获取数组的最值

当需要获取数组的最大值或最小值时,通过常规的思路可能不太好处理,此时可以使用"假设法"。首先假设索引0处的元素是最大值,之后遍历整个数组,每次遍历取出当前元素与所假设的最大值进行比较,如果当前元素比假设的最大值还大,就再假设该元素是最大值,直到数组遍历完毕为止,最后所假设的最大值就是真正的最大值,如代码清单2.28所示。同理,获取数组的最小值也是通过此思路求得,唯一不同的是假设元素为最小值而进行循环比较。

代码清单2.28　Demo28Array

```
package com.yyds.unit2.demo;
public class Demo28Array {
    public static void main(String[] args) {
        int[] arr = new int[]{68, 23, 75, 63, 12, 79, 52, 34, 75, 62, 10};
        //先假设第0个元素是最大值
        int max = arr[0];
        //遍历数组
        for(int num : arr) {
            if(num > max) {
            //如果遍历到的元素比假设的最大值还大,就假设这个元素是最大值
                max = num;
            }
        }
        //当遍历完毕后,就找不到比假设的最大值还大的元素了
```

```
        System.out.println("数组中最大值为: " + max);
    }
}
```

程序(代码清单 2.28)运行结果如图 2.30 所示。

数组中最大值为：**79**

图 2.30　程序运行结果

4. 通过值获取索引

有时可能需要查询数组中某个值所在的索引位置,这个操作也可以通过遍历实现,但需要注意,待查找的值可能在数组中不存在,因此需要先假设待查找值的索引为−1。因为−1这个值不可能是数组的索引,因此当遍历结束后如果索引还是−1,就说明没有找到该值,如代码清单 2.29 所示。

代码清单 2.29　**Demo29Array**

```
package com.yyds.unit2.demo;
public class Demo29Array {
    public static void main(String[] args) {
        int[] arr = new int[]{68,23,75,63,12,79,52,34,75,62,10};
        //待查找的值
        int num = 34;
        int index = -1;
        for(int i = 0; i < arr.length; i++) {
            if(num == arr[i]) {
                index = i;
                //只要找到了,后面就没必要再找了
                break;
            }
        }
        if(index == -1) {
            System.out.println("待查找的值" + num + "不存在于数组中");
        }else {
            System.out.println("待查找的值" + num + "在数组中首次出现的索引为: " + index);
        }
    }
}
```

程序(代码清单 2.29)运行结果如图 2.31 所示。

待查找的值**34**在数组中首次出现的索引为：**7**

图 2.31　程序运行结果

5. 数组元素的反转

有时候可能需要反转一个数组,将数组元素首尾互换,这可以借助一个新的数组,如代码清单 2.30 所示。

代码清单 2.30　Demo30Array

```java
package com.yyds.unit2.demo;
public class Demo30Array {
    public static void main(String[] args) {
        int[] arr = new int[]{68,23,75,63,12,79,52,34,75,62,10};
        //创建一个长度一样的数组
        int[] arr2 = new int[arr.length];
        //遍历旧数组,将旧数组中的每个元素放入新数组对应的位置
        for(int i = 0; i < arr.length; i++) {
            //计算对应的位置
            int index = arr.length - 1 - i;
            arr2[index] = arr[i];
        }
        System.out.print("反转前数组: ");
        for(int num : arr) {
            System.out.print(num + " ");
        }
        System.out.println();
        System.out.print("反转后数组: ");
        for(int num : arr2) {
            System.out.print(num + " ");
        }
    }
}
```

程序(代码清单 2.30)运行结果如图 2.32 所示。

```
反转前数组: 68 23 75 63 12 79 52 34 75 62 10
反转后数组: 10 62 75 34 52 79 12 63 75 23 68
```

图 2.32　程序运行结果

数组可以执行的操作非常多,但万变不离其宗,基本上都可以使用遍历以及假设法等方式解决。

2.6.3　数组排序算法

实际开发中接触到的数组顺序可能比较乱,有时不得不对数组进行排序。常见的数组排序方法一共有 8 种:冒泡排序、选择排序、插入排序、堆排序、基数排序、希尔排序、快速排序、归并排序。这里介绍前两种排序方法,其他排序方法可参考数据结构等课程。

1. 冒泡排序

冒泡排序的核心思想是,在要排序的序列中,对当前还未排好序的全部元素,自上而下对相邻的两个数依次进行比较和调整,让较大的数往下沉,较小的数往上冒,就好像水泡上浮一样,如果它们的顺序错误,就把它们交换过来,如图 2.33 所示。

接下来编写代码,实现冒泡排序算法,如代码清单 2.31 所示。

扫一扫

初始数组	10	5	12	13	7	4	2	15	9
第一趟	5	10	12	7	4	2	13	9	15
第二趟	5	10	7	4	2	12	9	13	15
第三趟	5	7	4	2	10	9	12	13	15
第四趟	5	4	2	7	9	10	12	13	15
第五趟	4	2	5	7	9	10	12	13	15
第六趟	2	4	5	7	9	10	12	13	15
第七趟	2	4	5	7	9	10	12	13	15
第八趟	2	4	5	7	9	10	12	13	15

图 2.33　冒泡排序

代码清单 2.31　Demo31ArraySort

```java
package com.yyds.unit2.demo;
public class Demo31ArraySort {
    public static void main(String[] args) {
        int[] arr = new int[]{10, 5, 12, 13, 7, 4, 2, 15, 9};
        bubbleSort(arr);
        System.out.println("排序后数组为: ");
        for(int num : arr) {
            System.out.print(num + " ");
        }
    }
    public static void bubbleSort(int[] arr) {
        //外层循环控制趟数
        for(int i = arr.length - 1; i > 0; i--) {
            //节点比较,只比较到第 i 个元素即可
            for(int j = 0; j < i; j++) {
                //交换元素
                if(arr[j] > arr[j + 1]) {
                    int temp = arr[j];
                    arr[j] = arr[j + 1];
                    arr[j + 1] = temp;
                }
            }
```

```
        }
      }
    }
```

程序(代码清单2.31)运行结果如图2.34所示。

排序后数组为:
2 4 5 7 9 10 12 13 15

图 2.34　程序运行结果

2. 选择排序

选择排序的核心思想是:在要排序的一组数中选出最小(或者最大)的一个数与第1个位置的数交换;然后在剩下的数中再找最小(或者最大)的与第2个位置的数交换,以此类推,直到第 $n-1$ 个元素(倒数第2个数)和第 n 个元素(最后一个数)比较为止,每一轮排序都是找出它的最小值或者最大值的过程,如图2.35所示。

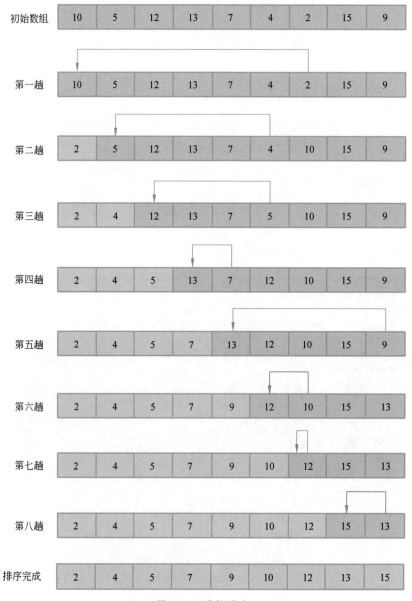

图 2.35　选择排序

60

接下来通过代码实现选择排序，如代码清单 2.32 所示。

代码清单 **2.32** **Demo32ArraySort**

```java
package com.yyds.unit2.demo;
public class Demo32ArraySort {
    public static void main(String[] args) {
        int[] arr = new int[]{10, 5, 12, 13, 7, 4, 2, 15, 9};
        selectSort(arr);
        System.out.println("排序后数组为: ");
        for(int num : arr) {
            System.out.print(num + " ");
        }
    }
    public static void selectSort(int[] arr) {
        //每次从剩下的元素中选择最小值放到第一个位置
        for(int i = 0; i < arr.length - 1; i++) {
            //记录每一趟的最小值坐标
            int min = i;
            //寻找每一趟的最小值,先找到坐标,最后再交换,减少交换次数
            for(int j = i + 1; j < arr.length; j++) {
                if(arr[j] < arr[min]) {
                    min = j;
                }
            }
            //元素交换
            if(min != i) {
                int temp = arr[min];
                arr[min] = arr[i];
                arr[i] = temp;
            }
        }
    }
}
```

程序（代码清单 2.32）运行结果如图 2.36 所示。

```
排序后数组为:
2 4 5 7 9 10 12 13 15
```

图 2.36　程序运行结果

2.6.4　二分查找法

前面通过遍历的方式查找元素所在的索引，这样虽然能够实现目标，但是当数组过大时性能可能偏低。而二分查找法是性能更高效的查找算法。二分查找法又称折半查找法，其算法思想是每次查找数组最中间的值，通过比较大小关系，决定再从左边还是右边查询，直

扫一扫

到查找到为止。二分查找法的优点是比较次数少,查找速度快,平均性能好;其缺点是要求待查表为有序表,且插入、删除操作困难。因此,折半查找法适用于不经常变动而查找频繁的有序列表。

二分查找法依然需要使用到循环,但由于不知道循环次数,所以最好使用 while 循环实现,如代码清单 2.33 所示。

代码清单 2.33　　**Demo33BinarySearch**

```java
package com.yyds.unit2.demo;
public class Demo33BinarySearch {
    public static void main(String[] args) {
        int[] arr = {2, 4, 5, 7, 9, 10, 12, 13, 15};
        int index = binarySearch(arr, 13);
        System.out.println("元素 13 所在的索引位置为: "+index);
    }
    public static int binarySearch(int[] arr, int value) {
        //最小索引
        int min = 0;
        //最大索引
        int max = arr.length - 1;
        //开始循环查找
        while(true) {
            //获取中间索引
            int mid = (min + max) / 2;
            //如果 arr[mid]>value,则证明在上半区
            if(arr[mid] > value) {
                //更新 max 的值
                max = mid - 1;
            }
            //如果 arr[mid]<value,则证明在下半区
            else if(arr[mid] < value) {
                //更新 min 的值
                min = mid + 1;
            }
            //如果 arr[mid]==value,则证明找到
            else {
                return mid;
            }
            //如果 min>max,则证明没找到该值
            if(min > max) {
                return -1;
            }
        }
    }
}
```

程序(代码清单 2.33)运行结果如图 2.37 所示。

元素13所在的索引位置为: 7

图 2.37　程序运行结果

2.6.5　方法中的可变参数

当一个方法中的参数个数不确定,但参数的类型确定时,可以使用可变参数。实际处理时,可变参数会被当作数组进行处理。可变参数的语法格式如下所示。

```
public static void method(数据类型 …参数名)
```

接下来编写一个用于求和的方法,对任意个数的数字求和,如代码清单 2.34 所示。

代码清单 **2.34**　**Demo34Method**

```
package com.yyds.unit2.demo;
public class Demo34Method {
    public static void main(String[] args) {
        System.out.println(add(1, 2, 3, 4));
        System.out.println(add(1, 2, 3, 4, 5, 6));
        System.out.println(add(1, 2, 3));
    }
    public static int add(int …nums) {
        //可变参数在处理时相当于数组
        int sum = 0;
        for(int num : nums) {
            sum += num;
        }
        return sum;
    }
}
```

程序(代码清单 2.34)运行结果如图 2.38 所示。

可以看到,当使用可变参数后,add()方法就可以传入任意个数的 int 参数,并且在处理时,nums 可以当作数组进行处理。当参数个数不确定时,合理使用可变参数可以大大简化程序代码的开发。

```
10
21
6
```

图 2.38　程序运行结果

2.6.6　二维数组

二维数组的每一个元素都是一个数组,简单来说,二维数组就是"数组的数组"。

创建二维数组的语法格式如下所示。

```
数据类型[][] 数组名 = new 数据类型[m][n];
```

其中,m 表示这个数组的长度,n 表示这个数组中每个元素的长度。创建二维数组时,n 也可以不指定,后续动态创建。

下面编写一个程序来演示。有三个班级,第一个班级有 3 个学生,第二个班级有 4 个学生,第三个班级有 5 个学生。要求通过键盘录入三个班级学生的成绩,并计算每个班级学生的平均成绩,如代码清单 2.35 所示。

代码清单 2.35　Demo35Array

```java
package com.yyds.unit2.demo;
import java.util.Scanner;
public class Demo35Array {
    public static void main(String[] args) {
        Scanner sc = new Scanner(System.in);
//三个班级,应该创建一个长度为 3 的数组。每个班级有多个学生,因此数组中的元素也是数组
        double[][] classes = new double[3][];
        classes[0] = new double[3];
        classes[1] = new double[4];
        classes[2] = new double[5];
        for(int i = 0; i < classes.length; i++) {
            //获取班级
            double[] clazz = classes[i];
            for(int j = 0; j < clazz.length; j++) {
                System.out.print("请输入第" + (i + 1) + "班第" + (j + 1) + "名学生的
                成绩: ");
                clazz[j] = sc.nextDouble();
            }
        }
        //计算每个班的平均成绩
        for(int i = 0; i < classes.length; i++) {
            double[] clazz = classes[i];
            double sum = 0;
            for(double score : clazz) {
                sum += score;
            }
            System.out.println("第" + (i + 1) + "班的平均分为: " + (sum / clazz.length));
        }
    }
}
```

程序(代码清单 2.35)运行结果如图 2.39 所示。

```
请输入第1班第1名学生的成绩：90
请输入第1班第2名学生的成绩：78
请输入第1班第3名学生的成绩：100
请输入第2班第1名学生的成绩：80
请输入第2班第2名学生的成绩：85
请输入第2班第3名学生的成绩：93
请输入第2班第4名学生的成绩：100
请输入第3班第1名学生的成绩：97
请输入第3班第2名学生的成绩：96
请输入第3班第3名学生的成绩：70
请输入第3班第4名学生的成绩：65
请输入第3班第5名学生的成绩：98
第1班的平均分为：89.33333333333333
第2班的平均分为：89.5
第3班的平均分为：85.2
```

图 2.39　程序运行结果

2.6.7 Arrays 工具类

Arrays 是 Java 中提供的操作数组的工具类,通过 Arrays 类可以很方便地操作数组。Arrays 中提供了大量的方法,其中常见方法如表 2.9 所示。

表 2.9 Arrays 常见方法

方 法 签 名	描 述
static string toString(Type[] arr)	按照特定的格式将数组转换成字符串
static boolean equals(Type[] arr1,Type[] arr2)	比较两个数组中的所有内容是否相同
static void sort(Type[] arr)	对数组元素进行排序
static int binarySearch(Type[] arr,Type value)	二分法查找某个值在数组中的索引位置

Arrays 工具类使用起来非常简单,直接用 Arrays.方法名即可调用,如代码清单 2.36 所示。

代码清单 2.36　Demo36Arrays

```java
package com.yyds.unit2.demo;
import java.util.Arrays;
public class Demo36Arrays {
    public static void main(String[] args) {
        int[] arr1 = new int[]{10, 5, 12, 13, 7, 4, 2, 15, 9};
        int[] arr2 = {2, 4, 5, 7, 9, 10, 12, 13, 15};
        //直接使用 Arrays.方法名调用
        System.out.println("排序前 arr1: " + Arrays.toString(arr1));
        Arrays.sort(arr1);
        System.out.println("排序后 arr1: " + Arrays.toString(arr1));
        boolean equals = Arrays.equals(arr1, arr2);
        System.out.println("arr1 与 arr2 比较: " + equals);
        int index = Arrays.binarySearch(arr1, 7);
        System.out.println("元素 7 在 arr1 中的位置为: " + index);
    }
}
```

程序(代码清单 2.36)运行结果如图 2.40 所示。

```
排序前arr1: [10, 5, 12, 13, 7, 4, 2, 15, 9]
排序后arr1: [2, 4, 5, 7, 9, 10, 12, 13, 15]
arr1与arr2比较: true
元素7在arr1中的位置为: 3
```

图 2.40　程序运行结果

2.7 JVM 中的堆内存与栈内存

2.7.1 堆和栈

JVM 是基于堆栈的虚拟机,堆栈是一种数据结构,是用来存储数据的。对于一个 Java

程序来说,它的运行就是通过对堆栈的操作完成的。

栈内存用于存储局部变量,以及对象的引用,它是一个连续的内存空间,由系统自动分配,性能较高。栈内存具有先进后出、后进先出的特点,虚拟机会为每条线程创建一个虚拟机栈,当执行方法时,虚拟机会创建出该方法的一个栈帧,该方法中所有的局部变量都会存储到这个栈帧中,方法执行完毕后,栈帧弹栈。

堆内存用于存储引用类型的数据,主要是对象和数组。全局只有一个堆内存,所有的线程共用一个堆内存。在堆中产生一个数组或对象后,还可以在栈中定义一个特殊的变量,让栈中这个变量的取值等于数组或对象在堆内存中的首地址,栈中的这个变量就成了数组或对象的引用变量。引用变量就相当于为数组或对象起的一个名称,以后就可以在程序中使用栈中的引用变量访问堆中的数组或对象了。比如下面的代码在内存中的堆栈结构如图 2.41所示。

```java
package com.yyds.unit2.demo;
import java.util.Arrays;
public class Demo {
    public static void main(String[] args) {
        int num1 = 10;
        int num2 = 20;
        int[] arr = {1, 2, 3};
        method(arr);
    }
    public static void method(int[] arr) {
        int num1 = 30;
        int num2 = 40;
        int[] arr2 = arr;
    }
}
```

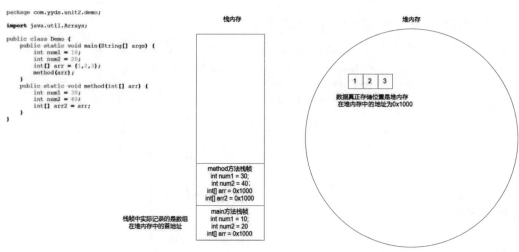

图 2.41　堆内存与栈内存

2.7.2 数据类型传递

扫一扫

编程语言中数据类型传递的方式有值传递和引用传递两种,而 Java 中只有值传递。尽管 Java 中存在着引用类型,但实际上在栈内存中引用类型变量记录的是对象在堆内存中的地址值,当引用类型变量互相赋值时,也是赋值的地址值,并没有将引用复制一份出来。比如上面的代码中,method 栈帧和 main()方法栈帧中的 arr 变量是完全不同的变量,它们仅仅是值相同。

2.7.3 方法中的数据交换

扫一扫

下面看一个简单的程序。编写两个方法分别用于交换两个变量的值,以及交换数组中两个索引位置的值,如代码清单 2.37 所示。

代码清单 **2.37** **Demo37Exchange**

```java
package com.yyds.unit2.demo;
import java.util.Arrays;
public class Demo37Exchange {
    public static void main(String[] args) {
        int num1 = 10;
        int num2 = 20;
        System.out.println("交换前: num1=" + num1 + ",num2=" + num2);
        exchange(num1, num2);
        System.out.println("交换后: num1=" + num1 + ",num2=" + num2);
        int[] arr = {1, 2, 3, 4};
        System.out.println("交换前: " + Arrays.toString(arr));
        exchange(arr, 1, 2);
        System.out.println("交换后: " + Arrays.toString(arr));
    }
    public static void exchange(int num1, int num2) {
        int tmp = num1;
        num1 = num2;
        num2 = tmp;
    }
  public static void exchange(int[] arr, int index1, int index2){
        int tmp = arr[index1];
        arr[index1] = arr[index2];
        arr[index2] = tmp;
    }
}
```

程序(代码清单 2.37)运行结果如图 2.42 所示。

```
交换前: num1=10,num2=20
交换后: num1=10,num2=20
交换前: [1, 2, 3, 4]
交换后: [1, 3, 2, 4]
```

图 **2.42** 程序运行结果

程序的运行结果令人惊讶,num1 和 num2 没有交换成功,但是数组中索引为 1 和 2 的位置却交换成功了,这是什么原因呢?

其实,从堆内存和栈内存的分析中可以推断出原因。num1 和 num2 是基本数据类型,且是局部变量,只会存储在栈帧中。由于 Java 中只有值传递,所以 exchange 栈帧和 main 栈帧中的 num1 和 num2 是完全不同的两个变量,exchange 栈帧中发生的交换是成功的,但是对 main 栈帧中的两个变量不会造成影响。

而 arr 是引用类型,数据实际上存储在堆内存中,main 栈帧中存储的是它的地址,假设为 0x1000。而 Java 中只有值传递,因此 main 栈帧中的 arr 和 exchange 栈帧中的 arr 虽然值都是 0x1000,但它们也是不同的两个变量。只不过引用类型数据操作比较特殊,是拿着地址找到堆内存中对应的数据进行操作,而 main 栈帧与 exchange 栈帧公用同一个堆内存,因此在 exchange 中对堆内存进行的更改,在 main 栈帧中也可以感知到。

2.8 本章思政元素融入点

思政育人目标:强化学生工程伦理教育和软件工匠精神,培育学生职业素养和道德规范,帮助学生塑造正确的世界观、人生观和价值观,培育和践行社会主义核心价值观。

思想元素融入点:通过介绍 Java 编程中的一些语法规范和解析软件行业规范,让学生了解 Java 程序开发规范的重要性,从而有机融入"不以规矩,无以成方圆"和软件行业法律法规等思政元素,培养学生规范的编码习惯,强化学生工程伦理教育和软件工匠精神,培育学生德法兼修的职业素养和道德规范。通过介绍 Java 中三种程序结构中的"选择"结构,引入使用"if 语句"实现思政教育的"人生选择",以帮助学生塑造正确的世界观、人生观和价值观,培育和践行社会主义核心价值观;通过介绍 Java 中的"循环"结构,引入使用"while 或 for 语句"实现计算校园贷的惊人利息数据,揭秘校园贷的圈套以让学生感受到校园贷的恐怖陷阱,从而自觉抵制校园贷;再者,还可以通过循环语句,如"while、do…while 或 for"语句按照指数计算公式实现计算"叫醒你的人生"程序,引导学生深入思考加减乘除背后蕴含的哲理,如"千里之行,始于足下""差之毫厘,谬以千里""勿以恶小而为之,勿以善小而不为""业精于勤,荒于嬉;行成于思,毁于随""不负青春,不负韶华,不负梦想,不负未来,不负时代"等人生哲理,从而培养学生"正确的人生观"。

2.9 本章小结

本章主要介绍了 Java 基础语法,先介绍了变量与常量,读者需要掌握变量和常量的声明以及赋值。接着介绍了运算符与表达式,使读者能够通过 Java 中的运算符对变量执行算术运算、关系运算、位运算等操作,从而实现一些小功能。接下来介绍了 Java 中的三大结构:顺序结构、选择结构、循环结构。本章从不同的使用角度介绍了 if 语句和 switch 语句的不同之处以及应用场景,switch 可以实现的需求,if 都可以实现,反之则不行。而在循环语句中,for、while、do…while 是可以互相替代的,尽管如此,读者依然需要根据不同的应用场景选择最合适的语句。

之后介绍了方法，方法就是类中拥有独立功能的一段小程序，要学会定义和调用方法，要能够根据功能模块抽取方法，从而提高代码的可读性和可维护性。

接着介绍了数组的基本使用和常见操作，解决了实战中需要定义大量变量的问题，并介绍了 Arrays 工具类的基本使用，为数组的操作提供了便捷性。

再接着介绍了 JVM 中的堆内存与栈内存，通过一个简单的数值交换案例，讲解了堆内存与栈内存的不同。

最后，指出本章中的一些知识点可融入的思政元素。

本章的开发思想主要为结构化程序设计思想，通过本章的学习，读者能够掌握 Java 的基本语法、三大基本结构、方法和数组，以及基本的面向过程开发思想，对于一些简单的实战，要能够分析出其大概逻辑，并使用代码进行实现。

2.10　习题

1. 输入时、分、秒的一个具体时间，要求打印输出它的下一秒(一天 24 小时)。例如，输入 23 时 59 分 59 秒，则输出 00:00:00；输入 17 时 09 分 59 秒，则输出 17:10:00。

2. 输入一个正整数 n，计算 $1-2+3-4+5-6+\cdots-(n-1)+n$ 的和。

3. 输入一个整数 month 代表月份，根据月份输出对应的季节。其中春季月份为 3、4、5；夏季月份为 6、7、8；秋季月份为 9、10、11；冬季月份为 12、1、2。

4. 编写程序，输出九九乘法表，输出格式如图 2.43 所示。

```
1*1=1
1*2=2   2*2=4
1*3=3   2*3=6   3*3=9
1*4=4   2*4=8   3*4=12  4*4=16
1*5=5   2*5=10  3*5=15  4*5=20  5*5=25
1*6=6   2*6=12  3*6=18  4*6=24  5*6=30  6*6=36
1*7=7   2*7=14  3*7=21  4*7=28  5*7=35  6*7=42  7*7=49
1*8=8   2*8=16  3*8=24  4*8=32  5*8=40  6*8=48  7*8=56  8*8=64
1*9=9   2*9=18  3*9=27  4*9=36  5*9=45  6*9=54  7*9=63  8*9=72  9*9=81
```

图　2.43

5. 编程找出四位整数 abcd 中满足下述关系的数，(ab+cd) * (ab+cd)＝abcd(例如 $(20+25) \times (20+25)＝2025$)。

6. 求 100～999 的水仙花数。水仙花数的每个位上的数字的 3 次幂之和等于它本身(例如：$1^3+5^3+3^3＝153$)。

7. 中国古代数学家研究出计算圆周率最简单的办法：$PI＝4/1-4/3+4/5-4/7+4/9-4/11+4/13-4/15+4/17+\cdots$，这个算式的结果会无限接近圆周率的值，我国古代数学家祖冲之计算出，圆周率为 3.1415926～3.1415927，请编程计算，要想得到这样的结果，它要经过多少次计算。

8. 请使用递归的方式计算 n 的阶乘。

9. 输入指定个学生的成绩保存在数组中，最后计算学生的总分和平均分。

10. 请编写一个方法 reverse()，该方法的作用是将数组中的元素反转。

第3章 面向对象程序设计（基础）

3.1 面向对象的概念

3.1.1 什么是面向对象

面向对象程序设计的思维方式是一种更符合人们思考习惯的方式。面向对象将构成问题的事物分解成各个对象，这些对象是为了描述某个事物在整个问题解决步骤中的行为。

面向对象以对象为核心，强调事件的角色、主体，在宏观上使用面向对象进行把控，而微观上依然是面向过程。如果说面向过程的思想是执行者，那么面向对象的思想就是指挥者。

3.1.2 面向对象的特性

面向对象具有抽象、封装、继承、多态的特性，更符合程序设计中"高内聚、低耦合"的主旨，其编写的代码的可维护性、可读性、复用性、可扩展性远比面向过程思想编写的代码强，但是性能相比面向过程要偏低一些。

封装、继承、多态是面向对象的三大特性，这是任何一门面向对象编程语言都要具备的。
- 封装：指隐藏对象的属性和实现细节，仅对外提供公共的访问方式。
- 继承：继承就是子类继承父类的特征和行为，使得子类对象（实例）具有父类的实例属性和方法，或子类从父类继承方法，使得子类具有父类相同的行为。
- 多态：指的是同一个方法调用，由于对象不同可能会有不同的行为。

3.1.3 类和对象

从编程的角度来说，万物皆对象，可以理解为，现实中存在的任何一个具体的事物都是一个对象，如一张桌子、一个人、一支笔。

而将现实中一类事物抽象化，提取出这一类事物共有的属性和行为，就形成了类。比如班上的每一位同学都是一个对象,都具备姓名、年龄、学号属性,都拥有学习、睡觉行为。而把班上的同学进行抽象,就是一个学生类。更直白点说,类是抽象的概念,对象是具体的概念。"桌子""椅子""计算机"就是类,"某张桌子""某把椅子""某台计算机"就是对象。

可以把类看作一个模板,或者蓝图,系统根据类的定义创造出对象。要造一辆汽车,类就是这辆汽车的图纸,它规定了汽车的详细信息,人们根据蓝图将汽车造出来,造出来的汽车就是对象。

3.2　面向对象编程

3.2.1　类的定义

扫一扫

Java 使用 class 关键字定义一个类。一个 Java 文件中可以有多个类,但最多只能有一个 public 修饰的类,并且这个类的类名必须与文件名完全一致。此外,类名需要符合标识符规则,并且遵循大写字母开头的驼峰规则。比如下面的代码就是创建类的代码。

```
package com.yyds.unit3.demo;
public class DemoObject {
}
class Entity1 {
}
class Entity2 {
}
```

上面虽然创建了三个类,但它们就像空白的图纸,里面什么都没有,这样的类没有任何意义,所以需要定义类的具体信息。

类主要由变量(字段)和方法组成。

● 变量(字段 field):其定义格式:

修饰符　变量类型　变量名　=　[默认值];

● 方法(行为 action):其定义格式:

修饰符　返回值类型　方法名(形参列表) {}

下面的代码创建一个 Student 类,拥有 name 和 age 变量,以及 eat()和 study()方法,并且这两个方法也称作成员方法。

```
package com.yyds.unit3.demo;
public class Student {
    //变量,此处也称为成员变量
    String name;
    int age;
    //方法,此处也称为成员方法
    void eat(String food) {
```

```
        System.out.println(name + "吃" + food);
    }
    void study() {
        System.out.println(name + "年龄" + age + "岁,在学习 Java");
    }
}
```

在成员方法中,可以随意访问类中定义的成员变量。

注意,某些资料中可能会将成员变量称为"属性",事实上这是错误的。在 Java 类中,属性与成员变量是有区别的,这一点将在后面介绍。

扫一扫

3.2.2 对象的创建与使用

上面已经创建了一个 Student 类,类是一张图纸,应当使用这张"图纸"创建具有实际意义的对象。在 Java 中,对象(object)也称作 instance(实例),所以也称为实例对象。要创建一个对象,必须先有一个类,然后通过 new 关键字创建一个对象。对象创建的语法格式如下。

```
类名称 对象名称 = new 类名称();
```

接下来通过代码清单 3.1 创建两个 Student 对象,代码如下所示。

代码清单 3.1　Demo1Student

```
package com.yyds.unit3.demo;
public class Demo1Student {
    public static void main(String[] args) {
        //有点像创建变量,实际上 student1 这个对象名称就可以理解成变量
        Student student1 = new Student();
        //使用对象名.成员变量名操作变量
        student1.age = 18;
        student1.name = "张三";
        //使用对象名.成员方法名调用方法
        student1.study();
        //再创建一个对象
        Student student2 = new Student();
        student2.name = "李四";
        student2.age = 24;
        student2.eat("饼干");
    }
}
```

程序(代码清单 3.1)运行结果如图 3.1 所示。

注意:成员变量和成员方法隶属于对象,不同对象之间的成员变量占用不同的地址空间,互不影响。

```
张三年龄18岁,在学习Java
李四吃饼干
```

图 3.1　程序运行结果

扫一扫

3.2.3 成员变量默认值

为一个类定义成员变量时,可以显式地为其初始化。如果不为成员变量初始化,Java虚拟机也会默认为成员变量初始化。表 3.1 是 Java 虚拟机为每种数据类型的成员变量赋

予的默认值。

表 3.1　成员变量默认值

数据类型	默认值	数据类型	默认值
整型（short、byte、int、long）	0	布尔型	false
浮点型（float、double）	0.0	引用类型	null
字符型	'\u0000'		

下面再编写代码创建一个 student 对象，并不给它的成员变量赋值，查看运行结果，如代码清单 3.2 所示。

代码清单 3.2　**Demo2Student**

```java
package com.yyds.unit3.demo;
public class Demo2Student {
    public static void main(String[] args) {
        Student student = new Student();
        System.out.println("String 类型默认值: " + student.name);
        System.out.println("int 类型默认值: " + student.age);
    }
}
```

程序（代码清单 3.2）运行结果如图 3.2 所示。

成员变量与第 2 章的局部变量不同。局部变量必须赋值才可以使用，而成员变量即使不赋值，Java 虚拟机也会默认为其赋值。

```
String 类型默认值: null
int 类型默认值: 0
```

图 3.2　程序运行结果

3.2.4　对象内存分析

扫一扫

接下来编写一个方法，该方法接收一个 Student 对象作为参数，为这个对象的年龄加 1。为了方便对比，再编写一个方法，接收 int 类型的参数，该方法的功能是给这个参数加 1，如代码清单 3.3 所示。

代码清单 3.3　**Demo3Add**

```java
package com.yyds.unit3.demo;
public class Demo3Add {
    public static void main(String[] args) {
        Student student = new Student();
        student.age = 18;
        add(student);
        System.out.println("加 1 后 student 的年龄为: " + student.age);
        int num = 18;
        add(num);
        System.out.println("加 1 后的 num 值为: " + num);
    }
    public static void add(int num) {
```

```
        num++;
    }
    public static void add(Student student) {
        student.age++;
    }
}
```

程序(代码清单 3.3)运行结果如图 3.3 所示。

为什么 Student 对象的 age 变量成功增加,而 num 却没有增加呢? 如果熟悉第 2 章数组的内存分析,那么这里的问题就不难理解。原因是 Student 和 num 存储的位置不同。

加1后**student**的年龄为: 19
加1后的**num**值为: 18

图 3.3　程序运行结果

num 是基本类型,存储在栈内存中,main()方法和 add()方法是两个不同的栈帧。由于 Java 只有值传递的特点,在调用 add()方法时虽然把 num 传递给了方法,但两个栈帧中的 num 却是完全不同的变量,因此在 add()方法中改变 num 的值并不会影响到 main()方法。

而 Student 是引用类型,存储在堆内存中,栈内存中只存储"值",这个值是 Student 对象在堆内存中的地址。虽然 Java 只有值传递,main()方法和 add()方法两个栈帧中的 Student 变量是不同的变量,但它们的值相同。由于引用类型数据的特点,操作值最终都需要到堆内存中进行,因此在 add()方法中对堆内存中 age 的操作,在 main()方法中也能感知到,如图 3.4 所示。

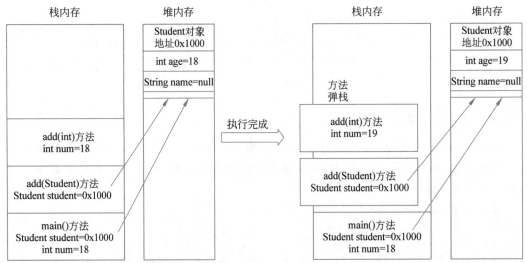

main()方法和add(Student)方法中都有Student变量,这两个是不同的变量,但是它们都指向堆内存中同一个地址:0x1000,因此,当在add()方法中修改了age时,实际上是修改了堆内存中的age,在main()方法中获取age时,获取的也是同一个堆内存地址的age。当main()方法和add(int)方法操作的是基本数据类型时,因为基本数据类型不会存储到堆内存,所以尽管在add()方法中修改了num的值,但在main()方法中并不能获取到add()方法修改后的num值。

执行后,在add(Student)方法中,将堆内存中的age修改成19。在main()方法中获取Student的age,获取到的值也会是19。而在add(int)方法中将num修改成19,在main()方法中获取不到修改后的值,依然是18。

图 3.4　Java 对象在内存中的存储

这里还须注意,成员变量和局部变量的存储位置是不同的。尽管成员变量也可能是基本数据类型,但它的生命周期是跟随对象的,也会随着对象一并存储到堆内存中,而局部变量的基本数据类型只会存储到栈内存中。

3.2.5　匿名对象

通过使用 new 关键字创建对象,这种对象分为两种:匿名对象与非匿名对象。何为匿名对象,何为非匿名对象呢? 匿名对象就是没有名字的对象,是定义对象的一种简写方式。

当方法的参数只需要一个对象,或者仅想调用一下某个对象的成员方法时,大可不必为这个对象单独创建一个变量,此时就可以使用匿名对象,如代码清单 3.4 所示。

代码清单 **3.4**　**Demo4Student**

```
package com.yyds.unit3.demo;
public class Demo4Student {
    public static void main(String[] args) {
        //直接传一个对象进去即可,并不需要创建变量接收
        invokeMethod(new Student());
    }
    public static void invokeMethod(Student student) {
        student.study();
        student.eat("饼干");
    }
}
```

程序(代码清单 3.4)运行结果如图 3.5 所示。

```
null年龄0岁, 在学习Java
null吃饼干
```

图 3.5　程序运行结果

3.3　构造方法

3.3.1　什么是构造方法

构造方法也称作构造器(constructor),用于给对象进行初始化操作,即为对象成员变量赋初始值。构造方法的名称必须与类型相同,并且不能定义返回值,不能出现 return 关键字。构造方法的调用必须通过 new 关键字调用,语法格式如下所示。

修饰符　类名(形参列表) { }

事实上,3.2 节说到对象创建方式时,提到的"new 类名()"是不准确的,准确的说法应该是使用 new 关键字调用它的构造方法。

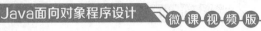

扫一扫

3.3.2 构造方法的使用

Java 中要求每一个类必须有构造方法,当不在类中定义构造方法时,编译器会自动为类提供一个默认的无参数构造方法,一般简称为"无参构造方法"。前面通过 new 关键字创建 Student 对象时,就是在调用它默认的无参构造方法。可以在 out 文件夹中找到 Student.class 文件,在这里打开命令行执行 javap.\Student.class 命令,对字节码文件反编译,如图 3.6 所示。

```
PS F:\教材\code\out\production\code\com\yyds\unit3\demo> javap.\Student.class
Compiled from "Student.java"
public class com.yyds.unit3.demo.Student {
  java.lang.String name;
  int age;
  public com.yyds.unit3.demo.Student();
  void eat(java.lang.String);
  void study();
}
```

图 3.6 反编译 Student

可以看到,Student 类中有一个名为 Student 的方法,该方法就是编译器默认提供的空参构造方法。

如果手动为其提供了构造方法,那么编译器就不会再为该类提供默认构造方法了。接下来给 Student 分别提供无参构造方法和有参构造方法,代码如下所示。

```java
package com.yyds.unit3.demo;
public class Student {
    //变量,此处也称为成员变量
    String name;
    int age;
    //无参构造方法
    public Student() {
        System.out.println("无参构造执行了");
    }
    //有参构造方法
    public Student(String stuName, int stuAge) {
        name = stuName;
        age = stuAge;
        System.out.println("有参构造执行了");
    }
    //方法,此处也称为成员方法
    void eat(String food) {
        System.out.println(name + "吃" + food);
    }
    void study() {
        System.out.println(name + "年龄" + age + "岁,在学习 Java");
    }
}
```

默认情况下，当系统没有为类提供任何一个构造方法时，只能使用系统默认的无参构造方法创建对象；当只为类提供了无参构造方法时，就只能使用无参构造方法创建对象了；当为类同时提供了无参构造方法和有参构造方法时，不但可以使用无参构造方法创建对象，还可以使用有参构造方法创建对象，如代码清单 3.5 所示。

代码清单 3.5　**Demo5Constructor**

```java
package com.yyds.unit3.demo;
public class Demo5Constructor {
    public static void main(String[] args) {
        //无参构造方法创建对象
        Student student1 = new Student();
        //有参构造方法创建对象
        Student student2 = new Student("张三", 23);
    }
}
```

程序（代码清单 3.5）运行结果如图 3.7 所示。

无参构造执行了
有参构造执行了

图 3.7　程序运行结果

可以看到，new 关键字的作用不仅仅是创建对象，它还会调用到对应的构造方法，并执行该构造方法中的方法体。

3.3.3　构造方法的重载

扫一扫

在 Java 中，构造方法也可以重载。构造方法重载是方法重载中的一个典型特例。当创建一个对象时，JVM 会自动根据当前对方法的调用形式在类的定义中匹配形式相符合的构造方法，匹配成功后执行该构造方法。接下来给 Student 创建多个构造方法，如下所示。

```java
package com.yyds.unit3.demo;
public class Student {
    String name;
    int age;
    public Student() {
        System.out.println("无参构造执行了");
    }
    public Student(String stuName, int stuAge) {
        name = stuName;
        age = stuAge;
        System.out.println("有参构造执行了");
    }
    public Student(int age) {
        this.age = age;
    }
    public Student(String name) {
```

```
        this.name = name;
    }
}
```

由于构造方法的名称必须与类名相同,所以 Student 类中所有的构造方法名称都完全一样,但当使用 new 关键字调用构造方法时,就像调用普通的方法一样,Java 虚拟机(JVM)会根据传递的参数个数和参数类型决定调用哪个构造方法。

这里还需要注意一点,当局部变量和成员变量的变量名相同时,此时编译器无法区分,应当将其中一处的变量名进行改名或者显式使用 this 关键字调用成员变量。

3.4 this 关键字

扫一扫

3.4.1 this 关键字介绍

当创建一个对象成功后,JVM 会动态地分配一个引用,该引用指向的就是当前对象,该引用称作 this。更直白地说,this 关键字就是在成员方法或者构造方法中使用,用来调用当前对象的成员变量、成员方法或构造方法,它代表当前对象。

比如创建两个 Student 对象,分别为 stu1 和 stu2。当 stu1 调用 eat()方法时,eat()方法中的 this 就代表 stu1 这个对象;当 stu2 调用 eat()方法时,eat()方法中的 this 就代表 stu2 这个对象。

扫一扫

3.4.2 this 关键字的使用

this 关键字可以调用成员变量、成员方法、构造方法。需要注意的是,成员方法中不能使用 this 关键字调用构造方法,当使用 this 关键字调用构造方法时,它必须出现在构造方法的第一行。

接下来编写一个案例。定义一个坐标类(Point),用于表示二维空间中的一个坐标位置。通过坐标类的方法,实现计算两个坐标位置之间的距离。首先定义坐标类,如下所示。

```java
package com.yyds.unit3.demo;
public class Point {
    double x;
    double y;
    public Point(double x, double y) {
        this.x = x;
        this.y = y;
    }
    public double calcLength(Point p) {
        double xLen = this.x - p.x;
        double yLen = this.y - p.y;
        return Math.sqrt(xLen * xLen+yLen * yLen);
    }
}
```

接下来编写测试程序，如代码清单 3.6 所示。

代码清单 3.6　Demo6This

```java
package com.yyds.unit3.demo;
public class Demo6This {
    public static void main(String[] args) {
        Point p1 = new Point(3, 5);
        Point p2 = new Point(6, 1);
        double length = p1.calcLength(p2);
        System.out.println("两个坐标的距离为: " + length);
    }
}
```

程序（代码清单 3.6）运行结果如图 3.8 所示。

两个坐标的距离为：5.0

图 3.8　程序运行结果

3.5　static 关键字

3.5.1　静态变量

扫一扫

在类中，将与成员变量同级的用 static 修饰的变量称为静态变量或类变量。静态变量优先于对象存在，随着类的加载就已经存在了，该类的所有实例共用这个静态变量，即共用同一份地址空间。当想调用静态变量时，可以使用对象名.变量名进行调用，但不推荐，建议使用类名.变量名进行调用。

接下来给 Student 类加上一个静态变量，如下所示。

```java
package com.yyds.unit3.demo;
public class Student {
    String name;
    int age;
    static String grade;
    public Student() {
        System.out.println("无参构造执行了");
    }
    public Student(String stuName, int stuAge) {
        name = stuName;
        age = stuAge;
        System.out.println("有参构造执行了");
    }
    public Student(int age) {
        this.age = age;
    }
```

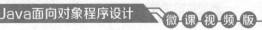

```java
    public Student(String name) {
        this.name = name;
    }
    //方法,此处也称为成员方法
    void eat(String food) {
        System.out.println(name + "吃" + "" + food);
    }
    void study() {
        System.out.println(name + "年龄" + "" + age + "岁,在学习 Java");
    }
}
```

下面编写程序演示静态变量的使用,如代码清单 3.7 所示。

代码清单 3.7　**Demo7Static**

```java
package com.yyds.unit3.demo;
public class Demo7Static {
    public static void main(String[] args) {
        Student s1 = new Student();
        Student s2 = new Student();
        s1.grade = "软件 1 班";
        System.out.println("s1 的 grade 值: " + s1.grade);
        System.out.println("s2 的 grade 值: " + s2.grade);
        System.out.println("使用类名取 grade 值: " + Student.grade);
    }
}
```

程序(代码清单 3.7)运行结果如图 3.9 所示。

可以看到,程序中只给 s1 这个对象的 grade 进行了赋值,但实际上 s1、s2 使用类名获取 grade 变量,拿到的都是同一个值,这是因为静态变量是属于类的,全局仅此一份。

在开发中应尽可能避免将"姓名""班级"这类变量定义成静态的,因为这类变量在逻辑上应当属于对象,每个对象的姓

无参构造执行了
无参构造执行了
s1的grade值: 软件1班
s2的grade值: 软件1班
使用类名取grade值: 软件1班

图 3.9　程序运行结果

名和班级都可能是不同的。一般来说,static 关键字会与 final 关键字一起使用,用于定义全局的常量。

3.5.2　静态方法

扫一扫

static 关键字也可以修饰方法,用 static 修饰的方法称为静态方法或类方法。静态方法同样是属于类的,优先于对象存在,调用方式与静态变量相同,也是建议使用类名.方法名进行调用。

接下来在 Student 类中定义一个静态方法,如下所示。

```java
package com.yyds.unit3.demo;
public class Student {
    //变量,此处也称为成员变量
    String name;
```

```
    int age;
    static String grade;
    public Student() {
        System.out.println("无参构造执行了");
    }
    public Student(String stuName, int stuAge) {
        name = stuName;
        age = stuAge;
        System.out.println("有参构造执行了");
    }
    public Student(int age) {
        this.age = age;
    }
    public Student(String name) {
        this.name = name;
    }
    //方法,此处也称为成员方法
    void eat(String food) {
        System.out.println(name + "吃" + food);
    }
    void study() {
        System.out.println(name + "年龄" + age + "岁,在学习 Java");
    }
    static void goHome() {
        //静态方法中不能调用成员变量和成员方法,不能使用 this
        //System.out.println(this.name + "回家");
        System.out.println("学生回家");
    }
}
```

下面同样编写程序进行演示,如代码清单 3.8 所示。

代码清单 3.8　　Demo8Static

```
package com.yyds.unit3.demo;
public class Demo8Static {
    public static void main(String[] args) {
        Student s1 = new Student();
        Student s2 = new Student();
        s1.goHome();
        s2.goHome();
        Student.goHome();
    }
}
```

程序(代码清单 3.8)运行结果如图 3.10 所示。

```
无参构造执行了
无参构造执行了
学生回家
学生回家
学生回家
```

图 3.10　程序运行结果

与静态变量类似,静态方法虽然可以使用对象名调用,但依然不建议。此外,由于静态方法是属于类的,优先于对象存在,也就是说,当调用静态方法时可能程序并没有创建这个类的对象,因此在静态方法中不存在 this 引用,不能使用 this 关键字。

当一个类中几乎所有的核心方法都是静态方法时,通常称之为工具类。工具类中的方法都是工具性质的方法,它们的调用结果应当与对象无关,因此,对于工具类,一般使用 private 关键字修饰它的空参构造方法,让其他类无法创建工具类的对象。关于 private 修饰符,将在第 4 章介绍。

扫一扫

3.5.3　静态代码块

在类中,与成员变量和静态变量同级,使用大括号包裹起来的代码块称作构造代码块,当构造代码块使用 static 关键字修饰时,称作静态代码块。

构造代码块和静态代码块只能定义在类中,与成员变量和静态变量平级,并且可以定义多个。不同的是,构造代码块随着对象的创建而加载,每创建一个对象就会执行一次;而静态代码块随着类的加载而加载,每个类中的静态代码块只会执行一次。

当一个类中存在静态代码块、构造代码块、构造方法时,如果创建这个类的对象,它们三者的执行顺序应该是什么样的?

创建一个对象前,首先 JVM 会将这个类加载到方法区,当类被加载后,就会创建出它的静态变量,并执行静态代码块。之后,对象创建成功,初始化成员变量,并执行构造代码块。需要注意的是,对象其实并不是构造方法创建出来的,而是 new 关键字创建的。当创建了构造方法后,首先就会创建出对象,之后才会调用这个对象的构造方法。

分析完执行流程后,接下来编写一个简单的代码演示一下它们的执行流程,在此之间,在 Student 类中分别添加两个静态代码块和构造代码块,如下所示。

```java
package com.yyds.unit3.demo;
public class Student {
    //省略其他代码
    {
        System.out.println("构造代码块 1 被执行了");
    }
    {
        System.out.println("构造代码块 2 被执行了");
    }
    static{
        System.out.println("静态代码块 1 被执行了");
    }
    static{
        System.out.println("静态代码块 2 被执行了");
    }
    public Student() {
        System.out.println("无参构造执行了");
    }
    //省略其他代码
}
```

接着编写代码进行测试，如代码清单 3.9 所示。

代码清单 3.9　**Demo9Static**

```
package com.yyds.unit3.demo;
public class Demo9Static {
    public static void main(String[] args) {
        Student s1 = new Student();
    }
}
```

程序（代码清单 3.9）运行结果如图 3.11 所示。

静态代码块一般用于做一些全局的初始化，因为它随着类的加载只会执行一次，因此不用担心重复执行问题。比如需要开发一款游戏，那么游戏地图的加载就可以编写到静态代码块中。

静态代码块1被执行了
静态代码块2被执行了
构造代码块1被执行了
构造代码块2被执行了
无参构造执行了

图 3.11　程序运行结果

到这里能够得出如下结论。

- 同一个类中，成员变量不能赋值给静态变量，静态变量可以赋值给成员变量和静态变量。
- 同一个类中，静态方法不能调用成员变量和成员方法，成员方法可以调用静态或非静态的方法和变量。
- 同一个类中，静态代码块不能调用成员变量和成员方法，构造代码块可以调用静态或非静态的方法和变量。

可能上面的总结有些枯燥难懂，其实只需记住一句话即可：带有 static 关键字的方法、变量、代码块只能调用带有 static 关键字的方法、变量，而不带有 static 关键字的可以随意调用。

3.6　包

3.6.1　包的概念

包是 Java 中重要的类管理方式，开发中会遇到大量同名的类，通过包给类加上一个命名空间，很容易解决类重名的问题，也可以实现对类的有效管理。包对于类，相当于文件夹对于文件的作用。

Java 通过 package 关键字声明一个包，之后根据功能模块将对应的类放到对应的包中即可。

包名的命名要求遵循标识符规则，在企业中一般以反着写企业域名的方式命名，如 com.baidu、com.jd，唯独需要注意的是，包名不能以 java 开头。比如下面就是声明一个包的语法格式。

```
package com.yyds.unit3.demo;
```

3.6.2 类的访问与导包

一般来说,定义的类都需要定义在包下。当要使用一个类时,这个类与当前程序在同一个包中,或者这个类是 java.lang 包中的类时通常可以省略掉包名,直接使用该类。其余情况下使用某一个类,必须导入包。使用 import 关键字导入 Java 中的包,语法格式如下。

```
import 包名.类名;
```

通过 import 关键字指定要导入哪个包下的哪个类,比如 import java.util.Scanner 就导入了 java.util 包下的 Scanner 类,而其他包中的 Scanner 类则不受影响。此外,前面使用到 String 类,而该类在 java.lang 包下,因此可以省略导包。而上面的案例中,Student 类与 Demo 类都在同一个包下,也可以省略导包。

当要使用到两个名称一样的类时,就需要以包名.类名的方式使用了,包名.类名的形式也称为一个类的全类名。

总体来说,包的使用比较简单,并且现在市面上成熟的开发工具都有很强大的自动导包功能,这里不再赘述。通过代码清单 3.10 演示一下包的使用即可,如下所示。

代码清单 3.10　Demo10Package

```java
package com.yyds.unit3.demo;
//其他包下的类使用需要导包
import java.util.ArrayList;
import java.util.List;
import java.util.Scanner;
public class Demo10Package {
    public static void main(String[] args) {
        //java.lang包下,省略导包
        String s = "HelloWorld";
        //Student 与本类在一个包下,省略导包
        Student student = new Student();
        //其他包下的类使用需要导包
        Scanner scanner = new Scanner(System.in);
        List list = new ArrayList();
        //如果使用到同名的两个类,其中一个必须用全类名的方式访问
        java.awt.List list1 = new java.awt.List();
    }
}
```

3.7　本章思政元素融入点

思政育人目标:把马克思主义立场观点方法的教育与科学精神的培养结合起来,培养学生的人文精神,启发学生领悟人生的哲学原理。

思想元素融入点：通过介绍面向对象程序设计中类和对象的概念和思想，引入"人们应当按照现实世界这个本来的面貌理解世界，直接通过对象及其相互关系反映世界"，引入马克思主义哲学之事物具有普遍联系性，要善于分析事物的具体联系，确立整体性、开放性观念，从动态中考察事物的普遍联系，抽取共性，甄别特性，认清事物的普遍联系与发展；同时，也可以联想到哲学中的观点"整体与局部的关系"——大到国家，小到班级，都是一个整体，每个人（即对象）都是整体（即类）的一部分（即一个实例），任何人都应该从整体的利益出发考虑问题，培养学生的全局意识。通过培养学生的人文精神，启发学生领悟人生的哲学原理，把马克思主义立场观点方法的教育与科学精神的培养结合起来，提高学生正确认识、分析和解决问题的能力。因为面向对象程序设计 Java 语言是运用人类的自然思维方式设计的，所以可将人的思维或人生追求引入 Java 语言中。

3.8　本章小结

本章为面向对象编程的基础阶段，对于初次接触面向对象的读者而言存在一些难度。面向对象开发相较于面向过程开发是一种思想上的转变，当熟悉了这种思想后，便不再有难度。

本章首先介绍了类和对象的概念，分别介绍了类的定义方式和对象的创建与使用，以步入面向对象编程的大门。接着，通过分析对象的内存，使读者理解基本类型和引用类型在 JVM 中存储方式上的差别。然后介绍了构造方法，使用户能够更加灵活地创建对象，并对对象中的成员变量进行更便捷的初始化，而当成员变量和局部变量存在重名时，成员变量需要加上 this 关键字，这一点需要注意。再者，介绍了 static 关键字的使用，分别演示了静态变量、静态方法、静态代码块与非静态变量、方法、代码块的区别。还概述了关键字 package 的思想以及介绍了 package 的使用。最后，指出了本章中的一些知识点可融入的思政元素。

通过本章的学习，读者能够掌握面向对象程序设计的基本思想，并且能够运用面向对象程序设计的思想解决一些实际问题。

3.9　习题

1. 什么是类？什么是对象？请举例说明。

2. 面向对象的三大特性是什么？

3. 使用计算器（Calculator）完成加法和减法运算，并能显示出该计算器的品牌和尺寸。

4. 编写一个狗类和猫类，它们都拥有姓名、年龄属性，以及吃饭和睡觉方法，并编写程序创建二者的对象，最后分别调用它们的方法。

5. 创建一个飞机类和汽车类，它们都拥有行驶（run）方法，编写程序分别调用它们的方法。

6. 在构造方法中通过 this 关键字调用另一个构造方法,如果使用 new 关键字创建该类的对象,此时会创建出几个对象?

7. 静态代码块有什么特点? 它可用于什么场景?

8. 创建对象完全由构造方法完成,这句话是否正确?

9. (扩展习题)为什么说 Java 中只有值传递? 请与 C、C++ 语言对比介绍。

10. (扩展习题)上面提到了方法区,你知道方法区存储什么数据吗? 请查阅相关资料加以说明。

第 4 章

面向对象程序设计（进阶）

4.1 封装

4.1.1 什么是封装

前面提到过，面向对象编程有三大特性：封装、继承、多态，而所谓的封装是什么呢？

要看电视，只需要按一下开关和换台就可以了，不需要了解电视的内部构造，也不需要了解每个开关是如何运作的；要开车，只需要知道哪个是油门，哪个是刹车，怎样转向，至于为什么方向盘能转向，同样不需要知道。厂家为了方便人们使用电视、汽车，把复杂的内部细节全部封装起来，只暴露简单的接口，如电源开关。具体内部是怎么实现的，不需要操心。

需要让用户知道的才暴露出来，不需要让用户知道的全部隐藏起来，这就是封装。从Java 面向对象程序设计的角度上分析，封装是指隐藏对象的属性和实现细节，仅对外提供公共的访问方式。

封装能够在一定程度上提高代码的安全性和复用性，使用时只需要了解使用方式，不需要知道内部细节。

4.1.2 访问修饰符

在学习封装之前，需要了解访问修饰符。访问修饰符可以修饰类、接口、变量、方法，用于控制它们的访问权限。通过访问修饰符，可以灵活控制哪些细节需要封装，哪些细节需要对外暴露。

Java 中的访问修饰符有 4 个，分别为 private、默认（无修饰符）、protected、public。每个修饰符的访问权限如表 4.1 所示。

扫一扫

表 4.1　每个修饰符的访问权限

修 饰 符	同一个类	同一个包	子 类	所 有 类
private	√			
默认(无修饰符)	√	√		
protected	√	√	√	
public	√	√	√	√

- private：表示私有的，被它修饰的方法、变量只能被当前类访问，因此也称作类可见性。
- 无修饰符：表示默认的，被它修饰的方法、变量只能被当前包下的类访问，因此也称作包可见性。
- protected：表示受保护的，被它修饰的方法、变量可以被当前包下所有的类，以及其他包下的子类访问到，因此也称作子类可见性。
- public：表示公开的，被它修饰的方法、变量可以被当前项目下所有的类访问，因此也称作项目可见性。

在第一个程序 HelloWorld 中，类就是使用 public 修饰符定义的。

4.1.3　get()/set()方法

扫一扫

事实上，前面编写的程序存在一些不合理之处，如 Student 类中，可以直接给 age 变量赋值，这样就存在一个问题，用户可以让人的年龄变成负数，也可以让人的年龄超过 200 岁，但回归到现实生活中，负数的年龄和超过 200 岁的年龄在人的生命期中是不可能存在的，因此如果不对人的年龄进行限制，程序就极容易出 Bug。

因此，应当让外界无法直接操作年龄这个变量，将变量私有化，取而代之的是提供一些 public 的方法，用于给变量赋值或者获取变量，这些方法一般称为"get()方法(getter)"和"set()方法(setter)"。其中，get()方法用于获取值，set()方法用于赋值。

get()方法和 set()方法的命名是有要求的，比如 get()方法，方法名必须以 get 开头，后面跟对应变量的变量名，并将变量名首字母大写。接下来创建 Student 类，拥有姓名和年龄变量，并为其提供 get()和 set()方法，如下所示。

```
package com.yyds.unit4.demo;
public class Student {
    //private 修饰,让其他类无法直接操作变量
    private String name;
    private int age;
    public Student() {
    }
    public Student(String name, int age) {
        this.name = name;
        this.age = age;
    }
```

```
    public String getName() {
        return name;
    }
    public void setName(String name) {
        this.name = name;
    }
    public int getAge() {
        return age;
    }
    public void setAge(int age) {
        //通过 set()方法获取值,并在这里处理 age 的范围
        if(age < 0) {
            age = 0;
        }
        if(age > 200) {
            age = 200;
        }
        this.age = age;
    }
}
```

通过 get()方法获取变量的值,通过 set()方法为变量赋值,这样就是对变量的一个简单的封装。

注意:当一个类中拥有 age 成员变量,但没有 getAge()和 setAge()方法时,认为这个类中没有 age 属性,只有 age 变量。而如果拥有 getAge()和 setAge()方法,不管类中是否有 age 成员变量,该类都拥有 age 属性。这就是属性和成员变量的区别。很多资料中可能会模糊这二者的概念,但依然需要能够区分它们,比如目前流行的 MyBatis 框架就是严格区分属性和变量的。

接下来编写代码对 get()和 set()方法进行测试,如代码清单 4.1 所示。

代码清单 4.1　Demo1GetSet

```
package com.yyds.unit4.demo;
public class Demo1GetSet {
    public static void main(String[] args) {
        Student student1 = new Student();
        student1.setAge(-20);
        System.out.println("student1 的年龄为: " + student1.getAge());
        Student student2 = new Student();
        student2.setAge(30);
        System.out.println("student2 的年龄为: " + student2.getAge());
    }
}
```

通过 private 修饰成员变量后,这些成员变量就不能在 Student 类之外的地方被直接访问了,必须通过 get()方法和 set()方法访问。通过这些方法,就可以控制成员变量的取值范围。程序(代码清单 4.1)运行结果如图 4.1 所示。

student1的年龄为：0
student2的年龄为：30

图 4.1　程序运行结果

4.2　继承

4.2.1　什么是继承

在现实生活中,继承一般指子女继承父辈的财产。在程序中,继承描述的是事物之间的所属关系,通过继承可以使多种事物之间形成一种关系体系。

在 Java 中,继承使用 extends 关键字。从英文字面意思理解,extends 的意思是"扩展",即继承是在现有类的基础之上构建出的一个新类,现有类被称作父类(也称作超类、基类等),新类称为子类(派生类),子类拥有父类所有的属性和方法,并且还可以拥有自己独特的属性和方法。

扫一扫

4.2.2　继承的使用

Java 中使用 extends 关键字表示继承,语法格式如下所示。

```
class 父类 {
}
class 子类 extends 父类 {
}
```

注意:Java 中类之间只有单继承,因此一个子类只能有一个直接父类。但是 Java 支持多层继承,即 A 类继承 B 类,B 类还可以继承 C 类,此时 C 类称为 A 类的间接父类。此外,如果一个类没有继承任何类,那么它会默认继承 java.lang.Object。在 Java 中,Object 类是所有类的父类,也就是说 Java 的所有类都继承了 Object 类,子类可以使用 Object 类的所有方法。

接下来创建 People 类,该类拥有姓名、年龄属性,并提供了 get()和 set()方法。之后,分别创建 Teacher 类和 Worker 类,这两个类继承 People 类,其中 Teacher 类拥有 teach()方法,Worker 类拥有 work()方法,如下所示。

```
public class People {
    private String name;
    private int age;
    public void eat() {
        System.out.println(this.age + "岁的" + name + "正在吃饭");
    }
    //省略 get()/set()方法
}
```

```
public class Teacher extends People {
    public void teach() {
        //通过继承,teacher 也拥有 age 和 name,只不过由于它们被 private 修饰,因此只能
        //通过 get()方法访问
        System.out.println(getAge() + "岁的" + getName() + "正在教书");
    }
}
public class Worker extends People {
    public void work() {
        System.out.println(getAge() + "岁的" + getName() + "正在工作");
    }
}
```

可以看到,在 Teacher 类和 Worker 类中虽然没有定义 name 和 age 属性,但由于它们继承自 People 类,所以它们也拥有了这些属性,只不过由于 name 和 age 是 private 修饰的,因此无法被子类直接访问,需要通过 get()和 set()方法进行访问。

接下来创建代码清单 4.2,对这三个类进行测试,如下所示。

代码清单 4.2　**Demo2Extends**

```
package com.yyds.unit4.demo;
public class Demo2Extends {
    public static void main(String[] args) {
        People people = new People();
        people.setName("张三");
        people.setAge(23);
        people.eat();
        Teacher teacher = new Teacher();
        teacher.setName("李四");
        teacher.setAge(24);
        //teacher 继承自 people,因此拥有 people 的所有方法
        teacher.eat();
        //除此之外,teacher 还有自己独有的方法
        teacher.teach();
        Worker worker = new Worker();
        worker.setName("王五");
        worker.setAge(25);
        worker.eat();
        worker.work();
    }
}
```

程序(代码清单 4.2)运行结果如图 4.2 所示。

从运行结果不难看出,子类虽然没有定义 name 属性和 eat()方法,但是子类却能访问。这就说明,子类在继承父类的时候,会自动拥有父类的属性和方法,并且子类还可以拥有自己的属性和方法,即子类可以对父类进行扩展。

通过继承,可以提高代码的复用性,让一些通用性强的代码

```
23岁的张三正在吃饭
24岁的李四正在吃饭
24岁的李四正在教书
25岁的王五正在吃饭
25岁的王五正在工作
```

图 4.2　程序运行结果

不必重复编写。此外,继承还使类与类之间存在了联系,为后面的多态打下了基础。

扫一扫

4.2.3 方法重写

当父类的方法不能满足子类的需求时,可以在子类中重写父类的方法,重写也称为复写或者覆盖。方法的重写需要注意以下四点。

- 子类重写的方法必须与父类方法的方法名和参数列表完全一样。
- 子类重写的方法修饰符权限要大于或等于父类方法的修饰符权限,如父类的修饰符是 protected,那么子类重写该方法的修饰符必须是 public 或者 protected,但父类方法如果是 private 或者 static 修饰,则不能重写。
- 子类重写方法的返回值所属的类型必须小于或等于父类方法的返回值所属的类型,如父类方法的返回值是 People 类,则子类重写该方法的返回值必须是 People 类或者其子类。
- 父类方法的返回值所属的类型如果是基本数据类型,子类重写该方法时,返回值类型必须与父类方法完全一致。

接下来在 Teacher 和 Worker 类中重写 People 类的 eat()方法,如下所示。

```java
public class Teacher extends People {
    public void teach() {
        //通过继承,teacher 也拥有 age 和 name,只不过由于它们被 private 修饰,因此只能
        //通过 get()方法访问
        System.out.println(getAge() + "岁的" + getName() + "正在教书");
    }
    @Override
    public void eat() {
        System.out.println(getAge() + "岁的" + getName() + "老师正在食堂吃饭");
    }
}
public class Worker extends People {
    public void work() {
        System.out.println(getAge() + "岁的" + getName() + "正在工作");
    }
    @Override
    public void eat() {
        System.out.println(getAge() + "岁的" + getName() + "工人正在工地吃饭");
    }
}
```

接下来编写代码清单 4.3,分别创建 People、Teacher 和 Worker 类的对象,并调用三个对象的 eat()方法,如下所示。

代码清单 4.3　Demo3Override

```java
package com.yyds.unit4.demo;
public class Demo3Override {
    public static void main(String[] args) {
        People people = new People();
        people.setName("张三");
        people.setAge(23);
```

```
        people.eat();
        Teacher teacher = new Teacher();
        teacher.setName("李四");
        teacher.setAge(24);
        teacher.eat();
        Worker worker = new Worker();
        worker.setName("王五");
        worker.setAge(25);
        worker.eat();
    }
}
```

程序（代码清单 4.3）运行结果如图 4.3 所示。

> 23 岁的张三正在吃饭
> 24 岁的李四老师正在食堂吃饭
> 25 岁的王五工人正在工地吃饭

图 4.3　程序运行结果

从上述程序可以得出结论，如果子类重写了父类的方法，通过子类对象调用该方法时，调用的方法就是被重写过的方法。

4.3　super 关键字

4.3.1　super 关键字的使用

扫一扫

super 可以理解为直接父类对象的引用，或者说 super 指向子类对象的父类对象存储空间。可以通过 super 访问父类中被子类覆盖的方法或属性。

除 private 修饰的属性和方法外，子类可以通过 super 关键字调用父类中的属性和方法，它的作用是解决子类和父类中属性、方法重名问题的。比如上面的代码清单 4.3 中，如果在 Teacher 类中想调用父类的 eat() 方法，必须加上 super 关键字，否则调用的则是自己的 eat() 方法。

super 关键字可以调用父类的属性、方法（包括构造方法、成员方法），它的使用方式与 this 关键字非常相似，这里以 Teacher 类为例，在 Teacher 类的 eat() 方法中调用父类的 eat() 方法，如下所示。

```
package com.yyds.unit4.demo;
public class Teacher extends People {
    public void teach() {
        //通过继承，teacher 也拥有 age 和 name，只不过由于它们被 private 修饰，因此只能
        //通过 get() 方法访问
        System.out.println(getAge() + "岁的" + getName() + "正在教书");
    }
    @Override
```

```
    public void eat() {
        //调用父类的方法,必须使用super关键字
        super.eat();
        System.out.println(getAge() + "岁的" + getName() + "老师正在食堂吃饭");
    }
}
```

之后,编写程序进行测试,如代码清单4.4所示。

代码清单4.4   Demo4Super

```
package com.yyds.unit4.demo;
public class Demo4Super {
    public static void main(String[] args) {
        Teacher teacher = new Teacher();
        teacher.setName("李四");
        teacher.setAge(24);
        teacher.eat();
    }
}
```

程序(代码清单4.4)运行结果如图4.4所示。

super关键字也可用来调用构造方法,使用方法是super
(参数1,参数2,…),如果构造方法中不存在super调用父类
的构造方法,子类的构造方法第一行代码默认会加上super()

| 24岁的李四正在吃饭 |
| 24岁的李四老师正在食堂吃饭 |

图4.4   程序运行结果

来调用它的父类的无参构造方法,因此如果父类不存在无参构造方法,程序编译就会出错,
此时需要手动调用父类的有参构造方法。

4.3.2   super 与 this 对比

前面提到,创建对象并不是完全由构造方法决定的,因此即使使用 super 调用了父类的
构造方法,也可能没有创建父类对象。事实上,当类存在继承关系时,如果创建子类的对象,
JVM 会将该对象在堆内存中划分存储空间,父类中定义的属性和方法存储在父类的存储空
间中,子类中定义的属性和方法存储在子类的存储空间中,二者都属于这一个对象。而
super 关键字指向的其实是该对象的父类存储空间,this 关键字则指向整个对象,如图 4.5
所示。

总之,super 和 this 的使用方式几乎一样,它们的区别如表 4.2 所示。

表 4.2   super 和 this 关键字对比

区　别　点	this	super
引用	this 代表本类对象的引用	super 代表父类存储空间
使用方式	this.属性,this.方法,this()	super.属性,super.方法(),super()
调用构造方法	调用本类构造方法,放在第一条语句	调用父类构造方法,放在第一条语句
查找范围	先从本类找,若找不到,则查找父类	直接查找父类

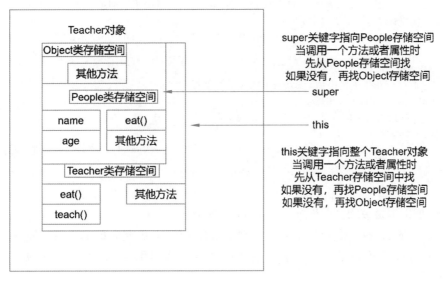

堆内存

Teacher对象

Object类存储空间
其他方法

People类存储空间

name | eat()
age | 其他方法

Teacher类存储空间

eat() | 其他方法
teach()

super关键字指向People存储空间
当调用一个方法或者属性时
先从People存储空间找
如果没有，再找Object存储空间
—— super

—— this

this关键字指向整个Teacher对象
当调用一个方法或者属性时
先从Teacher存储空间中找
如果没有，再找People存储空间
如果没有，再找Object存储空间

图 4.5　继承中的对象内存结构

4.4　final 关键字

4.4.1　final 关键字介绍

在第 2 章已经介绍了 final 关键字，它可用来将一个变量声明成常量，事实上，final 关键字还有其他场景的用法。final 的意思为最终，不可变。final 是一个修饰符，它可用来修饰类、类中的属性和方法以及局部变量，但是不能修饰构造方法。final 的用法主要有下面 4 种。

- final 修饰的类不可以被继承，但是可以继承其他类。
- final 修饰的方法不可以被重写。
- final 修饰的变量是常量，只能被赋值一次。
- final 修饰的引用类型变量不能改变它的引用地址，但是可以改变对象内部属性的值。

4.4.2　final 关键字的使用

接下来为 Teacher 类加上一些 final 关键字的方法和变量，如下所示。

扫一扫

```
package com.yyds.unit4.demo;
//被 final 修饰的类不能被继承
public final class Teacher extends People {
    //final修饰的变量称作常量，只能赋值一次
    private final String school = "北京大学";
```

```
public void teach() {
    //通过继承,teacher 也拥有 age 和 name,只不过由于它们被 private 修饰,因此只能
    //通过 get()方法访问
    System.out.println(getAge() + "岁的" + getName() + "正在教书");
}
@Override
//加上 final 关键字后,该方法不能被子类重写
public final void eat() {
    //调用父类的方法,必须使用 super 关键字
    super.eat();
    System.out.println(getAge() + "岁的" + getName() + "老师正在食堂吃饭");
}
}
```

由于使用 final 关键字修饰了 Teacher 类,因此这个类不能再被继承。此外,由于 Teacher 类中的 school 属性使用 final 关键字进行了修饰,因此它的值不能再被改变。如果将定义 Teacher 类的修饰符 final 去掉,它的子类也不可以重写 eat()方法,因为该方法被关键字 final 修饰了。

事实上,Java 中有很多类都用关键字 final 修饰,比如最常见的 String 类。使用 final 修饰这些类的目的是不想让其他人扩展这些类,防止这些子类被使用到多态中,从而改变 String 类以及其他类本身具有的特性。

在软件开发中,也可以使用 final 关键字对一些类进行修饰,如工具类,就可以私有化它的构造方法,让外界无法创建工具类的对象,并使用 final 关键字修饰类,让它无法被其他类继承,从而保证工具类的安全性。

4.5 Object 类

4.5.1 Object 类介绍

java.lang.Object 类是 Java 中所有类的父类(包括数组),如果一个类没有用 extends 关键字继承其他类,那么它默认就继承 Object 类。Java 中这么设计的目的是让所有类都拥有一些基本的方法,这些方法都定义在 Object 类中,并且它们中的一部分可以被重写。

4.5.2 Object 类的常见方法

扫一扫

Object 类中定义了一些基本的方法,Java 中所有的类都拥有这些方法,如表 4.3 所示。

表 4.3　Object 类中的方法

方 法 签 名	方 法 描 述
String toString()	返回该对象的字符串表示形式
boolean equals(Object obj)	判断两个对象的地址是否相同
native int hashCode()	返回该对象的哈希码值

方 法 签 名	方 法 描 述
final native Class<?> getClass()	得到一个对象或者类的结构信息
final void wait()	使当前线程进入等待
final native void notify()	唤醒一个等待的线程

以上方法中有一些在后面将会接触到，这里只介绍其中一部分，主要有 toString()方法、equals()方法和 hashCode()方法。

1. toString( )方法

Object 类中的 toString()方法返回该对象的字符串表示，默认情况下，执行 Object 类中 toString()方法得到的结果是对象的类型@Hash 码，比如 User@6267c3bb。

这个结果很明显不太满足日常需要，因此在开发中一般会重写一个类的 toString()方法，使其能够返回对象的所有属性值。比如在 People 类中重写 toString()方法，如下所示。

```java
package com.yyds.unit4.demo;
public class People {
    private String name;
    private int age;
    public void eat() {
        System.out.println(this.age + "岁的" + name + "正在吃饭");
    }
    //省略 get()和 set()方法
    @Override
    public String toString() {
        return "People{" +
                "name='" + name + '\'' +
                ", age=" + age +
                '}';
    }
}
```

这样，People 类中的 toString()方法就会按照特定的格式返回一个字符串，并且由于 Teacher 类和 Worker 类继承了 People 类，因此它们也拥有了上面重写的方法。接下来编写程序对其进行测试，如代码清单 4.5 所示。

代码清单 4.5　Demo5ToString

```java
package com.yyds.unit4.demo;
public class Demo5ToString {
    public static void main(String[] args) {
        People people = new People();
        people.setName("张三");
        people.setAge(23);
        Teacher teacher = new Teacher();
        teacher.setName("李四");
        teacher.setAge(24);
```

```
        Worker worker = new Worker();
        worker.setName("王五");
        worker.setAge(25);
        String peopleStr = people.toString();
        System.out.println(peopleStr);
        System.out.println(teacher.toString());
        System.out.println(worker);
    }
}
```

上面的程序中,分别对三个对象的 toString()方法执行输出,这里有一点需要注意,println()方法输出一个对象时,其实是输出它的 toString()方法的返回值。程序(代码清单 4.5)运行结果如图 4.6 所示。

```
People{name='张三', age=23}
People{name='李四', age=24}
People{name='王五', age=25}
```

图 4.6 程序运行结果

2. equals( )方法

Object 类中的 equals()方法的作用是比较两个对象的地址是否相同,实际上在 Java 中,"=="运算符比较引用类型已经是比较地址是否相同了,equals()方法的功能与它相比略显多余,因此在开发中很少使用 equals()方法本身的功能。

一般情况下,如果需要使用 equals()方法,会将其重写成比较内容是否相同。比如 String 类中的 equals()方法就进行了重写,它的作用是比较两个字符串内容是否相同。接下来在 People 类中重写 equals()方法,当两个 People 类的对象的 name 和 age 都相同时,就认为这两个对象是同一个对象,如下所示。

```
package com.yyds.unit4.demo;
import java.util.Objects;
public class People {
    private String name;
    private int age;
    public void eat() {
        System.out.println(this.age + "岁的" + name + "正在吃饭");
    }
    //省略 get()和 set()方法
    @Override
    public boolean equals(Object o) {
        if(this == o) {
            return true;
        }
        if(o == null || getClass() != o.getClass()) {
            return false;
        }
        People people = (People) o;
        return age == people.age && Objects.equals(name, people.name);
    }
    @Override
    public String toString() {
```

```
        return "People{" +
                "name='" + name + '\'' +
                ", age=" + age +
                '}';
    }
}
```

接下来创建代码清单 4.6,测试 People 类中的 equals()方法,如下所示。

代码清单 4.6　Demo6Equals

```
package com.yyds.unit4.demo;
public class Demo6Equals {
    public static void main(String[] args) {
        People p1 = new People();
        p1.setName("张三");
        p1.setAge(23);
        People p2 = new People();
        p2.setName("张三");
        p2.setAge(23);
        People p3 = new People();
        p3.setName("李四");
        p3.setAge(24);
        //== 比较的是地址,p1 和 p2 是两个对象,地址不同
        System.out.println("p1 == p2: " + (p1 == p2));
        System.out.println("p1 equals p2: " + p1.equals(p2));
        System.out.println("p1 equals p3: " + p1.equals(p3));
    }
}
```

程序(代码清单 4.6)运行结果如图 4.7 所示。

通过 equals()方法,可以让两个不同的对象在业务上认为相同,比如两个身份证号码相同的人,即使在 Java 中创建了两个不同的对象,在业务上依然要认为他们是同一个人,此时就需要重写 equals()方法,当二者的身份证号码相同时,就返回 true。

```
p1 == p2: false
p1 equals p2: true
p1 equals p3: false
```
图 4.7　程序运行结果

3. hashCode()方法

Object 类中的 hashCode()方法用于计算一个对象的 Hash 码值。Hash 码的作用是使用一串数字表示一个对象。一般来说,如果一个类中重写了 equals()方法,就必须重写 hashCode()方法,并且参与计算 Hash 码值的属性必须与 equals()方法中参与比较的属性一致。这么做是为了让对象在 Hash 表中尽可能均匀地分散,比如后面将会学到的 HashMap,底层比较对象是否相同时,就同时用到了 equals()和 hashCode()方法。

接下来在 People 类中重写 hashCode()方法,如下所示。

```
package com.yyds.unit4.demo;
import java.util.Objects;
public class People {
```

```java
    private String name;
    private int age;
    public void eat() {
        System.out.println(this.age + "岁的" + name + "正在吃饭");
    }
    //省略 get()和 set()方法
    @Override
    public boolean equals(Object o) {
        if(this == o) {
            return true;
        }
        if(o == null || getClass() != o.getClass()) {
            return false;
        }
        People people = (People) o;
        return age == people.age && Objects.equals(name, people.name);
    }
    @Override
    public int hashCode() {
        return Objects.hash(name, age);
    }
    @Override
    public String toString() {
        return "People{" +
                "name='" + name + '\'' +
                ", age=" + age +
                '}';
    }
}
```

下面再通过代码清单 4.7 测试一下姓名和年龄相同的两个 People 对象的 Hash 码值，如下所示。

代码清单 4.7　Demo7HashCode

```java
package com.yyds.unit4.demo;
public class Demo7HashCode {
    public static void main(String[] args) {
        People p1 = new People();
        p1.setName("张三");
        p1.setAge(23);
        People p2 = new People();
        p2.setName("张三");
        p2.setAge(23);
        People p3 = new People();
        p3.setName("李四");
        p3.setAge(24);
        //由于参与计算的属性相同,因此 Hash 码值相同
```

```
        System.out.println("p1: " + p1.hashCode());
        System.out.println("p2: " + p2.hashCode());
        System.out.println("p3: " + p3.hashCode());
        String s1 = "Aa";
        String s2 = "BB";
        System.out.println("s1: " + s1.hashCode() + ",s2: " + s2.hashCode());
    }
}
```

程序（代码清单 4.7）运行结果如图 4.8 所示。

从运行结果上看，如果一个类中同时重写了 equals() 和
hashCode()方法，并且它们参与计算的属性也相同，那么，当两个
对象的这些属性值都相同时，它们的 Hash 码也相同。

```
p1: 24022543
p2: 24022543
p3: 26104876
s1: 2112, s2: 2112
```

图 4.8　程序运行结果

上面的程序还演示了一个典型的案例，即"Aa"和"BB"的
Hash 码，可以看到它们的 Hash 码也相同，但很明显它们不是同
一个字符串。因此，若执行 equals()方法返回的结果相同，则执行 hashCode()方法返回的
结果一定相同；若执行 hashCode()方法返回的结果相同，则执行 equals()方法返回的结果
却不一定相同。

4.6　多态

4.6.1　什么是多态

多态是面向对象的三大特性之一，指的是同一个方法调用，由于对象不同可能会有不同
的行为。多态的前提是必须存在继承，并且子类重写了父类的方法，最重要的一点是父类引
用要指向子类对象。

何为父类引用指向子类对象呢？比如上面的案例中，Teacher 类和 Worker 类继承自
People 类，那么当创建 Teacher 类对象或者 Worker 类对象时，是可以使用 People 类型的变
量接收的，如下所示。

```
People people = new Teacher();
```

这样的好处是，如果一个方法需要接收的参数类型是 People，那么实际调用该方法时
可以传入 People 类和它的任意子类对象，从而提高代码的复用性。此外，如果一个方法的
返回值是 People，那么也可以返回 People 类或它的任意子类对象。

4.6.2　多态的实现

扫一扫

多态的实现主要表现在父类和继承该父类的一个或多个子类对某些方法的重写，多个
子类对同一方法的重写可以表现出不同的行为。下面以垃圾分类为例，垃圾（Rubbish）分
为干垃圾（Dry Rubbish）、湿垃圾（Wet Rubbish）、可回收垃圾（Recyclable Rubbish）和有害
垃圾（Harmful Rubbish），其中在垃圾类中拥有分类方法，它的子类都重写了该方法，如下

所示。

```java
package com.yyds.unit4.demo;
public class Rubbish {
    public void classify() {
        System.out.println("垃圾分类");
    }
}
package com.yyds.unit4.demo;
public class DryRubbish extends Rubbish {
    @Override
    public void classify() {
        System.out.println("干垃圾");
    }
    //干垃圾独有的方法
    public void showInfo() {
        System.out.println("干垃圾分类完可以直接扔");
    }
}

package com.yyds.unit4.demo;
public class WetRubbish extends Rubbish {
    @Override
    public void classify() {
        System.out.println("湿垃圾");
    }
}

package com.yyds.unit4.demo;
public class RecyclableRubbish extends Rubbish {
    @Override
    public void classify() {
        System.out.println("可回收垃圾");
    }
    public void handle() {
        System.out.println("可回收垃圾可以变废为宝");
    }
}

package com.yyds.unit4.demo;
public class HarmfulRubbish extends Rubbish {
    @Override
    public void classify() {
        System.out.println("有害垃圾");
    }
    public void handle() {
        System.out.println("有害垃圾必须经过处理");
    }
}
```

接下来创建测试类。分别创建每一种垃圾的对象，并以父类引用指向子类对象的形式调用它们的方法，如代码清单4.8所示。

代码清单4.8　Demo8Rubbish

```
package com.yyds.unit4.demo;
public class Demo8Rubbish {
    public static void main(String[] args) {
        Rubbish rubbish = new Rubbish();
        Rubbish dryRubbish = new DryRubbish();
        Rubbish wetRubbish = new WetRubbish();
        Rubbish recyclableRubbish = new RecyclableRubbish();
        Rubbish harmfulRubbish = new HarmfulRubbish();
        rubbish.classify();
        dryRubbish.classify();
        wetRubbish.classify();
        recyclableRubbish.classify();
        harmfulRubbish.classify();
    }
}
```

程序（代码清单4.8）运行结果如图4.9所示。

垃圾分类
干垃圾
湿垃圾
可回收垃圾
有害垃圾

图 4.9　程序运行结果

通过多态，代码可以变得更加通用，这也是设计多态的目的。

4.6.3　引用类型数据转换

引用数据类型也存在着类型转换，与其说是类型转换，不如说是转换一个对象的引用。引用类型数据转换分为以下两种。

- 向上转型：父类引用指向子类对象，属于自动类型转换。格式：

父类类型 变量名 ＝ 子类对象；

- 向下转型：子类引用指向父类对象，属于强制类型转换。格式：

子类类型 变量名 ＝ （子类类型）父类对象；

上面说到的多态，实际上就是引用类型向上转型的案例。向上转型隐藏了子类类型，提高了代码的扩展性，可以使一个方法的参数能够传入某个类的任意子类对象，但是多态会导致程序只能使用父类共性的内容，不能调用子类特有的方法，如代码清单4.9所示。

代码清单4.9　　Demo9Rubbish

```java
package com.yyds.unit4.demo;
public class Demo9Rubbish {
    public static void main(String[] args) {
        Rubbish rubbish = new Rubbish();
        Rubbish dryRubbish = new DryRubbish();
        Rubbish wetRubbish = new WetRubbish();
        Rubbish recyclableRubbish = new RecyclableRubbish();
        Rubbish harmfulRubbish = new HarmfulRubbish();
        handleClassify(rubbish);
        handleClassify(dryRubbish);
        handleClassify(wetRubbish);
        handleClassify(recyclableRubbish);
        handleClassify(harmfulRubbish);
    }
    //虽然参数是 Rubbish,但由于多态的特性,因此可以传入 Rubbish 以及它的任意子类对象
    private static void handleClassify(Rubbish rubbish) {
        rubbish.classify();
    }
}
```

上面程序的运行结果与代码清单 4.8 的运行结果相同。

向下转型可以调用子类特有的方法,一般也可以称为强制类型转换。引用类型的向下转型是存在风险的,在转换之前必须保证待转换的引用是目标引用的对象或者子类对象,否则会出现 ClassCastException,即类型转换异常。使用向下转型时,一般会与 instanceof 关键字一起使用。instanceof 关键字的作用是判断左边对象是否为右边类(注意这里是类,并不是对象,可能有很多人说是对象)的实例(通俗易懂点说就是子类对象,或者右边类本身的对象),若是,则返回的 boolean 类型为 true,否则返回的 boolean 类型为 false,如代码清单 4.10 所示。

代码清单4.10　　Demo10Rubbish

```java
package com.yyds.unit4.demo;
import javax.xml.ws.handler.HandlerResolver;
public class Demo10Rubbish {
    public static void main(String[] args) {
        Rubbish rubbish = new Rubbish();
        Rubbish dryRubbish = new DryRubbish();
        Rubbish wetRubbish = new WetRubbish();
        Rubbish recyclableRubbish = new RecyclableRubbish();
        Rubbish harmfulRubbish = new HarmfulRubbish();
        handleSelfMethod(rubbish);
        handleSelfMethod(dryRubbish);
        handleSelfMethod(wetRubbish);
        handleSelfMethod(recyclableRubbish);
        handleSelfMethod(harmfulRubbish);
    }
```

```
//虽然参数是 Rubbish,但由于多态的特性,因此可以传入 Rubbish 以及它的任意子类对象
private static void handleSelfMethod(Rubbish rubbish) {
    //先判断 rubbish 是否为指定类型
    if(rubbish instanceof DryRubbish) {
        //若是,则向下转型,可以调用独有的方法
        DryRubbish dryRubbish = (DryRubbish) rubbish;
        dryRubbish.showInfo();
    }else if(rubbish instanceof RecyclableRubbish) {
        RecyclableRubbish recyclableRubbish = (RecyclableRubbish) rubbish;
        recyclableRubbish.handle();
    }else if(rubbish instanceof HarmfulRubbish) {
        HarmfulRubbish harmfulRubbish = (HarmfulRubbish) rubbish;
        harmfulRubbish.handle();
    }else {
        System.out.println("传入的"+rubbish+"没有独有的方法");
    }
}
```

程序(代码清单 4.10)运行结果如图 4.10 所示。

```
传入的com.yyds.unit4.demo.Rubbish@14ae5a5没有独有的方法
干垃圾分类完可以直接扔
传入的com.yyds.unit4.demo.WetRubbish@7f31245a没有独有的方法
可回收垃圾可以变废为宝
有害垃圾必须经过处理
```

图 4.10 程序运行结果

4.6.4 多态中变量与方法的调用

扫一扫

当一个类继承另一个类时,子类可以拥有独有的属性和方法,此时在多态中如果要调用它的属性和方法,那么调用的究竟是父类的还是子类的呢?

从 4.2 节继承就可以推断出,当调用子类对象的方法时,首先会从子类中寻找,如果找不到这个方法,才会找父类。这是什么原因呢? 先看看这些规则,也许您就明白了。对于多态中的非静态方法,调用规则是:编译看左边,运行看右边,即在编译期间看左边的类中有无该方法,而实际在运行时执行的是右边类的方法。如果编译期间在左边的类没有找到该非静态方法,则会报编译错误。而对于多态中的静态方法,调用规则是:编译和运行都看左边。

继承中变量并不存在重写,也就是说,子类和父类如果都定义了 name 变量,那么这两个 name 是完全不同的变量,子类的 name 并不会覆盖父类的 name,二者通过命名空间区分。因此,多态中调用一个变量的规则是:编译看左边,运行看左边,即编译和运行都看左边,也就是成员(静态)变量没有多态特性,无论右边是当前类还是当前类的子类,编译和运行期间执行的都是当前类中的方法。

总之,Java 多态中变量与方法调用时的一套口诀是:对于非静态方法,编译看左边,运行看右边;对于静态方法、静态变量、成员变量,编译和运行都看左边。意思是:当子类的对象指向父类变量时(例如 Parent parent = new Child()),在这个引用变量 parent 指向的对

象中,它的成员变量和静态方法与父类是一致的,而它的非静态方法在编译时与父类是一致的,运行时却与子类一致(子类发生重写)。也就是说,子类的同名的静态方法、静态变量、成员变量,不会覆盖父类的,调用 parent 的这些属性找的是父类的属性;子类同名的非静态方法覆盖父类,调用 parent 的方法找的是子类的方法。调用 parent 的变量或方法会检查父类 Parent 是否存在此变量或方法,如果不存在(只有子类有)或者父类的变量或方法用 private 修饰,则编译不通过。

接下来以一个比较简单的案例对上面的结论进行证实,如代码清单 4.11 所示。

代码清单 4.11　**Demo11FieldAndMethod**

```java
package com.yyds.unit4.demo;
public class Demo11FieldAndMethod {
    public static void main(String[] args) {
        Child child = new Child();
        child.name = "张三";
        //向上转型
        Parent parent = child;
        parent.name = "李四";
        System.out.println("parent.name=" + parent.name);
        System.out.println("child.name=" + child.name);
        parent.eat();
        parent.sleep();
        child.eat();
        child.sleep();
        //parent.cry(); 无法调用
    }
}
class Parent {
    //为了简单起见,这里将成员变量定义为 public
    public String name;
    public void eat() {
        System.out.println("父类吃饭");
    }
    public static void sleep() {
        System.out.println("父类睡觉");
    }
}
class Child extends Parent {
    public int age;
    public String name;
    @Override
    public void eat() {
        System.out.println("子类吃饭");
    }
    public static void sleep() {
        System.out.println("子类睡觉");
    }
    public void cry() {
        System.out.println("子类哭泣");
    }
}
```

程序(代码清单 4.11)运行结果如图 4.11 所示。

通过程序运行结果可以看出,parent 和 child 实际上是同一个对象,只不过它们的引用不同。不同引用下的同一个对象调用方法时,调用的是这个引用实际所代表的对象的方法,而调用变量时,则直接调用了这个引用中的变量,因此证实了该结论是正确的。

合理使用多态,可以使代码复用性和扩展性更高,因此在开发中应当让代码尽可能符合多态的特性。

```
parent.name=李四
child.name=张三
子类吃饭
父类睡觉
子类吃饭
子类睡觉
```

图 4.11　程序运行结果

4.7　抽象类

4.7.1　什么是抽象类

编写一个类时,往往会为该类定义一些方法,这些方法用来描述该类功能的具体实现方式,这些方法都有具体的方法体。

但是有的时候,某个父类只是知道子类应该包含的方法,但是无法准确知道子类如何实现这些方法。比如一个“图形类”应该有一个“求周长”或/和“求面积”的方法,但“图形”这个类太抽象,不确定某个特定的图形,并不能知道它的周长和面积的计算公式,但不管怎样,可以确定的是,任何一个图形都会拥有计算周长和面积的方法。

此时,对于这种高度抽象的类,就可以定义为抽象类。而“计算周长”和/或“计算面积”的方法也过于抽象,以至于并不能知道一个“图形”的周长和面积是如何计算的,必须交给它的子类实现,此时就可以将这样的方法定义为抽象方法。

4.7.2　抽象类的定义与使用

在 Java 中,抽象的关键字是 abstract,不管是抽象类还是抽象方法,都用 abstract 关键字修饰,语法格式如下所示。

扫一扫

```
权限修饰符 abstract class 类名 {}
权限修饰符 abstract 返回值类型 方法名(参数列表);
```

这里需要注意以下 4 点。

(1) 抽象方法只有方法声明,没有方法体,它必须交给子类重写。子类重写抽象方法,也称作“实现”抽象方法。

(2) 子类如果也是抽象类,则不一定需要实现父类的抽象方法,而如果不是抽象类,则必须实现父类中所有的抽象方法。

(3) 抽象方法必须被子类重写,因此抽象方法的访问修饰符不能是 private。

(4) 由于抽象方法没有具体的方法体,无法用一个抽象的对象调用它,因此抽象类不能被实例化。

(5) 抽象类可以有构造方法,它的构造方法的作用是便于子类创建对象时给抽象类的

属性赋值。

接下来以一个图形类为例,介绍抽象类的使用。

首先创建图形类、三角形类、矩形类、圆类,其中图形类具有名称属性、计算周长方法,另外三个类则继承自图形类;三角形类则拥有 3 条边 a、b、c,矩形类拥有宽 width 和高 height,圆类则拥有半径 radius,如下所示。

```java
package com.yyds.unit4.demo;
public abstract class Graph {
    private String name;
    public Graph(String name) {
        this.name = name;
    }
    public abstract double calcPerimeter();
    public void showPerimeter() {
        double perimeter = calcPerimeter();
        System.out.println(getName() + "的周长为: " + perimeter);
    }
    //省略 get()和 set()方法,下同
}
package com.yyds.unit4.demo;
public class Triangle extends Graph {
    private double a;
    private double b;
    private double c;
    public Triangle(double a, double b, double c) {
        super("三角形");
        this.a = a;
        this.b = b;
        this.c = c;
    }
    @Override
    public double calcPerimeter() {
        return a + b + c;
    }
}
package com.yyds.unit4.demo;
public class Square extends Graph{
    private double width;
    private double height;
    public Square(double width, double height) {
        super("矩形");
        this.width = width;
        this.height = height;
    }
    @Override
    public double calcPerimeter() {
        return (width + height) * 2;
    }
}
```

```
package com.yyds.unit4.demo;
public class Circle extends Graph {
    private double radius;
    public Circle(double radius) {
        super("圆形");
        this.radius = radius;
    }
    @Override
    public double calcPerimeter() {
        return  2 * radius * 3.14;
    }
}
```

之后，编写代码清单 4.12 对其进行演示。

代码清单 4.12　Demo12Graph

```
package com.yyds.unit4.demo;
public class Demo12Graph {
    public static void main(String[] args) {
        Graph triangle = new Triangle(3, 4, 5);
        Graph square = new Square(10, 20);
        Graph circle = new Circle(3);
        triangle.showPerimeter();
        square.showPerimeter();
        circle.showPerimeter();
    }
}
```

程序（代码清单 4.12）运行结果如图 4.12 所示。

上面的程序中，抽象类的作用就像一个模板，对于 showPerimeter()方法，它定义出一套完整的显示周长的流程：先计算周长，再输出图形名称和周长。而这个流程中，"计算周长"是不确定的操作，因此需要交给子类实现，子类需要

```
三角形的周长为：12.0
矩形的周长为：60.0
圆形的周长为：18.84
```

图 4.12　程序运行结果

做的事情就像做填空题一样，将这个流程中不确定的步骤实现之后，这个流程便完整了。之后，由于多态的特性，在父类引用中调用 calcPerimeter()方法，实际上是调用子类对象的 calcPerimeter()方法，根据对象的不同，执行结果也大不相同，这就是抽象类和多态的使用。

4.8　接口

4.8.1　什么是接口

当抽象类中的方法都是抽象方法的时候，该抽象类可以用另外一种形式定义和表示，那就是接口 interface。接口就是比"抽象类"还"抽象"的"抽象类"，可以更加规范地对子类进行约束。

抽象类还提供某些具体实现,接口不提供任何具体实现,接口中的所有方法都是抽象方法。接口是完全面向规范的,规定了一批类具有的公共方法规范。

在 Java 中,接口的作用主要有两种。

(1)提供一种扩展性的功能,如实现了 Serializable 接口的类就拥有了序列化的功能,实现了 Clonable 接口的类就拥有了克隆的功能。

(2)提供一种功能上的约束,或者说是一种规范。比如在面向接口开发的编程思想中,创建了 OrderService 接口,规定了接口中拥有订单的增加、删除、修改、查询方法,那么不管是什么订单,只要实现了 OrderService 接口,就必须拥有这 4 个方法。

4.8.2　接口的定义与使用

扫一扫

定义接口不是使用关键字 class,而是用 interface 修饰,语法格式如下所示。

```
interface 接口名 [extends 父接口 1, 父接口 2, …] {
//常量定义
//方法定义
}
```

定义接口所在的文件仍为.java 文件,编译后仍然会产生.class 文件,因此可以将接口看作一个语法比较特殊的类。

在 JDK 8 以前,接口中的方法全部都是抽象方法,它们默认被 public abstract 修饰,因此在接口中定义方法就可以省略这两个关键字。在 JDK 8 及其之后,这个特性得到保留,并且还提供了 static()方法和 default()方法,后面会介绍。

对于接口,可以通过子类实现。实现接口的"子类"往往称为实现类。接口中的抽象方法,必须要"子类"去"继承"接口并"重写"这些方法,其语法格式如下所示。

```
修饰符 class 类名 implements 接口 1,接口 2,…{
  @Override
  修饰符 返回值 抽象方法 1(){
  }
  @Override
  修饰符 返回值 抽象方法 2(){
  }
}
```

在此,"继承"操作就变成了实现一个接口,"重写"方法称为实现方法。

接下来创建一个接口 USB,其拥有传输方法,并分别创建鼠标、键盘、U 盘类来实现USB 接口,代码如下所示。

```
package com.yyds.unit4.demo;
public interface USB {
    void transfer();
}
package com.yyds.unit4.demo;
public class Mouse implements USB{
    @Override
```

```
    public void transfer() {
        System.out.println("鼠标传输单击和滚轮操作");
    }
}
package com.yyds.unit4.demo;
public class Keyboard implements USB {
    @Override
    public void transfer() {
        System.out.println("键盘传输打字信息");
    }
}
package com.yyds.unit4.demo;
public class UDisk implements USB{
    @Override
    public void transfer() {
        System.out.println("U 盘传输文件数据");
    }
}
```

接口在开发中也可以视为一个类，因此它也适用于多态的特性。接下来创建代码清单 4.13，
演示接口的使用，如下所示。

代码清单 4.13　　Demo13USB

```
package com.yyds.unit4.demo;
public class Demo13USB {
    public static void main(String[] args) {
        USB mouse = new Mouse();
        USB keyboard = new Keyboard();
        USB disk = new UDisk();
        mouse.transfer();
        keyboard.transfer();
        disk.transfer();
    }
}
```

程序（代码清单 4.13）运行结果如图 4.13 所示。

```
鼠标传输单击和滚轮操作
键盘传输打字信息
U盘传输文件数据
```

图 4.13　　程序运行结果

当一个类实现了接口之后，它依然可以继承其他类，比如创建机械键盘类
MechanicalKeyboard，可以继承键盘类的同时又实现 USB 接口，如下所示。

```
package com.yyds.unit4.demo;
public class MechanicalKeyboard extends Keyboard implements USB {
}
```

此时,创建 MechanicalKeyboard 对象后,既可以使用 Keyboard 引用接收,也可以使用 USB 引用接收,如下所示。

```
Keyboard keyboard1 = new MechanicalKeyboard();
USB keyboard2 = new MechanicalKeyboard();
```

4.8.3　接口的多实现

Java 中类与类之间只有单继承,但是类与接口之间却允许有多实现。当一个类实现了多个接口时,只用逗号将这些接口隔开即可,如下所示。

```
class 类 implements 接口 1, 接口 2 {
}
```

比如创建一个艺人类 Artist,它实现了唱歌接口 Sing 和表演接口 Acting,如下所示。

```
package com.yyds.unit4.demo;
public interface Acting {
    void action();
}
package com.yyds.unit4.demo;
public interface Sing {
    void sing();
}
package com.yyds.unit4.demo;
public class Artist implements Acting, Sing {
    @Override
    public void action() {
        System.out.println("艺人在拍电影");
    }
    @Override
    public void sing() {
        System.out.println("艺人在唱歌");
    }
}
```

此时,如果创建艺人对象,它可以被 Action 接口或者 Sing 接口接收,如代码清单 4.14 所示。

代码清单 4.14　Demo14Artist

```
package com.yyds.unit4.demo;
public class Demo14Artist {
    public static void main(String[] args) {
        Sing sing = new Artist();
        Acting acting = new Artist();
        sing.sing();
        acting.action();
    }
}
```

程序(代码清单 4.14)运行结果如图 4.14 所示。

> 艺人在唱歌
> 艺人在拍电影

图 **4.14** 程序运行结果

4.8.4 接口的继承

扫一扫

如同类之间允许继承一样，接口也允许继承，并且接口之间的继承允许多继承。

比如可以创建 USB2 接口，它继承了 USB 接口，拥有低速传输方法。再创建 USB3 接口，它为了兼容低版本的 USB，因此继承了 USB2 和 USB 接口，拥有高速传输方法，如下所示。

```
package com.yyds.unit4.demo;
public interface USB2 extends USB{
    void slowTransfer();
}
package com.yyds.unit4.demo;
public interface USB3 extends USB2,USB {
    void fastTransfer();
}
```

接着创建 Computer 类，它实现了 USB3 接口。由于 USB3 接口继承了 USB 和 USB2，因此它内部拥有 3 个抽象方法，Computer 类必须实现这 3 个方法，如下所示。

```
package com.yyds.unit4.demo;
public class Computer implements USB3{
    @Override
    public void transfer() {
        System.out.println("计算机传输数据");
    }
    @Override
    public void slowTransfer() {
        System.out.println("计算机使用 USB 2.0 协议低速传输");
    }
    @Override
    public void fastTransfer() {
        System.out.println("计算机使用 USB 3.0 协议高速传输");
    }
}
```

此时如果创建了 Computer 的对象，那么可以用 USB、USB2、USB3 任意一个类接收，如代码清单 4.15 所示。

代码清单 **4.15** Demo15Computer

```
package com.yyds.unit4.demo;
public class Demo15Computer {
```

```
public static void main(String[] args) {
    USB usb = new Computer();
    USB2 usb2 = new Computer();
    USB3 usb3 = new Computer();
    usb.transfer();
    usb2.slowTransfer();
    usb3.fastTransfer();
}
}
```

程序(代码清单 4.15)运行结果如图 4.15 所示。

```
计算机传输数据
计算机使用USB 2.0协议低速传输
计算机使用USB 3.0协议高速传输
```

图 4.15　程序运行结果

4.8.5　接口的 static 方法和 default 方法

在 JDK 8 之前,接口中的所有方法都是抽象方法,但这样就存在一个问题:一个接口可能有很多的实现类,如果在未来的某个版本中,该接口新增了一个方法,那么在版本升级后,这个接口所有的实现类都会报错,开发者就不得不面临大量的修改,这是极其不友好的,因此在 JDK 8 及以后的版本中,接口新增了用关键字 static 和 default 修饰的方法,分别为 static 方法和 default 方法,它们允许接口的方法有方法体。

接口的所有方法默认都是 public 修饰的,static 和 default 方法也一样,因此这两个关键字直接使用即可,语法格式如下所示。

```
public interface 接口 {
    static void method1() {

    }
    default void method2() {

    }
}
```

一个类实现一个接口时,可以不实现它的 default 方法。default 方法的使用方式就像普通的成员方法一样。而 static 方法则更简单了,它的使用方式与类中的静态方法没有任何区别。

接下来给 USB 接口添加一个 static 方法和一个 default 方法,如下所示。

```
package com.yyds.unit4.demo;
public interface USB {
    void transfer();
```

```
    default void charge() {
        System.out.println("USB 接口正在充电");
    }
    static void install() {
        System.out.println("正在安装 USB 驱动");
    }
}
```

当给 USB 接口添加了这两个方法之后，其他类并没有报错，因为这两个方法并不强制实现类必须重写。接下来编写测试类进行测试，如代码清单 4.16 所示。

代码清单 4.16　Demo16USB

```
package com.yyds.unit4.demo;
public class Demo16USB {
    public static void main(String[] args) {
        USB usb = new Keyboard();
        USB.install();
        usb.transfer();
        usb.charge();
    }
}
```

程序（代码清单 4.16）运行结果如图 4.16 所示。

```
正在安装USB驱动
键盘传输打字信息
USB接口正在充电
```

图 4.16　程序运行结果

4.8.6　抽象类与接口的区别

在 JDK 8 开始为接口增加方法体之后，接口和抽象类的界限变得模糊，很多开发者可能已经无法判断一个需求应该使用接口还是抽象类了。实际上，同一需求不论使用抽象类还是使用接口都能实现，但是这二者在开发思想上却存在区别。

抽象类更像一个"模板"，当一个流程中只有个别子流程不确定具体实现时，就使用抽象类。抽象类限定了一个固定的流程，开发者只需要实现这个流程中的一些子流程即可。

而接口则用于功能上的扩展，以及规范的制定。比如一台计算机可以没有鼠标、键盘，甚至没有硬盘，可以通过接口为其接入硬盘，使其拥有存储文件的能力；可以通过接口为其接入键盘，使其拥有打字的能力……这里，接口扮演的是一个功能扩展的角色。另外，在设计一个系统时，可以事先使用接口定义好某些模块的功能，这样开发时只需要用实现类将这些功能一一实现，最终这个系统也就开发完毕了。而如果不借助接口，一个一个功能开发，就会陷入复杂变化的汪洋大海中。

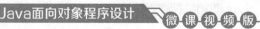

4.9 内部类概述

4.9.1 内部类

在描述事物时,若一个事物内部还包含其他事物,比如在描述汽车时,汽车中还包含发动机,这时发动机就可以使用内部类描述。一个定义在其他类内部的类称为内部类,而这个其他类则称为外部类。内部类分为成员内部类、静态内部类、局部内部类、匿名内部类四种。

4.9.2 成员内部类

成员内部类定义的位置与成员变量、成员方法同级。成员内部类的定义语法格式如下所示。

```
class 外部类 {
    修饰符 class 内部类{
    }
}
```

当访问成员内部类时,必须通过外部类的对象访问,如下所示。

```
外部类名.内部类名 变量名 = new 外部类名(实参列表).new 内部类名(实参列表);
```

接下来创建一个带有内部类的类,如下所示。

```java
package com.yyds.unit4.demo;
public class OuterClass1 {
    private String name;
    private InnerClass innerClass;
    //省略 get()和 set()方法
    //成员内部类
    public class InnerClass {
        //成员内部类的成员变量
        private String name;
        //成员内部类的构造方法
        public InnerClass() {}               //无参构造方法
        public InnerClass(String name) {     //有参构造方法
            this.name = name;
        }
        //成员内部类的成员方法
        public void test() {
            System.out.println("调用内部类的 test()方法");
            System.out.println("内部类的 name: " + this.name);
            System.out.println("外部类的 name: " + OuterClass1.this.name);
        }
    }
}
```

```
    public void test() {
        System.out.println("调用外部类的 test()方法");
        System.out.println("外部类的 name: " + this.name);
        System.out.println("内部类的 name: " + this.innerClass.name);
    }
}
```

内部类与外部类之间的成员变量可以互相访问。外部类访问内部类变量时非常简单，使用内部类的对象名.变量名即可获取内部类的变量，而内部类访问外部类变量时，则需要通过外部类名.this.变量名获取。

接下来创建代码清单 4.17，演示成员内部类的使用，如下所示。

代码清单 **4.17　Demo17InnerClass**

```
package com.yyds.unit4.demo;
public class Demo17InnerClass {
    public static void main(String[] args) {
        OuterClass1 outerClass1 = new OuterClass1();
        outerClass1.setName("张三");
        OuterClass1.InnerClass innerClass = outerClass1.new InnerClass();
        innerClass.setName("李四");
        outerClass1.setInnerClass(innerClass);
        outerClass1.test();
        innerClass.test();
    }
}
```

程序(代码清单 4.17)运行结果如图 4.17 所示。

```
调用外部类的test()方法
外部类的name：张三
内部类的name：李四
调用内部类的test()方法
内部类的name：李四
外部类的name：张三
```

图 **4.17**　程序运行结果

4.9.3　静态内部类

扫一扫

静态内部类的定义与成员内部类很相似，它与静态变量和静态方法平级，使用 static 关键字进行修饰，语法格式如下所示。

```
class 外部类 {
    修饰符 static class 内部类 {


    }
}
```

静态内部类对象的创建,只使用外部类名即可,语法格式如下所示。

外部类名.静态内部类名 变量名 = **new** 外部类名.静态内部类名(形参列表);

接下来创建一个带有静态内部类的类,如下所示。

```java
package com.yyds.unit4.demo;
public class OuterClass2 {
    private String name;
    private InnerClass innerClass;
    //静态内部类
    //省略 get()和 set()方法
    public static class InnerClass {
        private String name;
        public InnerClass() {}
        public InnerClass(String name) {       //有参构造方法
            this.name = name;
        }
        public void test() {
            System.out.println("调用内部类的 test()方法");
            System.out.println("内部类的 name: " + this.name);
            System.out.println("静态内部类无法调用外部类的非静态属性和方法");
        }
    }
    public void test() {
        System.out.println("调用外部类的 test()方法");
        System.out.println("外部类的 name: " + this.name);
        System.out.println("内部类的 name: " + this.innerClass.name);
    }
}
```

静态内部类的定义与成员内部类的定义区别不大,但需要注意的是,静态内部类中无法访问外部类的非静态属性和方法。下面通过代码清单 4.18 演示静态内部类的使用,如下所示。

代码清单 4.18　　Demo18InnerClass

```java
package com.yyds.unit4.demo;
public class Demo18InnerClass {
    public static void main(String[] args) {
        OuterClass2 outerClass = new OuterClass2();
        outerClass.setName("张三");
        OuterClass2.InnerClass innerClass = new OuterClass2.InnerClass();
        innerClass.setName("李四");
        outerClass.setInnerClass(innerClass);
        outerClass.test();
        innerClass.test();
    }
}
```

程序(代码清单4.18)运行结果如图4.18所示。

```
调用外部类的test()方法
外部类的name：张三
内部类的name：李四
调用内部类的test()方法
内部类的name：李四
静态内部类无法调用外部类的非静态属性和方法
```

图 4.18　程序运行结果

除非不想让外界直接访问内部类,否则一般情况下不会将类定义成成员内部类或静态内部类,如果有这个必要,一般优先使用静态内部类。

4.9.4　局部内部类

有时候某个类可能只在某个代码块中才会使用到,此时大可不必在外面定义一个类,直接使用局部内部类即可。局部内部类的定义方式与前面两个内部类的定义方式相似,只不过它是定义到代码块中,与局部变量平级,如下所示。

```
class 外部类 {
    修饰符 返回值类型 方法名(参数列表) {
        class 内部类 {
            //其他代码
        }
    }
}
```

比如,可以在方法中定义一个内部类,让它继承 USB 接口,如代码清单4.19所示。

代码清单 **4.19**　**Demo19InnerClass**

```
package com.yyds.unit4.demo;
public class Demo19InnerClass {
    public static void main(String[] args) {
        class Printer implements USB {
            @Override
            public void transfer() {
                System.out.println("打印机传输待打印文件信息");
            }
        }
        USB usb = new Printer();
        usb.transfer();
        usb.charge();
    }
}
```

程序(代码清单4.19)运行结果如图4.19所示。

局部内部类除在定义时与普通的类有区别外,使用时与普通的类并无区别。

打印机传输待打印文件信息
USB接口正在充电

图 4.19　程序运行结果

扫一扫

4.9.5　匿名内部类

匿名内部类是局部内部类的一个引申。当某个类可能只在某个代码块中才会使用到，并且这个类是某个接口的实现类，或者某个类的子类时，不必特意写这个类，直接创建接口或者抽象类即可。在创建过程中"顺便"重写它们的方法，这样就是一个匿名内部类的对象，语法格式如下所示。

```
new 接口() | 父类() {
    //其他代码
}
```

下面通过代码清单 4.20 演示匿名内部类的使用，如下所示。

代码清单 4.20　Demo20InnerClass

```java
package com.yyds.unit4.demo;
public class Demo20InnerClass {
    public static void main(String[] args) {
        //直接创建接口并重写它的抽象方法。这里并不是创建了 USB 的对象，而是 USB 的一个
        //子类的对象，只不过这个子类是匿名的
        accessUsb(new USB() {
            @Override
            public void transfer() {
                System.out.println("未知的 USB 设备");
            }
        });
    }
    //接入 USB 设备
    public static void accessUsb(USB usb) {
        USB.install();
        usb.charge();
        usb.transfer();
    }
}
```

程序（代码清单 4.20）运行结果如图 4.20 所示。

这里的程序存在一个误区，可能读者看到 new USB，就会觉得这里创建了 USB 的对象，与前面所提到的接口不能实例化有所冲突。事实上这里创建的并不是 USB 的对象，而是 USB 的子类对象，只不过这个子类比较特殊，它是匿名的。

正在安装USB驱动
USB接口正在充电
未知的USB设备

图 4.20　程序运行结果

一般情况下，极少定义局部内部类，因为这样显得代码不够整洁，而匿名内部类的使用场景却非常多，当一个方法仅仅是需要传入一个对象，并且这个对象只在这个方法中才会用到时，就可以使用匿名内部类。

4.10　本章思政元素融入点

　　思政育人目标：把马克思主义立场观点方法的教育与科学精神的培养结合起来，启迪学生要继承中华优秀传统文化，引导学生传承中华文脉，激发学生在"继承"的基础上有所创新，同时要发展新时代中国特色社会主义生态文明建设理念。

　　思想元素融入点：通过介绍面向对象程序设计中的"封装机制"和"访问权限修饰符"引入马克思主义哲学之辩证否定观：人们对事物既不能肯定一切，也不能否定一切，引导学生要辩证地认识事物，例如，对传统文化的传承要持辩证观，既要"取其精华"，又要"去其糟粕"；通过讲解"抽象类"，引入马克思主义哲学中具体与抽象相统一的辩证思维方法，培养学生在实际生活中要善于运用辩证思维方法分析问题。通过讲解"接口"，强调规范是相互协作的基础，培养学生遵循规范意识；通过讲解"继承"与"多态"，启迪学生要继承中华优秀传统文化，教育引导学生传承富有中国心、饱含中国情、充满中国味的中华文脉，激发学生在"继承"的基础上要有所创新，从多形态呈现出"生机勃勃、枝繁叶茂、开花结果"的美好景象，并有机融入：激发学生站在前辈的肩膀上，要做到"青出于蓝而胜于蓝""长江后浪推前浪，一代更比一代强"等正能量人文精神。

　　通过以垃圾分类为例重写分类方法讲解面向对象的三大特性之"多态"中的"方法重写"知识点，告诫学生重写方法会覆盖原有方法，在重写的新方法中可以对原有方法进行变革与创新，从而可引导学生用发展的眼光看待问题，坚持与时俱进，培养创新精神；同时，可辅以教育学生掌握正确分类垃圾的方法，并增强学生对垃圾分类的意识和促进其实际行动，且可引申拓展该主题，有机融入新时代中国特色社会主义生态文明建设理念，贯彻习近平总书记生态文明思想，例如"我们既要绿水青山，也要金山银山。宁要绿水青山，不要金山银山，而且绿水青山就是金山银山"的重要生态发展理念，推进绿色高质量发展。让学生在潜移默化中，增强环保意识，并争取尽早实现"双碳"目标。同时，可考虑延伸该案例，布置课外编程实践，要求学生试着设计和开发一个智能垃圾分类软件，让学生在程序设计和软件开发的过程中，不仅能掌握知识与技能，还可为推动绿色发展、建设美丽中国贡献自己的智慧和力量，让他们做到学以致用的同时培养团队协作精神以及科技报国的家国情怀和使命担当。

4.11　本章小结

　　本章是Java面向对象程序设计的重点，因此用大量篇幅介绍。熟悉面向对象的基础之后，学习本章的高级特性并不会太吃力。

　　本章以面向对象的三大特性：封装、继承、多态为核心，介绍了很多知识点，这些知识点都是为这三大特性服务的。

　　首先，介绍了访问修饰符和get()、set()方法的使用，从而将变量进行了封装，使外界无法直接访问变量，取而代之的则是提供了公共的访问方法，从而保障了变量的安全性。接着，介绍了继承，使类与类之间存在了一定的联系，为后面的多态打下了基础。在继承中，变

量和方法的访问不同,通过一个内存图解介绍了 super 关键字的使用。接着介绍了 final 关键字和 Object 类,并对继承进行了详细介绍。

之后以前面的知识点为基础,介绍了多态特性,并通过抽象类、接口的使用,使程序的扩展性、复用性更强。事实上,抽象类、接口、内部类都是为多态服务的,通过合理使用多态,可以让程序的耦合性更小,代码更易扩展。最后,指出了本章中的一些知识点可融入的思政元素。

通过本章的学习,读者能够理解面向对象的三大特性,掌握面向对象高级特性的使用,并能够编写出具有高复用性和可扩展性的代码。

4.12　习题

1. 什么是 get()、set()方法? 为什么要使用 get()、set()方法?

2. 什么是继承? 为什么要使用继承? 继承有哪些优点?

3. 当创建子类对象时,虚拟机会同时创建父类的对象,这句话是否正确?

4. 简单描述一下接口和抽象类的区别,并分别具体说明它们的应用场景。

5. 两个对象的 hashCode 相同,equals 是否一定相同? 如果 equals 相同,hashCode 是否一定相同?

6. 设计一个商品类,其拥有商品名称、质量、价格、制造商属性,重写它的 equals()方法,当商品名称和制造商相同时,视为同一个商品,编写测试程序进行测试。

7. 设计一个银行接口,规定银行必须至少有办卡、存钱、取钱功能。接着创建工商银行、建设银行、招商银行类,实现银行接口,分别以不同的逻辑实现接口中定义的三个方法,最后编写测试程序进行测试。

8. 短信发送的流程为记录发送前日志、发送短信、记录发送后日志,其中发送短信由于服务商的不同而实际处理方式不同。编写一个短信发送抽象类,实现短信发送流程,并分别创建中国联通、中国移动、中国电信类,继承该抽象类,实现完整的短信发送流程。

9. 编写一个花卉管理系统。创建鲜花类 Flower,其拥有编号、花名、价格、库存属性,使用数组存储鲜花数据。编写一个 FlowerService 接口,定义花卉管理系统拥有添加、修改、删除、列表查询功能,并创建实现类实现这些功能。

10. (扩展习题)匿名内部类还有更简化的写法:Lambda 表达式。提前预习后面的章节,结合网上的资料,编写程序演示 Lambda 表达式的使用。

第5章 异常

异 常

5.1 异常概述

5.1.1 什么是异常

生活中经常会遇到一些不正常的现象,比如人会生病、机器会坏、计算机会死机等。而你写的代码也并不是完美的,比如要读取一个文件,如果这个文件不存在该怎么办,如果这个文件不可读又该怎么办,等等。程序在运行过程中可能出现的这些不正常现象就称作异常。异常(Exception),意思是例外,怎么让写的程序做出合理的处理,安全地退出,而不至于程序崩溃。

Java 是采用面向对象的方式处理异常的。当程序出现问题时,就会创建异常类对象并抛出异常相关的信息(如异常出现的位置、原因等),从而能够更迅速地定位到问题原因。

5.1.2 异常与错误

异常与错误是很容易混淆的两个概念,异常指的是程序运行过程中出现的不正常现象,比如文件读不到、链接打不开,影响了正常的程序执行流程,但不至于程序崩溃,这些情况对于程序员而言是可以处理的。而错误则是程序脱离了程序员的控制,一般指程序运行时遇到的硬件或操作系统的错误,如内存溢出、不能读取硬盘分区、硬件驱动错误等。错误是致命的,将导致程序无法运行,同时也是程序本身不能处理的。

比如代码清单 5.1 就分别演示了异常和错误的区别。

代码清单 5.1　Demo1Exception

```
package com.yyds.unit5.demo;
public class Demo1Exception {
    public static void main(String[] args) {
```

```
        //除数为 0,抛出异常。这种情况程序员可以控制,把计算时除数为 0 的情况排除即可
        int num = 3 / 0;
        //内存溢出,这是错误。这种情况程序员无法处理,因为内存溢出可能与硬件设备相关,
        //比如计算机内存只有 256MB
        int[] arr = new int[1024 * 1024 * 1024];
    }
}
```

分别运行异常和错误的两行代码,程序(代码清单 5.1)运行结果如图 5.1 所示。

```
Exception in thread "main" java.lang.ArithmeticException Create breakpoint : / by zero
    at com.yyds.unit5.demo.Demo1Exception.main(Demo1Exception.java:5)      异常
Exception in thread "main" java.lang.OutOfMemoryError Create breakpoint : Java heap space
    at com.yyds.unit5.demo.Demo1Exception.main(Demo1Exception.java:7)      错误
```

图 5.1　程序运行结果

5.1.3　Throwable 与异常体系

Java 中,异常(Exception)与错误(Error)都继承自 Throwable 类。Java 中定义了大量的异常类,这些类对应了各种各样可能出现的异常事件,这些异常类都直接或间接地继承了 Exception。Exception 分为运行时异常(RuntimeException)和编译时异常,Error 和 RuntimeException 由于在编译时不会进行检查,因此又称为不检查异常(UncheckedException),而编译时异常会在编译时进行检测,又称为可检查异常(CheckedException)。

Java 中的异常体系结构如图 5.2 所示。

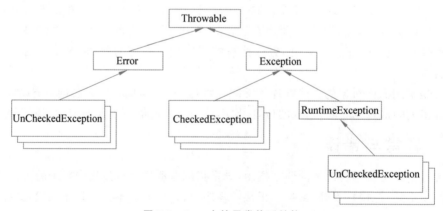

图 5.2　Java 中的异常体系结构

Throwable 中定义了所有异常都会用到的 3 个重要方法,如表 5.1 所示。

表 5.1　Throwable 主要方法

方 法 签 名	方 法 描 述
String getMessage()	返回此 Throwable 的详细消息字符串
String toString()	返回此 Throwable 的简短描述
void printStackTrace()	打印异常的堆栈跟踪信息

5.1.4　Exception

Exception 是所有异常的父类,其本身是编译时异常,而它的一个子类 RuntimeException 则是运行时异常。

RuntimeException 和它的所有子类都是运行时异常,比如 NullPointerException、ArrayIndexOutOfBoundsException 等,这些异常在程序编译时不能被检查出,往往是由逻辑错误引起的,因此在编写程序时,应该从逻辑的角度尽可能避免这种异常情况,如代码清单 5.2 所示,这个程序就是因为没有对用户输入的值进行判断,从而导致出现了异常。

代码清单 5.2　**Demo2RuntimeException**

```java
package com.yyds.unit5.demo;
import java.util.Scanner;
public class Demo2RuntimeException {
    public static void main(String[] args) {
        Scanner scanner = new Scanner(System.in);
        String[] arr = {"北京", "上海", "武汉", "广州", "深圳"};
        System.out.println("请输入要获取的城市索引");
        int index = scanner.nextInt();
        System.out.println("您获取的城市为: " + arr[index]);
    }
}
```

程序(代码清单 5.2)运行结果如图 5.3 所示。

```
请输入要获取的城市索引
6
Exception in thread "main" java.lang.ArrayIndexOutOfBoundsException Create breakpoint : 6
    at com.yyds.unit5.demo.Demo2RuntimeException.main(Demo2RuntimeException.java:11)
```

图 5.3　程序运行结果

Exception 和它的子类(不包括 RuntimeException 及其子类)统称为编译时异常,比如 IOException、SQLException。这些异常在编译时会被检查出,程序员必须对其进行处理,如代码清单 5.3 就是典型的编译时异常,如果不对这个异常进行处理,程序编译就不会通过。

代码清单 5.3　**Demo3CheckedException**

```java
package com.yyds.unit5.demo;
import java.io.FileInputStream;
import java.io.FileNotFoundException;
import java.io.InputStream;
public class Demo3CheckedException {
    public static void main(String[] args) throws FileNotFoundException {
        //I/O流,后面章节会涉及
        InputStream is = new FileInputStream("D:\\abc.txt");
    }
}
```

5.2 异常处理

5.2.1 抛出异常

扫一扫

编写程序时,需要考虑程序可能出现的各种问题,比如编写一个方法,对于方法中的参数就需要进行一定程度的校验。如果参数校验通不过,需要告诉调用者问题原因所在,这时候就需要抛出异常。

Java 中提供了一个 throw 关键字,该关键字用于抛出异常。Java 中的异常本质上也是类,抛出异常时,实际上是抛出一个异常的对象,并提供异常文本给调用者,最后结束该方法的运行。抛出异常的语法格式如下。

> **throw new** 异常名称(参数列表);

比如对于数组的操作,可以定义一个方法用来获取数组指定索引的值,当索引不合法时,通过抛出异常的方式通知调用者,如代码清单 5.4 所示。

代码清单 5.4   **Demo4Throw**

```java
package com.yyds.unit5.demo;
import java.util.Scanner;
public class Demo4Throw {
    public static void main(String[] args) {
        Scanner scanner = new Scanner(System.in);
        String[] arr = {"北京", "上海", "武汉", "广州", "深圳"};
        System.out.println("请输入要获取的城市索引");
        int index = scanner.nextInt();
        String value = getValue(arr, index);
        System.out.println("您获取的城市为: " + value);
    }
    private static String getValue(String[] arr, int index) {
        //对参数校验
        if(arr == null) {
            //抛出非法参数异常,并指定提示文本
            throw new IllegalArgumentException("数组不能为空!");
        }
        if(index < 0) {
            throw new IllegalArgumentException("索引不能为负数!");
        }
        if(index >= arr.length) {
            //抛出数组索引越界异常
            throw new ArrayIndexOutOfBoundsException("索引不可以超过数组长度!");
        }
        return arr[index];
    }
}
```

运行程序,输入一个非法的参数,比如索引为-1,程序(代码清单5.4)运行结果如图5.4所示。

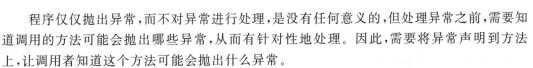

图 5.4　程序运行结果

可以看到,当参数通不过校验时,就会执行抛出异常的代码,并且提示文本也是在代码中定义好的。

5.2.2　声明异常

扫一扫

程序仅仅抛出异常,而不对异常进行处理,是没有任何意义的,但处理异常之前,需要知道调用的方法可能会抛出哪些异常,从而有针对性地处理。因此,需要将异常声明到方法上,让调用者知道这个方法可能会抛出什么异常。

声明异常使用 throws 关键字(与 throw 非常像,需要注意),语法格式如下。

修饰符 返回值类型 方法名(参数列表) throws 异常类名 1, 异常类名 2, … { }

其中,如果方法中抛出的是运行时异常,编译期就不会强制要求开发者将异常声明在方法上,而如果抛出的是编译时异常,则必须将这些异常全部声明在方法上。比如上面的程序中,就可以将异常声明到方法上,如代码清单 5.5 所示。

代码清单 5.5　**Demo5Throws**

```java
package com.yyds.unit5.demo;
import java.util.Scanner;
public class Demo5Throws {
    public static void main(String[] args) {
        Scanner scanner = new Scanner(System.in);
        String[] arr = {"北京", "上海", "武汉", "广州", "深圳"};
        System.out.println("请输入要获取的城市索引");
        int index = scanner.nextInt();
        String value = getValue(arr, index);
        System.out.println("您获取的城市为: " + value);
    }
    //在方法上声明异常
    private static String getValue(String[] arr, int index)
            throws IllegalArgumentException, ArrayIndexOutOfBoundsException {
        //参数校验
        if(arr == null) {
            //抛出非法参数异常,并指定提示文本
            throw new IllegalArgumentException("数组不能为空!");
        }
        if(index < 0) {
            throw new IllegalArgumentException("索引不能为负数!");
```

```
        }
        if(index >= arr.length) {
            //抛出数组索引越界异常
            throw new ArrayIndexOutOfBoundsException("索引不可以超过数组长度!");
        }
        return arr[index];
    }
}
```

扫一扫

5.2.3 捕获异常

如果程序出现了异常,自己又解决不了,就需要将异常声明出来,交给调用者处理。上面已经将异常进行了声明,此时调用者如果已经知道被调用方法可能出现哪些异常,就可以针对这些异常进行不同的处理。

处理异常使用 try…catch…finally 结构,try 用于包裹住可能出现异常的代码块,在 catch 中进行异常捕获,并处理异常,finally 则是在抛出异常或者异常处理后执行。当异常不进行处理时,发生异常的方法就会立即结束运行,而如果使用 try…catch 处理,程序就会继续运行下去。接下来再对上面的代码进行修改,对两个异常进行处理,如代码清单 5.6 所示。

代码清单 5.6 **Demo6TryCatch**

```java
package com.yyds.unit5.demo;
import java.util.Scanner;
public class Demo6TryCatch {
    public static void main(String[] args) {
        Scanner scanner = new Scanner(System.in);
        String[] arr = {"北京", "上海", "武汉", "广州", "深圳"};
        System.out.println("请输入要获取的城市索引");
        int index = scanner.nextInt();
        try {
            //可能出现异常的代码,用 try 包裹住
            String value = getValue(arr, index);
            System.out.println("您获取的城市为: " + value);
        }catch(IllegalArgumentException e) {
            //这个 catch 中处理 IllegalArgumentException
            //输出异常文本
            System.out.println("程序发生了非法参数异常: "+e.getMessage());
        }catch(ArrayIndexOutOfBoundsException e) {
            //这个 catch 中处理 ArrayIndexOutOfBoundsException
            //打印异常
            e.printStackTrace();
        }finally {
            //不管是否发生异常,最终都会执行 finally
            System.out.println("程序运行完毕");
        }
    }
```

```
//在方法上声明异常
private static String getValue(String[] arr, int index)
        throws IllegalArgumentException, ArrayIndexOutOfBoundsException {
    //对参数进行校验
    if(arr == null) {
        //抛出非法参数异常,并指定提示文本
        throw new IllegalArgumentException("数组不能为空!");
    }
    if(index < 0) {
        throw new IllegalArgumentException("索引不能为负数!");
    }
    if(index >= arr.length) {
        //抛出数组索引越界异常
        throw new ArrayIndexOutOfBoundsException("索引不可以超过数组长度!");
    }
    return arr[index];
}
```

程序(代码清单 5.6)运行结果如图 5.5 所示。

```
请输入要获取的城市索引
-1
程序发生了非法参数异常：索引不能为负数！
程序运行完毕
请输入要获取的城市索引
5
java.lang.ArrayIndexOutOfBoundsException Create breakpoint : 索引不可以超过数组长度！
    at com.yyds.unit5.demo.Demo6TryCatch.getValue(Demo6TryCatch.java:41)
    at com.yyds.unit5.demo.Demo6TryCatch.main(Demo6TryCatch.java:13)
程序运行完毕
请输入要获取的城市索引
3
您获取的城市为：广州
程序运行完毕
```

图 5.5　程序运行结果

一个 try 必须跟随至少一个 catch 或者 finally 关键字,即 try…catch 结构、try…finally 结构和 try…catch…finally 结构都是合法的。异常的处理是链式的,如果存在 main-> methodA->methodB->methodC 的调用链,此时 methodC 发生了异常,就会抛给 methodB 处理。如果 methodB 处理不了或者没有处理,就会再抛给 methodA 处理,如果 methodA 依然没法处理,就会抛给 main()方法处理,也就是交给虚拟机处理,而虚拟机处理异常的方式简单、粗暴：直接打印异常堆栈信息并停止程序的运行。因此,在开发中为了防止死机,程序能进行处理的异常要尽可能交由程序处理。

此外,如果一个异常并没有在方法上声明,则在代码中依然可以捕获这个异常。声明异常只是为了方便开发者知道要处理哪些异常。

5.3 异常进阶

扫一扫

5.3.1 自定义异常

尽管 Java 中已经定义了大量的异常,但实际开发中这些异常并不能完全涵盖所有的业务场景,不能通过异常文本判断业务逻辑问题所在。

例如,登录场景中,绝大多数网站为了防止暴力撞库,对于用户不存在和密码错误两种场景的提示文本都是"用户名或密码错误",这是为了防止不法分子根据提示文本而推断出网站的用户。

但是,对于开发者而言,需要在日志中能够区分某个"用户名或密码错误"究竟是用户不存在,还是密码错误,此时就需要 UserNotFoundException 和 PasswordWrongException 两个异常。很明显,Java 中不可能事先定义好这些异常,因此就需要用户自定义一些与业务场景相关的异常。

自定义异常语法很简单,就是创建一个类并继承 Exception 或者 RuntimeException,提供相应的构造方法,如下所示。

```java
修饰符 class 自定义异常名 extends Exception 或 RuntimeException {
    public 自定义异常名() {
        //默认调用父类无参构造方法
    }
    public 自定义异常名(String msg) {
        //调用父类具有异常信息的构造方法
        super(msg);
    }
}
```

大多数情况下,不需要在构造方法中定义其他逻辑,直接调用父类异常对应的构造方法即可,自定义异常就是这么简单。

下面编写一个登录案例,用户输入用户名和密码,对于用户名不存在和密码错误两种场景,均提示"用户名或密码错误",但抛出异常时则抛出不同的异常。

首先定义 UserNotFoundException 和 PasswordWrongException 两个异常类,如下所示。

```java
package com.yyds.unit5.demo;
public class UserNotFoundException extends Exception{
    public UserNotFoundException() {
    }
    public UserNotFoundException(String message) {
        super(message);
    }
}
```

```
package com.yyds.unit5.demo;
public class PasswordWrongException extends RuntimeException{
    public PasswordWrongException() {
    }
    public PasswordWrongException(String message) {
        super(message);
    }
}
```

尽管它们继承的异常不同,但内部的代码都是一模一样的。接下来编写登录逻辑,如代码清单 5.7 所示。

代码清单 5.7　Demo7Login

```
package com.yyds.unit5.demo;
import java.util.Scanner;
public class Demo7Login {
    public static void main(String[] args) {
        Scanner scanner = new Scanner(System.in);
        System.out.print("请输入用户名: ");
        String username = scanner.next();
        System.out.print("请输入密码: ");
        String password = scanner.next();
        try {
            login(username, password);
            //如果方法成功运行完毕,说明两个异常都没有触发,登录成功
            System.out.println("登录成功");
        }catch(UserNotFoundException e) {
            e.printStackTrace();
            System.out.println(e.getMessage());
        }catch(PasswordWrongException e) {
            e.printStackTrace();
            System.out.println(e.getMessage());
        }
    }
    private static void login(String username, String password)
            throws UserNotFoundException, PasswordWrongException {
        if(!"admin".equals(username)) {
            //用户名不存在,对于用户而言要提示用户名或密码错误,但开发者需要知道真正的
            //原因
            throw new UserNotFoundException("用户名或密码错误!");
        }
        if(!"123456".equals(password)) {
            //密码错误
            throw new PasswordWrongException("用户名或密码错误!");
        }
    }
}
```

程序(代码清单 5.7)运行结果如图 5.6 所示。

```
请输入用户名：user
请输入密码：123
用户名或密码错误！
com.yyds.unit5.demo.UserNotFoundException Create breakpoint：用户名或密码错误！
    at com.yyds.unit5.demo.Demo7Login.login(Demo7Login.java:29)
    at com.yyds.unit5.demo.Demo7Login.main(Demo7Login.java:13)
请输入用户名：admin
请输入密码：123
用户名或密码错误！
com.yyds.unit5.demo.PasswordWrongException Create breakpoint：用户名或密码错误！
    at com.yyds.unit5.demo.Demo7Login.login(Demo7Login.java:33)
    at com.yyds.unit5.demo.Demo7Login.main(Demo7Login.java:13)
请输入用户名：admin
请输入密码：123456
登录成功
```

图 5.6　程序运行结果

扫一扫

5.3.2　方法重写中的异常

当一个类的方法声明了一个编译时异常后,它的子类如果重写该方法,重写方法声明的异常不能超过父类的异常,这里只遵循如下两点即可。运行时异常不受这两点约束。

(1) 父类方法没有声明异常,子类重写该方法不能声明异常,如下所示。

```java
class Parent {
    public void method1() {}
}
class Child extends Parent {
    //编译错误
    @Override
    public void method1() throws Exception {}
}
```

(2) 父类方法声明了异常,子类重写该方法可以不声明异常,或者只声明父类的异常或该异常的子类,如下所示。

```java
class Parent {
    public void method1() throws IOException {}
}
class Child extends Parent {
    //编译错误
    @Override
    public void method1() throws FileNotFoundException {}
}
```

5.4 本章思政元素融入点

思政育人目标：培养"精益求精"的软件工匠精神，激发学生科技报国的家国情怀和使命担当。

思想元素融入点：通过讲解 Java 中的异常处理机制，阐述异常是可以通过异常处理机制进行处理的，让学生体会异常的警示和提醒作用，强调软件开发中要重视需求分析、考虑周全，为开发出精益求精的软件产品而精雕细琢，培养学生精益求精的软件质量意识和软件工匠精神，激发学生科技报国的家国情怀；还可以通过介绍一些由于软件异常导致的重大事故的前因后果，强调在软件开发中异常处理的重要性，同时强调工作时应一丝不苟、认真负责和爱岗敬业，小小的疏忽就有可能造成严重的意想不到的后果，以此培养学生的责任意识和工匠精神，激发学生科技报国的使命担当。

5.5 本章小结

本章主要介绍了异常的使用。首先对异常的概念和体系进行了介绍，通过继承关系讲述了异常的分类，以及异常与错误的区别。然后介绍了异常的抛出、声明、捕获，要求开发者对能够预知到的异常必须进行处理。接着介绍了自定义异常，开发者可以尽可能地根据业务场景定义出对应的异常，从而便于在生产环境中排查错误。最后指出了本章中的一些知识点可融入的思政元素。

5.6 习题

1. 什么是异常？异常有哪些分类？

2. 到目前的学习为止，已经遇到过很多异常，请尽可能列举出至今为止所遇到过的异常。

3. 异常和错误有什么区别？开发中能够处理的是哪个？

4. throw 与 throws 有什么区别？

5. try 关键字必须结合 catch 关键字使用，这句话是否正确？

6. 编写一个计算三角形周长的程序，接收三角形的三条边 a、b、c。如果三条边不能构成三角形，则抛出 IllegalArgumentException，并提示"该三条边不能构成三角形"；如果三条边可以构成三角形，则输出三角形的周长。

7. 编写程序，接收用户输入的分数信息，如果分数为 $0\sim100$，则输出成绩；如果分数不在该范围内，则抛出异常信息，提示分数必须为 $0\sim100$。

8. 编写一个计算 N 个学生分数平均分的程序。程序应该提示用户输入 N 的值，要求正确输入 N 个学生的分数。如果用户输入的分数是一个负数，则应该抛出一个异常并捕

获,提示"分数必须是正数或者 0",并提示用户再次输入该分数。

9. 在 try 中有一个 return 语句,当这条语句成功运行时,finally 语句是否正常运行? 当 try、catch、finally 中都有 return 语句时,会执行哪条语句? 请编写代码并讨论。

10. (扩展习题)在 JDK 7 之后,Java 提供了 try…with…resources 的语法,开发者操作其他资源时可以更方便地关闭资源。请结合网上资料,编写代码演示这个语法的使用方式。

第6章 Java常用类

6.1 包装类

6.1.1 什么是包装类

Java 是面向对象的语言,但并不是纯面向对象的语言,比如 Java 中的基本数据类型就不是对象。然而,在实际开发中,要求"一切皆对象",基本数据类型很多场景下满足不了使用,比如一个 App 注册阶段,年龄是非必填项,当用户不填时,在系统中应当如何表示? 可能有人认为,使用 0 表示未填写,但实际上 0 岁与未填写是两码事,基本数据类型 int 就表示不出这种"未填写"的状态。

为了解决这种问题,让基本数据类型也可以像对象一样进行操作,在设计类时为每个基本数据类型设计了一个对应的类,这样,与这 8 个基本数据类型对应的类统称为包装类(Wrapper Class)。

包装类都在 java.lang 包下。包装类与基本数据类型的对应关系如表 6.1 所示。

表 6.1　包装类与基本数据类型的对应关系

包 装 类	基本数据类型	包 装 类	基本数据类型
Boolean	boolean	Integer	int
Character	char	Long	long
Byte	byte	Float	float
Short	short	Double	double

这 8 个类中,除 Character 和 Integer 外,其余 6 个包装类其实都是对应基本数据类型的首字母大写,非常方便记忆。其中,除 Character 和 Boolean 外,其余的类都继承自 Number

类,称为数值类。数值类中都重写了 Number 的 6 个抽象方法：byteValue( )、shortValue( )、intValue( )、longValue( )、floatValue( )、doubleValue( )，这意味着 6 个数值类之间可以互相转换。

包装类的主要作用如下。

(1) 让基本数据类型可以像对象一样进行操作，提供了更多方便的方法。

(2) 提供了 null 值，让基本数据类型可以表示"未填写"的状态。

扫一扫

6.1.2　基本数据类型与包装类

各种包装类的使用方式基本类似，这里以 Integer 类为例。Integer 类中提供了大量字符串-包装类-基本类型之间进行转换的方法，如表 6.2 所示。

表 6.2　Integer 类中的主要方法

	方 法 签 名	方 法 描 述
构造方法	Integer(int value)	创建一个 Integer 对象，它的值为 value 的值
	Integer(String value)	创建一个 Integer 对象，它的值为 value 对应的 int 的值
静态方法	static Integer valueOf(int value)	将 int 类型的 value 转换成 Integer 对象
	static Integer valueOf(String value)	将 value 对应的 int 类型的值转换成 Integer 对象
	static int parseInt(String value)	将 String 类型的 value 转换成 int 类型
	static String toString(int value)	将 int 类型的 value 转换成字符串
成员方法	byte byteValue()	将 Integer 转换成 byte 值
	int intValue()	将 Integer 转换成 int 值
	String toString()	将当前 Integer 对象转换成字符串

下面通过代码清单 6.1，演示以上方法的使用。

代码清单 6.1　Demo1Integer

```java
package com.yyds.unit6.demo;
public class Demo1Integer {
    public static void main(String[] args) {
        //通过构造方法创建一个 Integer
        Integer num1 = new Integer("12315");
        System.out.println("构造方法创建 Integer 对象: " + num1);
        //通过 valueOf 将 int 转换成 Integer
        Integer num2 = Integer.valueOf(10086);
        System.out.println("valueOf 转换 Integer 对象: " + num2);
        //通过 intValue 将 Integer 转换成 int
        int num3 = num2.intValue();
        System.out.println("调用 intValue 方法: " + num3);
        //通过 parseInt 将字符串转换成 int
        int num4 = Integer.parseInt("12306");
        System.out.println("parseInt 方法将字符串转换成 int: " + num4);
```

```
        String s1 = Integer.toString(10010);
        System.out.println("Integer.toString 转换字符串: " + s1);
        String s2 = num2.toString();
        System.out.println("Integer 转字符串: " + s2);
        //除此之外,拼接字符串也可以将基本类型或者包装类转换成字符串
        String s3 = num4 + "";
        String s4 = num2 + "";
        System.out.println("拼接字符串方式转换: " + s3 + "," + s4);
        //包装类可以为 null
        Integer num5 = null;
        System.out.println("包装类 num5 值: " + num5);
    }
}
```

程序(代码清单 6.1)运行结果如图 6.1 所示。

```
构造方法创建Integer对象：12315
valueOf转换Integer对象：10086
调用intValue方法：10086
parseInt方法将字符串转换成int：12306
Integer.toString转换字符串：10010
Integer转字符串：10086
拼接字符串方式转换：12306,10086
包装类num5值：null
```

图 6.1　程序运行结果

6.1.3　自动装箱与拆箱

扫一扫

在 JDK 5 之前,基本数据类型和包装类之间的互相转换是需要依赖于包装类中的一些方法的,不是很方便,而 JDK 5 之后,Java 提供了自动装箱与自动拆箱机制。

基本类型数据处于需要对象的环境中时,会自动转换为包装类,这就称为自动装箱。而包装类在需要数值的环境中时,会自动转换成基本类型,这称为自动拆箱。说得更直白一些,自动装箱可以把基本数据类型直接赋值给包装类,而自动拆箱可以把包装类直接赋值给基本数据类型。

以 Integer 为例：在 JDK 5 以前,Integer i＝5 的写法是错误的,必须先创建构造方法将基本数据类型转换成包装类。而在 JDK 5 以后,Java 提供了自动装箱的功能,因此只需 Integer i＝5 这样的语句就能实现基本数据类型转换成包装类,底层实际上是 JVM 调用了 Integer.valueOf()方法,这就是 Java 的自动装箱,而自动拆箱则调用了 intValue()。

下面通过代码清单 6.2 演示自动装箱与自动拆箱,如下所示。

代码清单 6.2　Demo2Integer

```
package com.yyds.unit6.demo;
public class Demo2Integer {
    public static void main(String[] args) {
```

```
//JDK 5 之前,这种写法是不允许的,但有了自动装箱机制后,就可以这么写
Integer num1 = 10;
//JDK 5 之前,这种写法也是不允许的
int num2 = num1;
//包装类+基本数据类型,这个过程实际上会将包装类自动拆箱
int num3 = num1 + num2;
System.out.println("num1: " + num1);
System.out.println("num2: " + num2);
System.out.println("num3: " + num3);
    }
}
```

程序(代码清单 6.2)运行结果如图 6.2 所示。

```
num1：10
num2：10
num3：20
```

图 6.2　程序运行结果

有了自动装箱与自动拆箱机制之后,包装类的使用就是这么简单。但这里依然要注意,如果包装类的值是 null,是不可以自动拆箱为基本数据类型的。

扫一扫

6.1.4　大数字运算

1. BigInteger

在实际开发中,可能面临很大的整数运算,而 Java 的基本数据类型中,最大的 long 类型也是有最大值的,即 $2^{63}-1$。想计算更大的数字时,就需要使用 Java 中大数字的类。

BigInteger 是 Java 中表示大整型的类,它可以用来计算远大于 long 类型的数值。注意,BigInteger 参与算术运算时,并不是用传统的加、减、乘、除符号,而是调用它的方法。BigInteger 类中的常见方法如表 6.3 所示。

表 6.3　BigInteger 类中的常见方法

方 法 签 名	方 法 描 述
BigInteger add(BigInteger num)	加法运算
BigInteger subtract(BigInteger num)	减法运算
BigInteger multiply(BigInteger num)	乘法运算
BigInteger divide(BigInteger num)	除法运算
BigInteger[] divideAndRemainder(BigDecimal num)	求余运算
int intValue()	将 BigInteger 转换成 int 类型

BigInteger 使用起来较为简单,如代码清单 6.3 所示。

代码清单 6.3 **Demo3BigInteger**

```java
package com.yyds.unit6.demo;
import java.math.BigInteger;
public class Demo3BigInteger {
    public static void main(String[] args) {
        //BigInteger 只能使用传字符串的构造方法
        //long num = 10000000000000000000L; 超出 long 的范围
        BigInteger num1 = new BigInteger("10000000000000000000");
        BigInteger num2 = new BigInteger("3");
        BigInteger add = num1.add(num2);
        BigInteger subtract = num1.subtract(num2);
        BigInteger multiply = num1.multiply(num2);
        BigInteger divide = num1.divide(num2);
        BigInteger[] divideAndRemainder = num1.divideAndRemainder(num2);
        System.out.println("加法运算: " + add);
        System.out.println("减法运算: " + subtract.intValue());
        System.out.println("乘法运算: " + multiply.longValue());
        System.out.println("除法运算: " + divide);
        System.out.println("求余运算: " + divideAndRemainder[0] + "余" +
        divideAndRemainder[1]);
    }
}
```

程序(代码清单 6.3)运行结果如图 6.3 所示。

```
加法运算：10000000000000000003
减法运算：-1981284355
乘法运算：-6893488147419103232
除法运算：3333333333333333333
求余运算：3333333333333333333余1
```

图 6.3 程序运行结果

2. BigDecimal

BigDecimal 在使用时与 BigInteger 类似,它是用于表示大浮点数的类。BigDecimal 常用于解决浮点数运算过程中的痛点,比如下面的代码在运行时结果可能会出乎意料。

```java
System.out.println(0.1+0.2);
```

程序运行后,计算结果却不是 0.3,因此在开发中不要使用 double 和 float 类型,以及它们对应的包装类型进行算术运算。为了解决这个痛点,Java 提供了 BigDecimal 类。

BigDecimal 在使用上与 BigInteger 并无太大区别,因此算术运算这里便不再赘述。需要注意的是,创建 BigDecimal 对象时,必须给构造方法传入一个字符串作为它的值,如果传入了一个浮点数,依然会存在精度不准确的问题。此外,在使用 BigDecimal 进行除法运算时,必须指定保留小数位,否则当结果除不尽时,程序会抛出异常。

　　BigDecimal 保留小数位使用的是 setScale()方法,指定保留小数位个数以及保留方式,保留方式都是以 BigDecimal 中静态常量的方式定义的,如表 6.4 所示。

表 6.4　BigDecimal 小数保留方式

保 留 方 式	描　　述
ROUND_CEILING	向正无穷方向舍入,即向上取整
ROUND_DOWN	向 0 方向舍入,对于正数而言是向下取整,对于负数而言是向上取整
ROUND_FLOOR	向负无穷方向舍入,即向下取整
ROUND_HALF_DOWN	向最近的一边舍入,如果两边距离相等,则向下舍入,比如 1.55 保留一位小数为 1.5
ROUND_HALF_EVEN	向最近的一边舍入,如果两边距离相等,保留位数是奇数就采用 ROUND_HALF_UP,是偶数就采用 ROUND_HALF_DOWN
ROUND_HALF_UP	四舍五入
ROUND_UP	向远离 0 的方向舍入,对于正数而言是向上取整,对于负数而言是向下取整

　　保留方式有很多种,大家使用时根据需求选取最合适的方式即可。接下来通过代码清单 6.4 演示 BigDecimal 的使用。

代码清单 6.4　Demo4BigDecimal

```java
package com.yyds.unit6.demo;
import java.math.BigDecimal;
public class Demo4BigDecimal {
    public static void main(String[] args) {
        //必须传入字符串,否则精度依然不准确
        BigDecimal num1 = new BigDecimal("0.1");
        BigDecimal num2 = new BigDecimal("0.2");
        System.out.println("double 运算: " + (0.1 + 0.2));
        System.out.println("BigDecimal 运算: "+num1.add(num2));
        BigDecimal num3 = new BigDecimal("31");
        BigDecimal num4 = new BigDecimal("20");
        System.out.println("不保留小数位: " + num3.divide(num4));
        System.out.println("ROUND_HALF_UP: " + num3.divide(num4, 1,
BigDecimal.ROUND_HALF_UP));
        System.out.println("ROUND_HALF_DOWN: " + num3.divide(num4, 1,
BigDecimal.ROUND_HALF_DOWN));
        System.out.println("ROUND_CEILING: " + num3.divide(num4, 1,
BigDecimal.ROUND_CEILING));
        System.out.println("ROUND_FLOOR: " + num3.divide(num4, 1,
BigDecimal.ROUND_FLOOR));
    }
}
```

　　程序(代码清单 6.4)运行结果如图 6.4 所示。

```
double运算: 0.30000000000000004
BigDecimal运算: 0.3
不保留小数位: 1.55
ROUND_HALF_UP: 1.6
ROUND_HALF_DOWN: 1.5
ROUND_CEILING: 1.6
ROUND_FLOOR: 1.5
```

图 6.4　程序运行结果

6.2 String 类概述

6.2.1　String 类

扫一扫

String 类对象代表不可变的 Unicode 字符序列,内部使用了一个用 final 修饰的字符数组存储数据,一旦 String 的值确定了,就不能再改变了,每次通过截取、拼接等操作字符串时,都产生一个新的字符串。

Java 为了方便起见,在使用字符串时也可以像基本数据类型一样直接对其进行赋值,但依然需要了解 String 的构造方法,如表 6.5 所示。

表 6.5　String 的构造方法

方 法 签 名	方 法 描 述
String()	创建一个空字符串
String(String s)	创建一个字符串对象,该字符串的内容与 s 相同
String(char[] value)	创建一个字符串对象,使用字符数组作为该字符串的内容
String(byte[] bytes)	创建一个字符串对象,使用默认编码将字节数组转换成字符串

构造方法的使用比较容易,简单地进行演示一下即可,如代码清单 6.5 所示。

代码清单 6.5　Demo5StringConstructor

```java
package com.yyds.unit6.demo;
public class Demo5StringConstructor {
    public static void main(String[] args) {
        //直接复制
        String s1 = "HelloWorld";
        String s2 = new String();
        String s3 = new String(s1);
        String s4 = new String(new char[]{'H', 'e', 'l', 'l', 'o'});
        String s5 = new String(new byte[]{65, 66, 67, 68, 69});
        System.out.println("s1: " + s1);
        System.out.println("s2: " + s2);
        System.out.println("s3: " + s3);
```

```
        System.out.println("s4: " + s4);
        System.out.println("s5: " + s5);
    }
}
```

程序(代码清单6.5)运行结果如图6.5所示。

```
s1: HelloWorld
s2:
s3: HelloWorld
s4: Hello
s5: ABCDE
```

图 6.5   程序运行结果

6.2.2 String 类查找方法

扫一扫

字符串中提供了大量的查找方法,通过这些方法可以很方便地获取字符串的一些信息。
String 类中与查找相关的方法如表 6.6 所示。

表 6.6   String 类中与查找相关的方法

方 法 签 名	方 法 描 述
int length()	获取字符串长度
char charAt(int i)	获取字符串指定索引位置的字符
int indexOf(int ch)	查找指定字符在字符串中的索引位置
boolean startsWith(String s)	判断字符串是否以指定字符串开头
boolean endsWith(String s)	判断字符串是否以指定字符串结尾
boolean contains(String s)	判断字符串中是否包含指定字符串

String 类查找方法如代码清单 6.6 所示。

代码清单 6.6   Demo6StringFind

```
package com.yyds.unit6.demo;
public class Demo6StringFind {
    public static void main(String[] args) {
        String s = "你好,Java";
        System.out.println("字符串长度为: " + s.length());
        System.out.println("字符串索引3处的字符为: " + s.charAt(3));
        System.out.println("字符串中a第一次出现的索引为: " + s.indexOf('a'));
        System.out.println("字符串是否以'你'开头: " + s.startsWith("你"));
        System.out.println("字符串是否以'!'结尾: " + s.endsWith("!"));
        System.out.println("字符串中是否包含'Java': " + s.contains("Java"));
    }
}
```

程序(代码清单 6.6)运行结果如图 6.6 所示。

```
字符串长度为：7
字符串索引3处的字符为：J
字符串中a第一次出现的索引为：4
字符串是否以'你'开头：true
字符串是否以'！'结尾：false
字符串中是否包含'Java'：true
```

图 6.6　程序运行结果

6.2.3　String 类转换方法

扫一扫

用户查找字符串的一些信息，为的是根据查询结果对字符串进行一些处理，因此 String 类中还定义了一些转换字符串的方法，如表 6.7 所示。

表 6.7　String 类中的转换方法

方 法 签 名	方 法 描 述
String[] split(String regex)	将一个字符串按照某些字符分隔成字符串数组
char[] toCharArray()	将字符串转换成字符数组
byte[] getBytes()	将字符串按照默认编码转换成字节数组
String trim()	去除字符串前后的所有空格
String toUpperCase()	将字符串中所有小写字母转换为大写
String toLowerCase()	将字符串中所有大写字母转换为小写
String substring(int index)	从 index 开始截取字符串，直到字符串末尾结束
String substring(int beginIndex, int endIndex)	从 beginIndex 开始截取字符串，到索引 endIndex－1 结束
String replace(String target, String value)	将字符串中所有的 target 替换成 value

下面通过代码清单 6.7 进行演示。

代码清单 6.7　**Demo7StringReplace**

```java
package com.yyds.unit6.demo;
import java.util.Arrays;
public class Demo7StringReplace {
    public static void main(String[] args) {
        String str = "北京、上海、广州、深圳、杭州、曹县";
        //使用顿号分隔字符串
        String[] strs = str.split("、");
        System.out.println(Arrays.toString(strs));
        char[] chars = str.toCharArray();
        System.out.println(Arrays.toString(chars));
        byte[] bytes = str.getBytes();
        System.out.println(Arrays.toString(bytes));
        //将"北京"替换成 Bei Jing,这里得到的是新字符串,str 并不会改变
        String str2 = str.replace("北京", "Bei Jing");
```

```
            System.out.println(str2);
            String upperCase = str2.toUpperCase();
            String lowerCase = str2.toLowerCase();
            System.out.println(upperCase);
            System.out.println(lowerCase);
            //从索引2截取到6-1处,结果是i Ji
            String str3 = str2.substring(2, 6);
            System.out.println(str3);
        }
}
```

程序(代码清单6.7)运行结果如图6.7所示。

```
[北京, 上海, 广州, 深圳, 杭州, 曹县]
[北, 京, 、、, 上, 海, 、、, 广, 州, 、、, 深, 圳, 、、, 杭, 州, 、、, 曹, 县]
[-27, -116, -105, -28, -70, -84, -29, -128, -127, -28, -72, -118, -26, -75, -73, -29, -128, -127, -27, -71, -65, -27, -73,
  -98, -29, -128, -127, -26, -73, -79, -27, -100, -77, -29, -128, -127, -26, -99, -83, -27, -73, -98, -29, -128, -127,
  -26, -101, -71, -27, -114, -65]
Bei Jing、上海、广州、深圳、杭州、曹县
BEI JING、上海、广州、深圳、杭州、曹县
bei jing、上海、广州、深圳、杭州、曹县
i Ji
```

图 6.7　程序运行结果

扫一扫

6.2.4　String 类中的其他方法

除查找、转换一类的方法外,String 类还提供了一些其他的方法,比如比较字符串是否相同、判断字符串是否为空等方法,如表6.8所示。

表 6.8　String 类中的其他方法

方 法 签 名	方 法 描 述
boolean isEmpty()	判断一个字符串是否为空字符串
boolean equals(String s)	判断两个字符串内容是否相同
boolean equalsIgnoreCase(String s)	判断两个字符串内容是否相同,忽略大小写
int compareTo(String s)	按照字典顺序比较两个字符串的前后顺序

上面的方法也比较简单,以代码清单6.8演示一下即可。

代码清单 6.8　**Demo8StringOther**

```
package com.yyds.unit6.demo;
public class Demo8StringOther {
    public static void main(String[] args) {
        String str1 = "HelloJava";
        String str2 = "helloJava";
        System.out.println("str1是否为空: " + str1.isEmpty());
        System.out.println("str1与str2是否相等: " + str1.equals(str2));
        System.out.println("str1与str2忽略大小写比较: " + str1.
            equalsIgnoreCase(str2));
```

```
        System.out.println("str1 与 str2 先后顺序: " + str1.compareTo(str2));
    }
}
```

程序(代码清单 6.8)运行结果如图 6.8 所示。

```
str1是否为空: false
str1与str2是否相等: false
str1与str2忽略大小写比较: true
str1与str2先后顺序: -32
```

图 6.8　程序运行结果

String 类的使用就是这么简单,事实上本章的内容难度并不高,只掌握每一个类的使用场景和主要方法的使用方式即可。

6.3 StringBuffer 类与 StringBuilder 类

6.3.1 StringBuffer 类

扫一扫

String 代表着不可变的字符序列,每次拼接、截取字符串操作,都是重新创建一个字符串对象,如果这类操作过多,就会在内存中留下大量的无用字符串,比较占用内存。

StringBuffer 类是抽象类 AbstractStringBuilder 的子类,代表可变的 Unicode 字符序列,即对 StringBuffer 执行转换操作时,都不会创建新的 StringBuffer 对象,自始至终操作的都是同一个字符串。

StringBuffer 并没有像 String 一样提供简单的赋值方式,必须创建它的构造方法才可以。StringBuffer 类中的构造方法如表 6.9 所示。

表 6.9　StringBuffer 类中的构造方法

方 法 签 名	方 法 描 述
StringBuffer()	创建一个没有字符的 StringBuffer 对象
StringBuffer(String s)	创建一个字符串为 s 的 StringBuffer 对象

先通过代码清单 6.9 简单地对它的构造方法进行演示,如下所示。

代码清单 6.9　**Demo9StringBuffer**

```
package com.yyds.unit6.demo;
public class Demo9StringBuffer {
    public static void main(String[] args) {
        StringBuffer buffer1 = new StringBuffer();
        StringBuffer buffer2 = new StringBuffer("HelloWorld");
        System.out.println("buffer1: " + buffer1);
```

```
        System.out.println("buffer2: " + buffer2);
    }
}
```

程序(代码清单 6.9)运行结果如图 6.9 所示。

```
buffer1:
buffer2: HelloWorld
```

图 6.9 程序运行结果

6.3.2 StringBuffer 类常见方法

StringBuffer 中也有很多像 String 一样的方法,为的就是能让其替代 String 进行使用。
StringBuffer 类中的主要方法如表 6.10 所示。

表 6.10 StringBuffer 类中的主要方法

方 法 签 名	方 法 描 述
StringBuffer append(Type t)	将指定内容添加到字符串末尾
StringBuffer delete(int start, int end)	删除从 start 开始到 end−1 结束的字符串
int indexOf(String s)	获取指定字符串在该 StringBuffer 中第一次出现的索引位置
StringBuffer replace(int start,int value,String value)	将 start 到 end−1 位置的字符串替换成 value
StringBuffer reverse()	反转当前字符串
void setLength(int length)	设置字符串长度,超出长度的内容会被舍弃

通过代码清单 6.10 介绍以上方法的使用,如下所示。

代码清单 6.10 **Demo10StringBuffer**

```java
package com.yyds.unit6.demo;
public class Demo10StringBuffer {
    public static void main(String[] args) {
        StringBuffer buffer = new StringBuffer("北京");
        //拼接字符串后,buffer 内容就会改变,获取到的返回值也是最新的
        StringBuffer buffer2 = buffer.append("上海");
        System.out.println(buffer);
        System.out.println(buffer2);
        //事实上,buffer 和 buffer2 是同一个对象
        System.out.println(buffer == buffer2);
        buffer.append("广州");
        buffer.append("深圳");
        buffer.append("杭州");
        buffer.append("合肥");
        System.out.println(buffer);
        buffer.delete(2,5);
        System.out.println(buffer);
```

```
        buffer.replace(2,4, "HelloWorld");
        System.out.println(buffer);
        buffer.reverse();
        System.out.println(buffer);
        buffer.setLength(3);
        System.out.println(buffer);
    }
}
```

程序(代码清单 6.10)运行结果如图 6.10 所示。

```
北京上海
北京上海
true
北京上海广州深圳杭州合肥
北京州深圳杭州合肥
北京HelloWorld圳杭州合肥
肥合州杭圳dlroWolleH京北
肥合州
```

图 6.10　程序运行结果

6.3.3　StringBuilder 类

StringBuffer 类和 StringBuilder 类非常类似,都继承自抽象类 AbstractStringBuilder,均代表可变的 Unicode 字符序列。StringBuilder 类和 StringBuffer 类方法一模一样,这里不再演示。不过,StringBuilder 不是线程安全的,这是与 StringBuffer 的主要区别。

- StringBuffer 做线程同步检查,因此线程安全,效率较低。
- StringBuilder 不做线程同步检查,因此线程不安全,效率较高。

因此,在开发中如果不涉及字符串的改变,建议使用 String,如果涉及并发问题,建议使用 StringBuffer,如果不涉及并发问题,建议使用 StringBuilder。

6.3.4　字符串拼接效率比较

扫一扫

介绍完 3 种字符串类之后,下面对比拼接 10000 次字符串时三者的性能差距,如代码清单 6.11 所示。

代码清单 6.11　Demo11Append

```
package com.yyds.unit6.demo;
public class Demo11Append {
    public static void main(String[] args) {
        String str1 = "";
        StringBuffer str2 = new StringBuffer();
        StringBuilder str3 = new StringBuilder();
        //获取当前时间的毫秒值
        long time1 = System.currentTimeMillis();
```

```
    for(int i = 0; i < 10000; i++) {
        str1 += i;
    }
    long time2 = System.currentTimeMillis();
    for(int i = 0; i < 10000; i++) {
        str2.append(i);
    }
    long time3 = System.currentTimeMillis();
    for(int i = 0; i < 10000; i++) {
        str3.append(i);
    }
    long time4 = System.currentTimeMillis();
    System.out.println("String 耗时: " + (time2 - time1));
    System.out.println("StringBuffer 耗时: " + (time3 - time2));
    System.out.println("StringBuilder 耗时: " + (time4 - time3));
    }
}
```

程序(代码清单 6.11)运行结果如图 6.11 所示。

```
String耗时: 526
StringBuffer耗时: 2
StringBuilder耗时: 1
```

图 6.11　程序运行结果

从运行结果能够看出,StringBuilder 和 StringBuffer 性能差距不大,但 StringBuilder 依然比 StringBuffer 快一些,而 String 在大量字符串拼接时,性能完全比不上前两者。

6.3.5　链式编程

扫一扫

在前面介绍 StringBuffer 时,提到它的 append()方法返回的值其实是当前对象,如下所示。

```
public synchronized StringBuffer append(int i) {
    toStringCache = null;
    super.append(i);
    return this;
}
```

该方法返回的是当前的 StringBuffer 对象,这也就意味着可以在调用方法完毕之后再立即调用 StringBuffer 的其他方法,这种调用方式习惯上称为链式编程,如代码清单 6.12 所示。

代码清单 6.12　Demo12Chain

```
package com.yyds.unit6.demo;
public class Demo12Chain {
    public static void main(String[] args) {
        StringBuffer str = new StringBuffer();
```

```
        str.append("Hello").append("World").append("Java").append("Code").
        append(12306);
        System.out.println(str);
    }
}
```

程序(代码清单 6.12)运行结果如图 6.12 所示。

HelloWorldJavaCode12306

图 6.12　程序运行结果

6.4　时间和日期相关类

6.4.1　时间戳

时间在计算机中应该如何表示呢？计算机世界中有一把"刻度尺"，这把刻度尺会以 1970 年 1 月 1 日 00：00：00 为基准时间，定义为 0 刻度，时间向前为负值，向后为正值，每一个刻度为 1ms，称为时间戳，如图 6.13 所示。

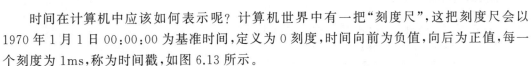

负值　　　　　　　　　　　1970年1月1日0时0分0秒　　　　　　　正值

图 6.13　时间戳

如时间戳中 867686400000 代表的就是 1997 年 7 月 1 日 0 时 0 分 0 秒，香港回归祖国怀抱的时间。

由于时间戳可能非常长，因此 Java 中使用 long 类型记录时间戳。获取时间戳的方式非常简单，在前面已经有所接触，如下所示。

```
System.currentTimeMillis();
```

这个时间戳是时间的核心，Java 中所有的时间都是基于它计算出来的。

6.4.2　Date 类

Date 类是 Java 中一个非常古老的类，它是 Java 中的时间对象，从 Java 1 开始就存在了，其内部大量的构造方法和成员方法都已经过时了，但依然存在一些方法至今还在使用。Date 类中的主要方法如表 6.11 所示。

表 6.11　Date 类中的主要方法

	方 法 签 名	方 法 描 述
构造方法	Date()	创建一个 Date 对象,该对象代表着当前时间
	Date(long time)	创建一个 Date 对象,该对象代表着传入的时间戳对应的时间
成员方法	boolean before(Date when)	判断当前 Date 是否在指定时间之前
	boolean after(Date when)	判断当前 Date 是否在指定时间之后
	boolean equals(Object obj)	比较两个日期是否相等
	long getTime()	返回当前 Date 对应的时间戳
	long setTime(long time)	将当前 Date 时间修改为指定的时间戳

Date 类使用方式如代码清单 6.13 所示。

代码清单 6.13　Demo13Date

```java
package com.yyds.unit6.demo;
import java.util.Date;
public class Demo13Date {
    public static void main(String[] args) {
        Date date1 = new Date();
        Date date2 = new Date(867686400000L);
        System.out.println("date1: " + date1);
        System.out.println("date2: " + date2);
        System.out.println("date1 before date2: " + date1.before(date2));
        System.out.println("date1 after date2: " + date1.after(date2));
        System.out.println("date1 equals date2: " + date1.equals(date2));
        System.out.println("date1 getTime: " + date1.getTime());
        //计算两个日期相差天数
        long time1 = date1.getTime();
        long time2 = date2.getTime();
        long day = (time1 - time2) / 1000 / 60 / 60 / 24;
        System.out.println("date1 - date2 = " + day + " day");
        date2.setTime(System.currentTimeMillis());
        System.out.println("date2 setTime: " + date2);
    }
}
```

程序(代码清单 6.13)运行结果如图 6.14 所示。

```
date1：Fri Jun 03 17:02:39 CST 2022
date2：Tue Jul 01 00:00:00 CST 1997
date1 before date2：false
date1 after date2：true
date1 equals date2：false
date1 getTime：1654246959109
date1 - date2 = 9103 day
date2 setTime：Fri Jun 03 17:02:39 CST 2022
```

图 6.14　程序运行结果

6.4.3 SimpleDateFormat 类

上面介绍了时间类 Date 的使用,但 Date 输出的时间格式并不符合用户的习惯,实际场景中往往希望有更多种时间格式可以操作,这时就需要用到 SimpleDateFormat 类。

SimpleDateFormat 类是 Java 中的时间格式化类,通过该类可以将时间转换成用户想要的格式。

SimpleDateFormat 对象在创建时需要指定时间格式,时间的格式通过一些特定的字符表示,当格式化时间遇到这些格式字符时,就会转换成对应的时间。时间格式字符如表6.12所示。

表 6.12 时间格式字符

格 式 字 符	描　　述
y	当出现 y 时,会将 y 替换成年
M	当出现 M 时,会将 M 替换成月
d	当出现 d 时,会将 d 替换成日
h	当出现 h 时,会将 h 替换成时(12 小时制)
H	当出现 H 时,会将 H 替换成时(24 小时制)
m	当出现 m 时,会将 m 替换成分
s	当出现 s 时,会将 s 替换成秒
S	当出现 S 时,会将 S 替换成毫秒
D	当出现 D 时,获得当前时间是今年的第几天
w	当出现 w 时,获得当前时间是今年的第几周
W	当出现 W 时,获得当前时间是本月的第几周

SimpleDateFormat 使用方式如代码清单 6.14 所示。

代码清单 6.14　Demo14SimpleDateFormat

```
package com.yyds.unit6.demo;
import java.text.SimpleDateFormat;
import java.util.Date;
public class Demo14SimpleDateFormat {
    public static void main(String[] args) throws Exception {
        //将 date 转换成指定格式
        Date date1 = new Date();
        //指定想要格式化的格式：4 位年-2 位月-2 位日 2 位时:2 位分:2 位秒.3 位毫秒
        SimpleDateFormat format1 = new SimpleDateFormat("yyyy-MM-dd HH:mm:ss.
        SSS");
        String s = format1.format(date1);
        System.out.println("date1 格式化后: " + s);
        //将格式化后的时间按照指定格式解析成 Date
        String time = "2020/05/01-12:03:04";
```

```
        SimpleDateFormat format2 = new SimpleDateFormat("yyyy/MM/dd-HH:mm:ss");
        Date date2 = format2.parse(time);
        System.out.println("time 转换成 date 后: " + date2);
    }
}
```

程序(代码清单 6.14)运行结果如图 6.15 所示。

> **date1**格式化后: 2022-06-03 17:14:26.151
> **time**转换成**date**后: Fri May 01 12:03:04 CST 2020

图 6.15　程序运行结果

扫一扫

6.4.4　Calendar 类

Date 类一般用于表示时间,如果想计算时间,虽然通过时间戳也可以实现,但比较麻烦。Calendar 是 Java 中的日历类,提供了日期时间的计算方式,通过 Calendar 类,可以准确地对年、月、日、时、分、秒进行计算。Calendar 类中的主要方法如表 6.13 所示。

表 6.13　Calendar 类中的主要方法

方 法 签 名	方 法 描 述
static Calendar getInstance()	获取当前时间的 Calendar 对象
ing get(int field)	获取指定字段的时间,如 Calendar.HOUR 是获取时
void set(int field, int value)	将修改指定时间字段的值
void set(int y, int mon, int d, int h, int m, int s)	直接设置年、月、日、时、分、秒
void set(int y, int m, int d)	直接设置年、月、日
void add(int field, int value)	为指定时间字段增加值
Date getTime()	获取当前 Calendar 对应的 Date 对象
void setTime(Date date)	将当前 Calendar 的时间修改成 date 代表的时间

在 Calendar 中可以设置指定字段的时间,如年、月、日,但方法中的时间字段是整数。Calendar 中定义了很多静态常量,用这些静态常量可定义时间字段,如表 6.14 所示。

表 6.14　时间字段

时 间 字 段	字 段 描 述
YEAR	表示年份
MONTH	表示月份,0 表示 1 月,1 表示 2 月……11 表示 12 月
DAY_OF_MONTH	获取日
DAY_OF_YEAR	获取本年的第几天
HOUR_OF_DAY	获取时,24 小时制
HOUR	获取时,12 小时制

续表

时 间 字 段	字 段 描 述
MINUTE	获取分
SECOND	获取秒
MILLISECOND	获取毫秒
DAY_OF_WEEK	获取星期,1 表示星期日,2 表示星期一……7 表示星期六

下面编写程序,获得 100 天后的当前时间,如代码清单 6.15 所示。

代码清单 6.15　Demo15Calendar

```java
package com.yyds.unit6.demo;
import java.text.SimpleDateFormat;
import java.util.Calendar;
import java.util.Date;
public class Demo15Calendar {
    public static void main(String[] args) throws Exception {
        Calendar calendar = Calendar.getInstance();
        //获取 date
        Date date = calendar.getTime();
        int year = calendar.get(Calendar.YEAR);
        //增加 100 天
        calendar.add(Calendar.DAY_OF_MONTH, 100);
        Date date2 = calendar.getTime();
        SimpleDateFormat format = new SimpleDateFormat("yyyy-MM-dd HH:mm:ss");
        System.out.println("当前时间: " + format.format(date));
        System.out.println("100 天后为: " + format.format(date2));
    }
}
```

程序(代码清单 6.15)运行结果如图 6.16 所示。

```
当前时间: 2022-06-03 17:34:53
100天后为: 2022-09-11 17:34:53
```

图 6.16　程序运行结果

6.5　其他常用类

6.5.1　Math 类

扫一扫

Math 类是 Java 中与数学相关的类,提供了大量数学计算相关的方法,如开平方、三角函数、随机数等。Math 类中的常用方法如表 6.15 所示。

表 6.15　Math 类中的常用方法

方 法 签 名	方 法 描 述
static double ceil(double num)	向上取整
static double floor(double num)	向下取整
static long round(double num)	四舍五入
static int max(int num1, int num2)	获取 num1 和 num2 中的较大值
static int min(int num1, int num2)	获取 num1 和 num2 中的较小值
static double pow(double num1, double num2)	计算 num1 的 num2 次幂
static double sqrt(double num)	计算 num 的平方根
static double random()	获取[0,1)的随机数

下面通过代码清单 6.16 演示以上方法的使用。

代码清单 6.16　Demo16Math

```java
package com.yyds.unit6.demo;
public class Demo16Math {
    public static void main(String[] args) {
        double num1 = 10;
        double num2 = 8;
        System.out.println("num1/num2 向上取整: " + Math.ceil(num1/num2));
        System.out.println("num1/num2 向下取整: " + Math.floor(num1/num2));
        System.out.println("num1/num2 四舍五入: " + Math.round(num1/num2));
        System.out.println("num1 和 num2 较小值: " + Math.min(num1, num2));
        System.out.println("num1 和 num2 较大值: " + Math.max(num1, num2));
        System.out.println("num2 的 3 次幂: " + Math.pow(num2, 3));
        System.out.println("num2 开平方: " + Math.sqrt(num2));
        System.out.println("随机数: " + Math.random());
    }
}
```

程序(代码清单 6.16)运行结果如图 6.17 所示。

```
num1/num2向上取整: 2.0
num1/num2向下取整: 1.0
num1/num2四舍五入: 1
num1和num2较小值: 8.0
num1和num2较大值: 10.0
num2的3次幂: 512.0
num2开平方: 2.8284271247461903
随机数: 0.11418000923496374
```

图 6.17　程序运行结果

扫一扫

6.5.2 Random 类

Random 类比 Math 类的 random()方法提供了更多的方式来生成各种伪随机数,可以生成浮点类型的伪随机数,也可以生成整数类型的伪随机数,还可以指定生成随机数的范围。

当创建一个 Random 类之后,就可以使用它的方法获取随机数了。Random 类中的常用方法如表 6.16 所示。

表 6.16 Random 类中的常用方法

方法签名	方法描述
int nextInt()	获取一个随机整数
int nextInt(int bound)	获取一个[0, bound)的随机整数
long nextLong()	获取一个随机 long 值
double nextDouble()	获取一个随机浮点数
boolean nextBoolean()	获取一个随机 boolean 值

上面方法虽然很多,但使用方式却大同小异。在开发中一般会在获取的随机数基础上进行一些计算,得到想要的随机数,比如验证码要求获取[100000,999999]的随机数,如代码清单 6.17 所示。

代码清单 6.17   Demo17Code

```java
package com.yyds.unit6.demo;
import java.util.Random;
public class Demo17Code {
    public static void main(String[] args) {
        Random random = new Random();
        //random 不能直接获取[100000,999999]的随机数
        //但是可以获取[0,899999],即[0,900000)的随机整数
        //在这个基础上加上 100000 即得到想要的结果
        int code = random.nextInt(900000) + 100000;
        System.out.println("您的验证码为" + code + ",验证码 10 分钟内有效,请勿泄露
        给他人");
    }
}
```

程序(代码清单 6.17)运行结果如图 6.18 所示。

您的验证码为868448,验证码10分钟内有效,请勿泄露给他人

图 6.18   程序运行结果

6.5.3 UUID 类

扫一扫

UUID 是通用唯一识别码(Universally Unique Identifier)的缩写,其目的是让分布式系

统中的所有元素都能有唯一的辨识信息,而不需要通过中央控制端做辨识信息的指定。如此一来,每个人都可以创建不与其他人冲突的 UUID。

UUID 由一组 32 位十六进制数字和 4 个"-"组成,如代码清单 6.18 所示。

代码清单 6.18 Demo18UUID

```java
package com.yyds.unit6.demo;
import java.util.UUID;
public class Demo18UUID {
    public static void main(String[] args) {
        System.out.println(UUID.randomUUID().toString());
        System.out.println(UUID.randomUUID().toString());
        System.out.println(UUID.randomUUID().toString());
        //移除横线
        System.out.println(UUID.randomUUID().toString().replace("-", ""));
    }
}
```

程序(代码清单 6.18)运行结果如图 6.19 所示。

```
b778b405-9349-4389-ac67-299937aa8201
83374f8d-e2c1-48db-adf6-c736914fcf12
75636b55-a41f-4d5c-a553-5058e1dcc8bd
92b4992782374ad4a4ff665aea5118c9
```

图 6.19 程序运行结果

6.5.4 枚举类

在实际生活中,某些序列集的取值是有限的,比如一年有 4 个季节,一周有 7 天,性别有两种,等等。这类值一般情况下不会让用户随便输入,比如用户输入"星期九",这明显就不符合逻辑。为了解决这类值的取值问题,就出现了枚举。

枚举是 Java 5 之后新增的特性,它是一种新的类型,允许用常量表示特定的数据片段,而且全部都以类型安全的形式表示。枚举使用 enum 关键字定义,如下所示。

```
修饰符 enum 枚举类名 {
    枚举值 1, 枚举值 2, 枚举值 3,…
}
```

枚举值的命名方式与常量相同,要求以大写字母命名,单词之间使用下画线分隔。如下代码就定义了一个季节枚举。

```
package com.yyds.unit6.demo;
public enum Season {
    SPRING, SUMMER, AUTUMN, WINDER;
}
```

之后通过"枚举类名.枚举值"的方式即可使用这个枚举。事实上,Java 中并没有真正意义的枚举,enum 本质上是一个类,而内部的每个枚举值都是这个类的静态对象。找到 idea 的 out 文件夹,这里是编译后的 class 文件,打开命令行窗口,执行 javap Season.class 命令,结果如图 6.20 所示。

```
PS F:\教材\code\out\production\code\com\yyds\unit6\demo> javap Season.class
Compiled from "Season.java"
public final class com.yyds.unit6.demo.Season extends java.lang.Enum<com.yyds.unit6.demo.Season> {
  public static final com.yyds.unit6.demo.Season SPRING;
  public static final com.yyds.unit6.demo.Season SUMMER;
  public static final com.yyds.unit6.demo.Season AUTUMN;
  public static final com.yyds.unit6.demo.Season WINDER;
  public static com.yyds.unit6.demo.Season[] values();
  public static com.yyds.unit6.demo.Season valueOf(java.lang.String);
  static {};
}
```

图 6.20   反编译枚举

可以看到,枚举本质上是 java.lang.Enum 的子类,每一个枚举值实际上都是当前类的一个实例,这些实例都使用 public static final 关键字修饰,外部的任何类都可以使用它们,但不能改变它们的引用。

枚举的目的是列举出某个字段所有允许的取值,这些取值可能存在中文,因此在不少企业中放开了对中文的限制,允许枚举值使用中文定义。下面的枚举在一些企业里也是符合开发规范的。

```
package com.yyds.unit6.demo;
//类名依然不允许中文
public enum Week {
    星期一, 星期二, 星期三, 星期四, 星期五, 星期六, 星期日;
}
```

6.6   本章思政元素融入点

思政育人目标:培养学生树立正确的技能观,且告诫学生要不断提高自我学习、持续学习和终身学习的意识和能力,学无止境、勇攀高峰。

思想元素融入点:通过介绍 Java 中的常用类库,说明 Java 提供了丰富的基础类库,通过这些类库可以提高开发效率,降低开发难度,启发学生多汲取学长、学姐等关于 Java 的学习经验与教训,少走弯路,提高学习效率,并努力提高自己的技能,为社会和人民造福。同理,还可引申出 Java 中目前的主流框架,例如 SSM(Spring + SpringMVC + MyBatis)、SpringBoot、SpringCloud、Bootstrap、React、Vue、Uni-App、Angular、Element-UI、Node.js 等前后端框架,告诉学生继承这些框架所提供的类库去搭建软件系统是非常高效和便利的,课外可提前自学并掌握这些不断更新换代的新技术,且要求学生紧跟 Java 前沿技术以适应新时代软件开发等岗位对 Java 能力的要求。

6.7 本章小结

本章主要介绍 Java 开发中常见的一些类的使用,包括包装类、字符串、时间日期、工具类等都是在开发中经常用到的类。本章首先介绍了包装类的用处,以及包装类与基本数据类型之间的转换,进而引出自动拆箱、装箱机制;接着介绍了 3 种字符串：String、StringBuffer、StringBuilder 的使用方式,以及它们之间的区别,并通过一个程序演示了三者之间的性能损耗,读者需要能够根据不同的场景选择不同的字符串类;之后介绍了日期相关类及其用法,包括如何获取日期、格式化日期、对日期进行计算等;最后指出了本章中的一些知识点可融入的思政元素。

本章整体来说难度偏低,所有内容都只是介绍某个类有哪些常用的方法,以及这些方法的使用方式,没涉及原理以及细节,因此学习成本较低,但依然需要读者花时间对这些知识进行巩固。

6.8 习题

1. 什么是包装类？相比于基本数据类型,包装类有哪些优势？

2. String、StringBuilder、StringBuffer 有哪些区别？

3. 请编写一个猜数字小游戏,随机生成一个数字,用户输入数字,如果输入数字比生成数字大,则提示"猜大了";如果输入数字比生成数字小,则提示"猜小了";如果输入数字与生成数字相同,则提示"猜中了"。

4. 模拟字符串中 trim()方法的实现,自己实现一个去除字符串前后空格的方法。

5. 编写一个程序,判断一个字符串是否为回文串(回文串指一个字符串从前往后读取和从后往前读取的内容都一样)。

6. 编写程序,计算出一个字符串中大写字母、小写字母、数字出现的次数。

7. 编写程序,计算一个字符串中某个字符出现的次数。

8. 编写程序,判断一个网址是 http 协议还是 https 协议(http 协议的网址以 http 开头,https 协议的网址以 https://开头,并且都不区分大小写)。

9. 编写一个程序,接收用户输入的内容,判断用户输入的内容是否为数字。

10. (扩展习题)使用日期相关类实现一个万年历,输入指定的年、月,输出本月日历。

第 **7** 章 集合与泛型

7.1 集合概述

7.1.1 集合介绍

在开发过程中需要经常与数据打交道，有时需要存储多条同类型数据，这种情况下就需要一个容器，用来容纳和管理这些数据，集合就是用来存储数据的容器。

事实上，之前已经学习过一个容器：数组。数组是一种简单的线性序列，可以快速地访问数组元素，通过索引获取元素效率非常高，这是集合所不能比的，但是数组的弊端也很明显，数组容量必须事先定义好，不能随着需求的变化而扩容。比如，在一个学生管理系统中，要把今天录入的学生信息取出来，那么这个学生信息有多少条？这个无法确定，因而数组的长度也无法确定，因此在实际开发中数组远远不能满足用户的需求。

集合是一种更强大、更灵活的容器，它的容量可以根据存储数据的条数扩容。集合主要分为三大类：List、Map、Set。集合之间的继承关系如图 7.1 所示。

7.1.2 Collection 接口

Collection 接口是 List 和 Set 集合的顶层接口，内部定义了大量的集合常用方法，因此所有的 List 集合和 Set 集合都有这些方法。Collection 的主要方法如表 7.1 所示。

表 7.1 Collection 的主要方法

方 法 签 名	方 法 描 述
int size()	获取容器中元素的个数
boolean isEmpty()	判断容器是否为空

续表

方 法 签 名	方 法 描 述
boolean add(Object o)	将元素添加到容器中
boolean addAll(Collection c)	将容器 c 中的所有元素添加到本容器
boolean remove(Object o)	移除容器中的元素
boolean removeAll(Collection c)	从本容器中移除容器 c 中包含的所有元素
Iterator iterator()	获取迭代器

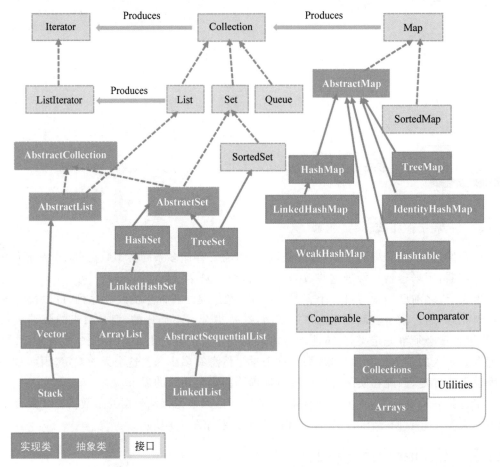

图 7.1　集合之间的继承关系

接下来使用 Collection 接口中的一个子类 ArrayList 演示这些方法的使用,如代码清单 7.1 所示。

代码清单 7.1　Demo1Collection

```
package com.yyds.unit7.demo;
import java.util.ArrayList;
import java.util.Collection;
public class Demo1Collection {
```

```java
public static void main(String[] args) {
    Collection collection = new ArrayList();
    collection.add("123");
    collection.add("abc");
    collection.add("helloworld");
    System.out.println(collection.size() + "," + collection.isEmpty() +
    collection);
    Collection collection2 = new ArrayList();
    collection2.add("张三");
    collection2.add("李四");
    collection2.add("王五");
    collection.addAll(collection2);
    System.out.println(collection.size() + "," + collection.isEmpty() +
    collection);
    collection.remove("李四");
    System.out.println(collection.size() + "," + collection.isEmpty() +
    collection);
    collection.removeAll(collection2);
    System.out.println(collection.size() + "," + collection.isEmpty() +
    collection);
    }
}
```

程序运行结果(代码清单 7.1)如图 7.2 所示。

```
3,false[123, abc, helloworld]
6,false[123, abc, helloworld, 张三, 李四, 王五]
5,false[123, abc, helloworld, 张三, 王五]
3,false[123, abc, helloworld]
```

图 7.2　程序运行结果

7.2　List 接口概述

7.2.1　List 接口

扫一扫

List 是 Collection 的一个子类,是一个有序的、可重复的、可为 null 的集合。

- 有序:指的是元素都有索引标记,可以通过索引操作元素,不是指集合中的元素有
  顺序。
- 可重复:List 允许添加重复的元素,底层使用 equals()方法进行判重操作,即不管
  obj1.equals(obj2) 为 true 或 false,obj1 和 obj2 都可以添加到集合中。
- 可为 null:List 中允许存在值为 null 的元素。

List 接口常见的实现类有 ArrayList、LinkedList、Vector。List 接口常见的方法如表 7.2
所示。

表 7.2　List 接口常见的方法

方 法 签 名	方 法 描 述
void add(int index，Object obj)	在指定位置插入元素
Object set(int index，Object e)	修改指定位置的元素
Object get(int index)	获取指定位置的元素
boolean remove(int index)	删除指定位置的元素，并将后面的全部元素前移一位
boolean remove(Object o)	移除容器中的元素
int indexOf(Object o)	返回第一个匹配的元素的索引，如果元素不存在，则返回－1
List subList(int fromIndex，int toIndex)	取出集合中的子集合

扫一扫

7.2.2　ArrayList 类

ArrayList 是 List 接口中最常见的一个实现类，底层采用数组实现，并且线程不安全。ArrayList 底层维护了一个默认长度为 10 的 Object 数组，当向集合中添加的元素超出数组容量时，内部的数组就会扩容为原本的 1.5 倍。因其底层采用数组实现的特点，通过索引查询元素和修改元素的性能很高，而插入、删除操作则涉及大量数组元素的移动，因此增删性能较低。

下面演示 ArrayList 的使用，如代码清单 7.2 所示。

代码清单 7.2　**Demo2ArrayList**

```java
package com.yyds.unit7.demo;
import java.util.ArrayList;
import java.util.List;
public class Demo2ArrayList {
    public static void main(String[] args) {
        //可以手动指定底层数组的容量
        List list = new ArrayList(3);
        list.add("张三");
        list.add("李四");
        list.add("王五");
        System.out.println(list);
        //即使添加的元素超出 3 个,依然可以添加,因为底层发生了扩容
        list.add("赵六");
        list.add("田七");
        list.add("刘八");
        System.out.println(list);
        //向索引为 2 的位置插入数据,索引 2 之后的所有元素都要向后移动一位,因此性能偏低
        list.add(2, "九妹");
        System.out.println(list);
        //直接修改索引为 2 位置的元素,不涉及元素的移动,因此性能很高
        list.set(2, "冯十");
        System.out.println(list);
        //删除索引为 3 位置的元素,索引 3 之后所有的元素都要向前移动一位,因此性能偏低
        list.remove(3);
```

```
            System.out.println(list);
            //获取索引为 2 位置的元素,不涉及元素的移动,因此性能很高
            Object o = list.get(2);
            System.out.println(o);
        }
    }
```

程序(代码清单 7.2)运行结果如图 7.3 所示。

```
[张三, 李四, 王五]
[张三, 李四, 王五, 赵六, 田七, 刘八]
[张三, 李四, 九妹, 王五, 赵六, 田七, 刘八]
[张三, 李四, 冯十, 王五, 赵六, 田七, 刘八]
[张三, 李四, 冯十, 赵六, 田七, 刘八]
冯十
```

图 7.3　程序运行结果

ArrayList 的查询、修改操作不涉及元素位置的移动,性能偏高;插入、删除操作涉及元素位置的移动,性能偏低。

7.2.3　LinkedList 类

LinkedList 是 List 的另一个实现类,底层采用双向链表实现,并且线程不安全。因为在链表中间插入或者移除一个元素并不需要移动后面的元素,因此 LinkedList 插入和删除操作性能偏高;而修改和查询操作需要遍历链表,因此查询和修改操作性能偏低。

LinkedList 拥有 ArrayList 的所有方法,除此之外,它还扮演着栈和队列的角色。因此可以使用 Queue 和 Deque(Java 中没有栈的接口,而是使用双向队列模拟栈)的引用指向 LinkedList 对象。LinkedList 新增了很多诸如 addFirst()、addLast()的方法,分别是操作头部和尾部,增加的一些方法如表 7.3 所示,表中只列出操作头部的方法和部分操作尾部的方法。

表 7.3　LinkedList 增加的方法

方 法 签 名	方 法 描 述
void addFirst(Object o)	将指定元素添加到双向队列的开头
void addLast(Object o)	将指定元素添加到双向队列的末尾
Object getFirst()	获取双向队列的头部元素
boolean offerFirst(Object o)	同 addFirst()
Object peekFirst()	获取双向队列的头部元素,如果队列为空,则返回 null
Object pollFirst()	获取并删除双向队列头部的元素,如果队列为空,则返回 null
Object pop()	弹出栈顶元素
void push(Object)	将元素压入栈顶
Object removeFirst()	获取并删除双向队列的第一个元素

LinkedList 中绝大部分方法的使用方式与 ArrayList 一模一样,因此不做过多演示,这里演示新增的这些方法,如代码清单 7.3 所示。

代码清单 7.3　Demo3LinkedList

```java
package com.yyds.unit7.demo;
import java.util.LinkedList;
public class Demo3LinkedList {
    public static void main(String[] args) {
        LinkedList list = new LinkedList();
        list.add("张三");
        list.add("李四");
        list.add("王五");
        System.out.println(list);
        //向头部添加元素
        list.addFirst("赵六");
        System.out.println(list);
        //删除尾部元素
        list.removeLast();
        System.out.println(list);
        //获取并删除尾部元素
        Object o = list.pollLast();
        System.out.println(o);
        System.out.println(list);
    }
}
```

程序(代码清单 7.3)运行结果如图 7.4 所示。

```
[张三, 李四, 王五]
[赵六, 张三, 李四, 王五]
[赵六, 张三, 李四]
李四
[赵六, 张三]
```

图 7.4　程序运行结果

LinkedList 具有插入、删除性能高,查询、修改性能低的特点,需要根据不同的场景决定选择 ArrayList 还是 LinkedList。

7.2.4　Vector 类

Vector 类底层也是采用数组来实现,使用方式与 ArrayList 并无任何区别,因此这里不再演示。ArrayList 和 LinkedList 最大的区别在于,Vector 是线程安全的。在多线程场景下需要使用 List 时,必须使用 Vector。

就使用而言,3 个集合的使用方式并无太大区别,只是应用场景不同:当需要线程安全时,使用 Vector;当插入和删除操作较多时,使用 LinkedList;当查询和修改操作较多时,使用 ArrayList。

7.2.5 集合的遍历

集合跟数组一样是存储元素的容器,因此也有遍历的方式。在 JDK 7 及之前,集合有 3 种遍历方式:普通 for 循环、foreach 循环、迭代器遍历,本节先介绍前两者,如代码清单 7.4 所示。

代码清单 7.4 Demo4ListFor

```java
package com.yyds.unit7.demo;
import java.util.ArrayList;
import java.util.List;
public class Demo4ListFor {
    public static void main(String[] args) {
        List list = new ArrayList();
        list.add("张三");
        list.add("李四");
        list.add("王五");
        list.add("赵六");
        //遍历长度,通过索引获取
        for(int i = 0; i < list.size(); i++) {
            System.out.println(list.get(i));
        }
        System.out.println("=============");
        //foreach 循环
        for(Object o : list) {
            System.out.println(o);
        }
    }
}
```

程序(代码清单 7.4)运行结果如图 7.5 所示。

图 7.5 程序运行结果

7.2.6 Collections 工具类

数组中有 Arrays 工具类,通过该工具类可以更方便地操作数组,而集合中也有 Collections 工具类,通过该工具类可以更灵活地操作集合中的元素,如排序、打乱等,这里只介绍常用的几个方法。

1. 排序

排序没什么好解释的,该方法会按照默认顺序对集合中的元素进行排序。此外,排序还可以传入一个比较器,这个后面再说,先通过代码清单 7.5 演示排序的基本使用。

代码清单 7.5　**Demo5Sort**

```java
package com.yyds.unit7.demo;
import java.util.ArrayList;
import java.util.Collections;
import java.util.List;
public class Demo5Sort {
    public static void main(String[] args) {
        List list = new ArrayList();
        list.add("b");
        list.add("c");
        list.add("a");
        list.add("d");
        list.add("g");
        list.add("e");
        list.add("f");
        System.out.println("排序前: " + list);
        Collections.sort(list);
        System.out.println("排序后: " + list);
    }
}
```

程序(代码清单 7.5)运行结果如图 7.6 所示。

```
排序前：[b, c, a, d, g, e, f]
排序后：[a, b, c, d, e, f, g]
```

图 7.6　程序运行结果

2. 洗牌

洗牌方法用于将元素打乱,当编写一个抽奖程序或者秒杀程序时,可以使用该方法让元素变得无规则,从而更加公平,如代码清单 7.6 所示。

代码清单 7.6　**Demo6Shuffle**

```java
package com.yyds.unit7.demo;
import java.util.ArrayList;
import java.util.Collections;
import java.util.List;
public class Demo6Shuffle {
    public static void main(String[] args) {
        List list = new ArrayList();
        list.add("A");
        list.add("1");
        list.add("2");
        list.add("3");
```

```
        list.add("4");
        list.add("5");
        list.add("6");
        list.add("7");
        list.add("8");
        list.add("9");
        list.add("J");
        list.add("Q");
        list.add("K");
        System.out.println("洗牌前: " + list);
        Collections.shuffle(list);
        System.out.println("洗牌后: " + list);
        Collections.shuffle(list);
        System.out.println("第二次洗牌: " + list);
    }
}
```

程序(代码清单 7.6)运行结果如图 7.7 所示。

```
洗牌前：[A, 1, 2, 3, 4, 5, 6, 7, 8, 9, J, Q, K]
洗牌后：[8, 1, 6, 5, 2, K, 7, 9, 4, A, Q, J, 3]
第二次洗牌：[K, A, 3, 7, 4, 8, 2, Q, 9, 1, 5, 6, J]
```

图 7.7　程序运行结果

3. 反转

反转方法用于将集合的元素首尾互换,最终得到一个完全相反的集合,如代码清单 7.7 所示。

代码清单 7.7　Demo7Reverse

```
package com.yyds.unit7.demo;
import java.util.ArrayList;
import java.util.Collections;
import java.util.List;
public class Demo7Reverse {
    public static void main(String[] args) {
        List list = new ArrayList();
        list.add("a");
        list.add("b");
        list.add("c");
        list.add("d");
        list.add("e");
        System.out.println("反转前: " + list);
        Collections.reverse(list);
        System.out.println("反转后: " + list);
    }
}
```

程序(代码清单7.7)运行结果如图7.8所示。

反转前: [a, b, c, d, e]
反转后: [e, d, c, b, a]

图7.8 程序运行结果

7.3 泛型概述

7.3.1 泛型

泛型是JDK 5之后引入的一个新特性,它可以帮助用户建立类型安全的集合。在使用了泛型的集合中,不必强制类型转换。JDK提供了支持泛型的编译器,将运行时的类型检查提前到编译时执行,使代码的可读性和安全性更高。

集合是存储数据的容器,为了保证这个集合可以存储任意的数据类型,在JDK 5之前的处理方式是使用Object作为参数,这就导致取出元素时必须强制类型转换。此时对于开发者而言,必须能够预知取出的数据类型,否则会出现数据类型转换异常,如代码清单7.8所示。

代码清单7.8 Demo8ListFor

```java
package com.yyds.unit7.demo;
import java.util.ArrayList;
import java.util.List;
public class Demo8ListFor {
    public static void main(String[] args) {
        List list = new ArrayList();
        list.add("Python");
        list.add("Go");
        list.add("Java");
        list.add("C");
        list.add("PHP");
        list.add(123);
        //输出所有长度在3以上的元素
        for(Object o : list) {
            //在实际开发中可能不知道集合中存储了非字符串,这里就会抛出异常
            String s = (String) o;
            if(s.length() >= 3) {
                System.out.println(s);
            }
        }
    }
}
```

程序(代码清单7.8)运行结果如图7.9所示。

```
Python
Java
PHP
Exception in thread "main" java.lang.ClassCastException Create breakpoint : java.lang.Integer cannot be cast to java.lang
 .String
    at com.yyds.unit7.demo.Demo8ListFor.main(Demo8ListFor.java:18)
```

图 7.9　程序运行结果

在实际开发中,可能并不知道集合中存储了哪些数据类型,如果盲目地进行强制类型转换,就会出现上述问题,这是一个安全隐患。为了解决这个问题,泛型应运而生。

7.3.2　泛型的使用

扫一扫

泛型的本质是"数据类型的参数化",说得更直白点就是把数据类型看作参数,告诉编译器,在使用带有泛型的方法、类时必须只能传入指定的类型,当类型错误时,直接在编译时期报错。

泛型使用尖括号< >包裹起来,在集合中指定泛型后,这个集合只能存储对应的数据类型,如下所示。

```
List<String> list = new ArrayList<String>();
```

接下来给上面的代码加上泛型,如代码清单 7.9 所示。

代码清单 7.9　Demo9Generic

```java
package com.yyds.unit7.demo;
import java.util.ArrayList;
import java.util.List;
public class Demo9Generic {
    public static void main(String[] args) {
        //指定 List 只能存储 String 类型。前面指定之后,后面可以不写
        List<String> list = new ArrayList<>();
        list.add("Python");
        list.add("Go");
        list.add("Java");
        list.add("C");
        list.add("PHP");
        //list.add(123); //报错
        //输出所有长度在 3 以上的元素
        //这里,遍历可以直接定义成 String,因为集合只能存储 String 类型
        for(String o : list) {
            //在实际开发中可能不知道集合中存储了非字符串,这里就会抛出异常
            if(o.length() >= 3) {
                System.out.println(o);
            }
        }
    }
}
```

程序(代码清单 7.9)运行结果如图 7.10 所示。

```
Python
Java
PHP
```

图 7.10　程序运行结果

需要注意的是,泛型只能指定引用类型,如果想让集合中只能存储 int 类型的数据,泛型应当指定为 Integer。

扫一扫

7.3.3　泛型类与泛型接口

集合中通过泛型规范化存入的数据,如果用户自定义一个类,能不能也定义成泛型类呢? 答案是可以的。在定义类或接口时,按照以下语法就可以定义成泛型类。

```
class 类名<E1, E2, E3> {
}
```

在类上可以定义多个泛型,泛型之间使用逗号隔开,其中 E1、E2、E3 就是泛型的名称。泛型的名称可以任意定义,之后,E1、E2、E3 就可以在该类中当作一个数据类型使用。当创建这个类的对象时,需要按照以下方式创建。

```
类名<String, Integer, Double> 对象名 = new 类名<>();
```

这样,E1 就会被视为 String 类型,E2 就会被视为 Integer 类型,E3 就会被视为 Double 类型,而如果没有指定泛型,则 E1、E2、E3 都会被视为 Object。

接下来自定义一个泛型类 Result,如下所示。

```
package com.yyds.unit7.demo;
public class Result<T> {
    private String msg;
    //泛型 T 在使用时可以作为一个"未知的类型"使用,在创建对象时指定泛型可以将其替换成
    //具体的类型
    private T data;
    //省略 get()和 set()方法
}
```

下面创建代码清单 7.10 来测试这个泛型类。

代码清单 7.10　Demo10Generic

```
package com.yyds.unit7.demo;
public class Demo10Generic {
    public static void main(String[] args) {
        Result<String> result1 = new Result<>();
        result1.setData("HelloWorld");
        //指定 String 泛型,data1 就会被视为 String 类型
        String data1 = result1.getData();
        System.out.println("泛型为 String: " + data1);
        Result<Integer> result2 = new Result<>();
```

```
        result2.setData(10086);
        //指定 Integer 泛型,data2 就会被视为 Integer 类型
        Integer data2 = result2.getData();
        System.out.println("泛型为 Integer: " + data2);
    }
}
```

程序(代码清单 7.10)运行结果如图 7.11 所示。

如果一个类是泛型类,当其他类继承这个类时,可以选
择指定泛型类型或者不指定泛型类型。如果指定泛型类型,
那么创建子类对象时就不需要设置泛型;如果不指定泛型类
型,那么子类依然是一个泛型类。下面创建 Result1 和 Result2 两个对象,如下所示。

泛型为**String**：HelloWorld
泛型为**Integer**：10086

图 7.11　程序运行结果

```
package com.yyds.unit7.demo;

//继承时指定泛型是 String,对于 Result1 而言,data 变量就是 String 类型的
public class Result1 extends Result<String> {
    public void showData() {
        String data = getData();
        System.out.println("result1 中 data 值为: " + data);
    }
}
```

```
package com.yyds.unit7.demo;
//继承时不指定泛型,而是将 Result2 定义成泛型类,可以理解成将泛型 T 作为数据类型传递给
//了 Result 的泛型。此时使用 data 变量时,依然是泛型变量
public class Result2<T> extends Result<T> {
    public void showData() {
        //泛型在未确定时,可以作为一个未知的数据类型使用
        T data = getData();
        System.out.println("result1 中 data 值为: " + data);
    }
}
```

接着在代码清单 7.11 中对这两个类进行测试。

代码清单 7.11　Demo11Generic

```
package com.yyds.unit7.demo;
public class Demo11Generic {
    public static void main(String[] args) {
        //result1 不需要指定泛型,因为泛型在继承时已经确定了
        Result1 result1 = new Result1();
        //由于泛型已经确定了,因此 data 只能是 String 类型
        result1.setData("浙江温州");
        result1.showData();
        //Result2 依然是泛型类
```

```
        Result2<Integer> result2 = new Result2<>();
        result2.setData(314);
        result2.showData();
    }
}
```

程序(代码清单 7.11)运行结果如图 7.12 所示。

result1中data值为: 浙江温州
result1中data值为: 314

图 7.12　程序运行结果

扫一扫

7.3.4　泛型方法

如果一个类并不是泛型类,而方法却想拥有泛型的效果,则可以定义成泛型方法。在修饰符和返回值类型之间,依然使用尖括号< >定义泛型,这样就在这个方法范围内声明了泛型。在这个方法的范围内,泛型可以作为未知的数据类型使用。

直接定义一个静态的泛型方法,然后创建不同的对象进行测试,如代码清单 7.12 所示。

代码清单 7.12　**Demo12GenericMethod**

```
package com.yyds.unit7.demo;
public class Demo12GenericMethod {
    public static void main(String[] args) {
        String s = "HelloWorld";
        //传入字符串参数,则 method 的泛型 T 会被视为 String,返回值也变成 String
        String data1 = method(s);
        Result1 result1 = new Result1();
        result1.setData(s);
        //传入 Result1 参数,则 method 的泛型 T 会被视为 Result1
        Result1 data2 = method(result1);
    }
    //泛型方法,指定泛型为 T,返回值为 T,参数为 T
    private static <T> T method(T t) {
        System.out.println("接收到参数: " + t.toString());
        return t;
    }
}
```

程序(代码清单 7.12)运行结果如图 7.13 所示。

接收到参数: HelloWorld
接收到参数: com.yyds.unit7.demo.Result1@14ae5a5

图 7.13　程序运行结果

泛型方法的参数也是泛型类型,编译器会根据用户传入参数的数据类型,自动将方法中所有的泛型替换成对应的类型。

7.3.5 泛型通配符

有时,方法可能需要接收一个带有泛型的对象,比如接收一个 List,此时这个方法可能并不知道 List 中的泛型应该是什么,如果盲目地传参,程序或许会报错。为了解决这种"无法确定具体集合中的元素类型"的问题,Java 中提供了泛型通配符,共有 3 种。

(1) 无限定通配符:<? >,表示可以传递任何泛型类型。

(2) 上限通配符:<? extends Result>,表示泛型类型只能是 Result 及其子类。

(3) 下限通配符:<? super Result>,表示泛型类型只能是 Result 及其父类。

其中,下限通配符使用频率较低,这里不再演示。通过代码清单 7.13 演示无限定通配符和上限通配符的使用。

代码清单 7.13　Demo13Generic

```java
package com.yyds.unit7.demo;
import java.util.Arrays;
import java.util.List;
public class Demo13Generic {
    public static void main(String[] args) {
        List<String> list1 = Arrays.asList("Java", "PHP", "Python");
        method1(list1);
        //泛型不符合要求,list1 不能使用 method2
        //method2(list1);
        List<Integer> list2 = Arrays.asList(10086, 10000, 10010, 12315);
        method2(list2);
    }
    //不确定将要处理的 List 泛型,使用"?"通配符,可以传入任意泛型的 List
    private static void method1(List<?> list) {
        //"?"通配符由于不知道具体的数据类型,因此不能添加元素
        //list.add("123");
        //在获取数据时,"?"通配符会被视为 Object
        System.out.println("无限定通配符");
        for(Object o : list) {
            System.out.println(o);
        }
    }
    //指定上限通配符,该方法只能传泛型是 Number 或者 Number 子类的 List
    private static void method2(List<? extends Number> list) {
        //尽管指定了泛型上限,依然不可以向集合中添加元素
        //Number a = 123;
        //list.add(a);
        //由于确定了上限,利用多态的性质,Number 都可以接收
        System.out.println("上限通配符");
        for(Number number : list) {
            System.out.println(number);
        }
    }
}
```

程序(代码清单 7.13)运行结果如图 7.14 所示。

```
无限定通配符
Java
PHP
Python
上限通配符
10086
10000
10010
12315
```

图 7.14　程序运行结果

合理使用泛型和通配符,可以让代码更加优雅,通用性更强。

 **7.4** **Iterator 迭代器**

扫一扫

7.4.1　为什么要使用迭代器

在介绍迭代器之前,先看一个案例。集合中存储了一些长度不等的字符串,现在需要将其中长度在 3 以下的字符串全部删除,如代码清单 7.14 所示。

代码清单 7.14　**Demo14ForRemove**

```java
package com.yyds.unit7.demo;
import java.util.ArrayList;
import java.util.List;
public class Demo14ForRemove {
    public static void main(String[] args) {
        List<String> list = new ArrayList<>();
        list.add("Java");
        list.add("C++");
        list.add("Go");
        list.add("Python");
        list.add("VB");
        list.add("PHP");
        for(String s : list) {
            if(s.length() < 3) {
                list.remove(s);
            }
        }
        System.out.println(list);
    }
}
```

程序(代码清单 7.14)运行结果如图 7.15 所示。

```
Exception in thread "main" java.util.ConcurrentModificationException Create breakpo
    at java.util.ArrayList$Itr.checkForComodification(ArrayList.java:901)
    at java.util.ArrayList$Itr.next(ArrayList.java:851)
    at com.yyds.unit7.demo.Demo14ForRemove.main(Demo14ForRemove.java:15)
```

图 7.15　程序运行结果

需求看似简单,但程序运行结果却让人出乎意料,这是因为在 foreach 中如果对集合中元素个数进行改变,遍历过程就可能出错,因此在 foreach 中不允许对集合元素执行添加或修改操作。为了使集合可以在遍历过程中灵活修改,便出现了迭代器 Iterator。

7.4.2　Iterator 类

所谓迭代,就是在取元素之前先判断集合中有没有元素,如果有元素,则把元素取出,然后继续判断下一个元素,如果还有元素就再取出,直到把集合中的所有元素全部取出为止。Iterator 是 Java 中的迭代器类,它主要有 3 个方法,如表 7.4 所示。

表 7.4　Iterator 类的方法

方 法 签 名	方 法 描 述
boolean hasNext()	判断集合中是否有下一个元素可以迭代
Object next()	返回迭代的下一个元素
void remove()	将迭代器当前返回的元素删除

获取迭代器的方法也非常简单,它定义在 Collection 中,因此所有的 List 集合都可以使用,方法名为 iterator。下面通过代码清单 7.15 演示迭代器的使用。

代码清单 7.15　**Demo15Iterator**

```java
package com.yyds.unit7.demo;
import java.util.ArrayList;
import java.util.Iterator;
import java.util.List;
public class Demo15Iterator {
    public static void main(String[] args) {
        List<String> list = new ArrayList<>();
        list.add("Java");
        list.add("C++");
        list.add("Go");
        list.add("Python");
        list.add("VB");
        list.add("PHP");
        Iterator<String> iterator = list.iterator();
        //只要有下一个元素,就继续迭代
        while(iterator.hasNext()) {
            String next = iterator.next();
            if(next.length() < 3) {
                iterator.remove();
```

```
            }
        }
        System.out.println(list);
    }
}
```

程序(代码清单7.15)运行结果如图7.16所示。

[Java, C++, Python, PHP]

图7.16　程序运行结果

7.5　Map 接口

扫一扫

7.5.1　Map 接口概述

现实生活中,可能需要成对地存储某些信息,比如一个手机号对应一个微信账户,一个身份证号码对应一个人名,这就是一种成对存储的关系。Map集合就是用来存储这种键-值对(key-value)形式的数据的。

Map接口存储键-值对数据,要保证key不能重复。Map接口常见的实现类有HashMap、LinkedHashMap、Hashtable 和 TreeMap,常见方法如表7.5所示。

表 7.5　Map 接口常见方法

方法签名	方法描述
Object put(Object key, Object value)	存放键-值对
Object get(Object key)	通过 key 查找得到 value
Object remove(Object key)	根据 key 删除对应的键-值对
boolean containsKey(Object key)	判断 map 中是否包含指定的 key
boolean containsValue(Object value)	判断 map 中是否包含指定的 value
Collection values()	获取所有的 value,封装成集合
int size()	获取 map 中的键-值对数量
boolean isEmpty()	判断 map 是否为空
void clear()	清空 map
Set<K> keySet()	获取所有的 key,封装成 Set 集合
Set<Map.Entry<K, V>> entrySet	获取所有的键-值对,封装成 Set 集合

扫一扫

7.5.2　HashMap 类

HashMap是Map接口最常见的实现类,其内部采用数组＋链表＋红黑树实现。HashMap的key不能重复,允许null作为key。如果key重复,新的值就会替换旧的值。

HashMap 使用起来很简单，HashMap 为了能够存储各式各样的数据，它的 key 和 value 都是泛型，因此在创建对象时，需要指定 key 和 value 的泛型，如代码清单 7.16 所示。

代码清单 7.16　**Demo16HashMap**

```java
package com.yyds.unit7.demo;
import java.util.Collection;
import java.util.HashMap;
import java.util.Map;
import java.util.Set;
public class Demo16HashMap {
    public static void main(String[] args) {
        //创建一个 key 是 String,value 是 Integer 的 HashMap
        Map<String, Integer> map = new HashMap<>();
        map.put("张三", 23);
        map.put("李四", 24);
        map.put("王五", 25);
        map.put("赵六", 26);
        map.put("田七", 27);
        //根据 key 获取 value
        Integer age = map.get("李四");
        System.out.println("李四的年龄是: " + age);
        //判断 map 中是否有指定的 key
        boolean flag1 = map.containsKey("九妹");
        //判断 map 中是否有指定的 value
        boolean flag2 = map.containsValue(23);
        System.out.println("containsKey: " + flag1);
        System.out.println("containsValue: " + flag2);
        //获取所有的 key
        Set<String> keys = map.keySet();
        System.out.println(keys);
        //获取所有的 value
        Collection<Integer> values = map.values();
        System.out.println(values);
    }
}
```

程序（代码清单 7.16）运行结果如图 7.17 所示。

```
李四的年龄是: 24
containsKey: false
containsValue: true
[李四, 张三, 王五, 赵六, 田七]
[24, 23, 25, 26, 27]
```

图 7.17　程序运行结果

7.5.3　Map 的遍历

Map 与 List 集合不同，它不能直接使用 for 遍历，当想遍历出 Map 中所有的 key 和 value 时，应该怎么办呢？

扫一扫

Map 的遍历方式主要有两种：keySet()方法和 entrySet()方法。在第一种方式中，keySet()方法会获取到 Map 中所有的 key，并封装成一个 Set 集合。Set 集合在使用上与 List 集合非常相似，因此可以直接遍历这个 keySet，拿到每个 key 再通过 map 的 get()方法获取值即可。在第二种方式中，entrySet()方法会直接获取到 Map 中所有的键-值对，将每个键-值对封装成对应的 Entry 对象，最终收集到一个 Set 集合中，直接遍历这个 Set 集合，就可以获取到所有的 value，如代码清单 7.17 所示。

代码清单 7.17　**Demo17MapIterator**

```java
package com.yyds.unit7.demo;
import java.util.HashMap;
import java.util.Map;
import java.util.Set;
public class Demo17MapIterator {
    public static void main(String[] args) {
        Map<String, Integer> map = new HashMap<>();
        map.put("安徽", 1000);
        map.put("湖北", 3000);
        map.put("上海", 3000);
        map.put("北京", 2000);
        map.put("河南", 1000);
        System.out.println("keySet 方式遍历");
        Set<String> keys = map.keySet();
        for(String key : keys) {
            System.out.println(key + ":" + map.get(key));
        }
        System.out.println("entrySet 方式遍历");
        Set<Map.Entry<String, Integer>> entrySet = map.entrySet();
        for(Map.Entry<String, Integer> entry : entrySet) {
            System.out.println(entry.getKey() + ":" + entry.getValue());
        }
    }
}
```

程序(代码清单 7.17)运行结果如图 7.18 所示。

图 7.18　程序运行结果

从结果看,两种方式都可以成功遍历 map,但实际开发中建议采用第二种方式,因为第一种方式的性能损耗过大。感兴趣的读者可以了解一下 HashMap 的实现原理。

7.5.4　LinkedHashMap 类

HashMap 在存储数据时,会先使用哈希寻址算法计算出这个 key 应该存储到哪里,哈希寻址算法会使 key 尽可能分散,也会导致 key 读取顺序不一样,这一点在上面的案例中已有体现。如果想使键-值对存取顺序一致,可以使用 LinkedHashMap。LinkedHashMap 中单独维护了一个链表,每次添加的新数据都会追加到这条链表的尾部,从而使数据的存取顺序一致,如代码清单 7.18 所示。

代码清单 7.18　Demo18LinkedHashMap

```java
package com.yyds.unit7.demo;
import java.util.LinkedHashMap;
import java.util.Map;
import java.util.Set;
public class Demo18LinkedHashMap {
    public static void main(String[] args) {
        Map<String, Integer> map = new LinkedHashMap<>();
        map.put("安徽", 1000);
        map.put("湖北", 3000);
        map.put("上海", 3000);
        map.put("北京", 2000);
        map.put("河南", 1000);
        Set<Map.Entry<String, Integer>> entrySet = map.entrySet();
        for(Map.Entry<String, Integer> entry : entrySet) {
            System.out.println(entry.getKey() + ":" + entry.getValue());
        }
    }
}
```

程序(代码清单 7.18)运行结果如图 7.19 所示。

```
安徽:1000
湖北:3000
上海:3000
北京:2000
河南:1000
```

图 7.19　程序运行结果

7.5.5　Hashtable 类

Hashtable 不管是从实现方式还是从使用方式上看,与 HashMap 都没有什么区别,不同的只是 Hashtable 是线程安全的,这也就意味着它可应用于并发场景。

除 Hashtable 外,ConcurrentHashMap 也是线程安全的 Map 类,后者在性能上比 Hashtable 要高,可以完全替代前者。

扫一扫

7.5.6　TreeMap 类

TreeMap 底层依赖于红黑树实现，当向 TreeMap 中添加键-值对时，TreeMap 会按照一定的规则对 key 进行排序。下面使用一个非常简单的例子演示，如代码清单 7.19 所示。

代码清单 7.19　Demo19TreeMap

```java
package com.yyds.unit7.demo;
import java.util.Map;
import java.util.TreeMap;
public class Demo19TreeMap {
    public static void main(String[] args) {
        Map<Integer, String> map = new TreeMap<>();
        //不按照顺序添加元素
        map.put(1000, "张三");
        map.put(985, "李四");
        map.put(996, "王五");
        map.put(1024, "赵六");
        map.put(10086, "田七");
        for(Map.Entry<Integer, String> entry : map.entrySet()) {
            System.out.println(entry.getKey() + ":" + entry.getValue());
        }
    }
}
```

最终输出结果会按照 key 的大小进行排序，如图 7.20 所示。

```
985:李四
996:王五
1000:张三
1024:赵六
10086:田七
```

图 7.20　程序运行结果

扫一扫

7.5.7　Comparable 与 Comparator

TreeMap 会对 key 进行排序，既然要排序，就会有一定的排序规则，到这里就产生了一个疑问：如果 key 使用自定义类的对象会发生什么事呢？创建一个 Student 类，如下所示。

```java
package com.yyds.unit7.demo;
public class Student {
    private Integer age;
    private String name;
    public Student(Integer age, String name) {
        this.age = age;
        this.name = name;
    }
    //省略 get()和 set()方法
```

```java
    @Override
    public String toString() {
        return "Student{" +
                "age=" + age +
                ", name='" + name + '\'' +
                '}';
    }
}
```

之后编写程序，以 Student 作为 key，创建一个 TreeMap，并向其中存入数据，如代码清单 7.20 所示。

代码清单 7.20　Demo20TreeMap

```java
package com.yyds.unit7.demo;
import java.util.Map;
import java.util.TreeMap;
public class Demo20TreeMap {
    public static void main(String[] args) {
        Map<Student, String> map = new TreeMap<>();
        map.put(new Student(23, "张三"), "河南南阳");
        map.put(new Student(26, "赵六"), "安徽宿州");
        map.put(new Student(25, "王五"), "四川成都");
        map.put(new Student(21, "丁一"), "江苏南京");
        for(Map.Entry<Student, String> entry : map.entrySet()) {
            System.out.println(entry.getKey() + ":" + entry.getValue());
        }
    }
}
```

编写代码时，编辑器已经报出一大堆警告，结果可想而知，程序运行一定会出现异常，如图 7.21 所示。

```
Exception in thread "main" java.lang.ClassCastException Create breakpoint : com.yyds.unit7.demo.Student cannot be cast to
java.lang.Comparable
    at java.util.TreeMap.compare(TreeMap.java:1294)
    at java.util.TreeMap.put(TreeMap.java:538)
    at com.yyds.unit7.demo.Demo20TreeMap.main(Demo20TreeMap.java:9)
```

图 7.21　程序运行结果

Student 作为自定义的类，并没有任何排序规则，因此并不能作为 TreeMap 的 key。那么，万一想使用 Student 作为 key 应该怎么办呢？只让 Student 实现 Comparable 接口即可。

在 java.lang.Comparable 接口中，可以实现对每个类的对象作整体排序，此排序被称为该类的自然排序。在 Comparable 接口中，compareTo 抽象方法被称为它的自然比较方法。只要让 Student 实现 Comparable 接口，再实现 compareTo()方法，Student 就拥有了一个排序规则，也就可以作为 TreeMap 的 key 了。compareTo 的规则如下。

- 当 compareTo()方法的返回值为负数时，会将 key 放到前面，即逆序（降序）输出。
- 当 compareTo()方法的返回值为零时，表示元素相同，仅存放第一个元素（保证元素唯一）。

● 当compareTo()方法的返回值为正数时,会将key放到后面,即顺序(升序)输出。

接下来对Student进行改造,如下所示。

```java
package com.yyds.unit7.demo;
public class Student implements Comparable<Student>{
    private Integer age;
    private String name;
    public Student(Integer age, String name) {
        this.age = age;
        this.name = name;
    }
    //省略get()和set()方法
    @Override
    public String toString() {
        return "Student{" +
                "age=" + age +
                ", name='" + name + '\'' +
                '}';
    }
    @Override
    public int compareTo(Student o) {
        //根据年龄顺序排序
        if(this.age - o.age < 0) {
            return -1;
        }else if(this.age - o.age > 0) {
            return 1;
        }else {
            return 0;
        }
    }
}
```

之后,再运行代码清单7.20,程序运行结果如图7.22所示。

当想让一个类能够排序时,就可以实现Comparable接口。现在再回到代码清单7.19,默认情况下,TreeMap会将Integer的key进行顺序排序,而如果想让其能够倒序排序,很明显不能修改Integer的源码,此时又该怎么办?

```
Student{age=21, name='丁一'}:江苏南京
Student{age=23, name='张三'}:河南南阳
Student{age=25, name='王五'}:四川成都
Student{age=26, name='赵六'}:安徽宿州
```

图7.22　程序运行结果

除内部比较器Comparable外,Java中还提供了外部比较器Comparator。当创建TreeMap对象时,可以传入一个Comparator的匿名内部类,并实现其compare()方法。compare()方法的排序规则与Comparable的comparaTo()方法一模一样。接下来改造代码清单7.19,让Map的key倒序排序,如代码清单7.21所示。

代码清单7.21　**Demo21TreeMap**

```java
package com.yyds.unit7.demo;
import java.util.Comparator;
```

```java
import java.util.Map;
import java.util.TreeMap;
public class Demo21TreeMap {
    public static void main(String[] args) {
        Map<Integer, String> map = new TreeMap<>(new Comparator<Integer>() {
            @Override
            public int compare(Integer o1, Integer o2) {
                if(o1 - o2 < 0) {
                    return 1;
                } else if(o1 - o2 > 0) {
                    return -1;
                } else {
                    return 0;
                }
            }
        });
        //不按照顺序添加元素
        map.put(1000, "张三");
        map.put(985, "李四");
        map.put(996, "王五");
        map.put(1024, "赵六");
        map.put(10086, "田七");
        for(Map.Entry<Integer, String> entry : map.entrySet()) {
            System.out.println(entry.getKey() + ":" + entry.getValue());
        }
    }
}
```

程序(代码清单 7.21)运行结果如图 7.23 所示。

```
10086:田七
1024:赵六
1000:张三
996:王五
985:李四
```

图 7.23　程序运行结果

7.6　Set 接口

7.6.1　Set 接口概述

Set 是 Collection 的一个子类,是一个无序的、不可重复的、可为 null 的集合。

扫一扫

- 无序:指的是元素没有索引标记,不可以通过索引操作元素,不是指集合中的元素没有顺序。

- 不可重复：Set 不允许添加重复的元素，底层使用 equals() 方法作判重操作，即如果后续的元素在 Set 集合中，则不会再次添加。
- 可为 null：Set 中允许存在值为 null 的元素。

Set 接口常见的实现类有 HashSet、LinkedHashSet 和 TreeSet，它继承自 Collection 接口，并没有提供什么新的方法。

扫一扫

7.6.2 HashSet 类

HashSet 底层使用 HashMap 实现，向 HashSet 中添加的元素，实际上会被作为 key 存放到内部维护的 HashMap 中，由于 HashMap 的 key 存在无序、不可重复的特点，因此 HashSet 也不可以重复。HashSet 的 add() 方法如下所示。

```java
public boolean add(E e) {
    return map.put(e, PRESENT)==null;
}
```

Set 集合在实际开发中应用场景并不是很多，绝大多数场景都可以使用 List 实现，但是依然是一个很重要的集合，比如可以利用 Set 集合对 List 集合去重，如代码清单 7.22 所示。

代码清单 7.22 Demo22HashSet

```java
package com.yyds.unit7.demo;
import java.util.Arrays;
import java.util.HashSet;
import java.util.List;
import java.util.Set;
public class Demo22HashSet {
    public static void main(String[] args) {
        List<String> list = Arrays.asList("Java", "Java", "PHP", "C++", "PHP");
        System.out.println("list集合: " + list);
        //创建 HashSet
        Set<String> set = new HashSet<>();
        //将 list 中的所有元素添加到 set 中
        set.addAll(list);
        System.out.println("set集合: " + set);
    }
}
```

程序（代码清单 7.22）运行结果如图 7.24 所示。

```
list集合：[Java, Java, PHP, C++, PHP]
set集合：[Java, C++, PHP]
```

图 7.24 程序运行结果

实际开发中，可以合理地利用 Set 集合的特点为 List 集合去重。

7.6.3 LinkedHashSet 类

前面提到，HashSet 底层是基于 HashMap 实现的，由于 HashMap 的 key 存取顺序不一致，因此使用 HashSet 对 List 去重时，就会出现去重后顺序被打乱的情况。如果想去重后元素顺序不变，可以使用 LinkedHashSet。

聪明的你肯定已经想到了，LinkedHashSet 底层是使用 LinkedHashMap 实现的，也是将 Set 中的元素作为 Map 的 key 存储，因此 LinkedHashSet 也是不重复的，但是元素的存取顺序却可以得到保证。

接下来对 List 集合进行去重，要求得到一个新的 List，新的 List 元素去重后顺序要与原本的 List 一致，如代码清单 7.23 所示。

代码清单 7.23 Demo23LinkedHashSet

```java
package com.yyds.unit7.demo;
import java.util.ArrayList;
import java.util.Arrays;
import java.util.LinkedHashSet;
import java.util.List;
import java.util.Set;
public class Demo23LinkedHashSet {
    public static void main(String[] args) {
        List<String> list = Arrays.asList("Java", "Java", "PHP", "C++", "PHP");
        System.out.println("list 集合: " + list);
        //创建 LinkedHashSet
        Set<String> set = new LinkedHashSet<>();
        //将 list 中的所有元素添加到 set 中
        set.addAll(list);
        System.out.println("set 集合: " + set);
        //创建新的 List
        List<String> list1 = new ArrayList<>(set);
        System.out.println("去重后 List: " + list1);
    }
}
```

程序(代码清单 7.23)运行结果如图 7.25 所示。

```
list集合：[Java, Java, PHP, C++, PHP]
set集合：[Java, PHP, C++]
去重后List：[Java, PHP, C++]
```

图 7.25 程序运行结果

7.6.4 TreeSet 类

TreeSet 不必赘述，它底层自然也是使用 TreeMap 实现的，并且可以根据一定的规则对元素排序。TreeSet 同样要求添加的元素必须实现 Comparable 接口，如果没有实现，则需要提供一个外部比较器 Comparator，这里不再详细介绍。

扫一扫

7.7 本章小结

本章主要介绍了三大集合框架：List、Map 和 Set 的使用，从 Collection 接口引出 List 集合，并介绍了 List 接口常见的几个实现类。List 的所有实现类中，在使用上并无太大区别，只是应用场景不同，读者需要能够根据不同的场景选取合适的 List 集合。

之后介绍了键-值对形式存储元素的集合：Map 集合，同样介绍了其常见的实现类，存取不一致的 HashMap、存取一致的 LinkedHashMap、线程安全的 Hasbtable、对 key 进行排序的 TreeMap。这些 Map 集合并不存在孰优孰劣，只是使用场景不同，读者需要掌握这些集合的使用。

最后介绍了 Set 集合。Set 集合在实际开发中并无太多单独应用的场景，更多的场景是对现有的元素去重，读者学习完这一小节之后能够根据场景选择不同的 Set 集合即可。

7.8 习题

1. List 集合有哪些常见的实现类？这些实现类分别有哪些应用场景？

2. Set 集合的特点是无序，也就是元素没有顺序，这种描述是否正确？

3. 泛型的作用是什么？

4. 现有一个泛型为 Integer 的 List 集合，其中存储了大量重复的数字，请将 List 中的重复数字全部去除，并将数字按照从大到小的顺序排序。

5. 现有一个长度很长的字符串，请编写程序，统计字符串中每个字符出现的次数。

6. 请编写程序，使用 HashMap 存储用户的登录名和密码，输入用户名和密码以登录，如果用户名和密码在 Map 中存在，则登录成功，否则登录失败。

7. 请编写程序，定义一个学生信息类，该类包括学号、姓名、年龄 3 个成员变量，录入学生信息存入 ArrayList 中，并按照学号从小到大排序，统计所有姓在"张"的同学的平均年龄。

8. 创建 Student 类，属性包括 id[1-40]，score[0-100]，所有属性随机生成。创建 Set 集合，保存 20 个对象，找到分数最高与最低的学生。

9. 在网络程序中（如聊天室、聊天软件等）经常需要对一些用户所提交的聊天内容中的敏感性词语进行过滤，涉及政治、黄赌毒等消息都不可以在网上传播。编写程序，在集合中记录敏感词信息，对用户输入的字符串进行敏感词过滤，将敏感词修改成"＊"。

10. （扩展习题）HashMap 底层使用数组＋链表＋红黑树实现，请大致描述实现原理。

第8章 Lambda与Stream

8.1　Lambda 表达式

8.1.1　Lambda 简介

Lambda 表达式(Lambda expression)是 Java 8 的一个重要的新特性。Lambda 表达式允许通过表达式代替功能接口。Lambda 表达式就和方法一样,提供了一个正常的参数列表和一个使用这些参数的主体(body,可以是一个表达式或一个代码块)。Lambda 表达式可以看作一个匿名函数,基于数学中的 λ 演算得名,也可称为闭包(closure)。

JDK 8 及其之后的版本也提供了大量的内置函数式接口供用户使用,使得 Lambda 表达式的运用更加方便、高效。

8.1.2　函数式接口

虽然 Lambda 表达式可以对某些接口进行简单的实现,但并不是所有的接口都可以改写成 Lambda 表达式。当一个接口中只有一个需要被实现的方法时,才可以使用 Lambda 表达式,这种接口称作函数式接口。

扫一扫

函数式接口中规定只能有一个需要被实现的方法,而不是只能有一个方法。一个函数式接口中可以有多个 default 方法和 static 方法,这也是 JDK 8 之后新增的特性。如果无法区分函数式接口,最简单的办法就是在接口上面加上@FunctionalInterface 注解。该注解会在编译阶段就校验接口是否为函数式接口,如果不满足函数式接口的条件,则编译会报错。如下面的代码就是一个函数式接口。

```
package com.yyds.unit8.demo;
@FunctionalInterface
public interface MyInterface {
```

```
void accept();
//尽管有多个方法,但 method1 不是必须被实现的方法,因而满足函数式接口的定义
default void method1() {
    System.out.println("我是默认的方法 1");
}
}
```

注意:@FunctionalInterface 注解仅仅用于验证一个接口是否为函数式接口,如果一个接口满足函数式接口的条件,即便没有该注解,它也是函数式接口。

扫一扫

8.1.3 Lambda 基础语法

Lambda 语法非常简单,主要由以下 3 部分构成。

- 参数:格式为(参数1,参数2),这里的参数是函数式接口里的参数,其参数类型可以明确声明,也可不声明而由 JVM 隐含地推断。另外,当只有一个参数时,可以省略小括号。
- 箭头:Lambda 表达式的固定语法,使用 "->" 表示。
- 方法体:可以是表达式,也可以是代码块,是函数式接口里方法的实现。代码块等同于方法的方法体,可返回一个值或者什么都不返回。如果是表达式,也可以返回一个值或者什么都不返回。

下面创建 6 个函数式接口,以此为例进行演示,6 个接口如下所示。

```
//无参数无返回值
@FunctionalInterface
interface NoReturnNoParam {
    void method();
}
//单参数无返回值
@FunctionalInterface
interface NoReturnOneParam {
    void method(int a);
}
//多参数无返回值
@FunctionalInterface
interface NoReturnMultiParam {
    void method(int a, int b);
}
//无参数有返回值
@FunctionalInterface
interface ReturnNoParam {
    int method();
}
//单参数有返回值
@FunctionalInterface
interface ReturnOneParam {
    int method(int a);
}
```

```
//多参数有返回值
@FunctionalInterface
interface ReturnMultiParam {
    int method(int a, int b);
}
```

这 6 个接口涵盖所有场景下的函数式接口：无参数无返回值、单参数无返回值、多参数
无返回值、无参数有返回值、单参数有返回值、多参数有返回值。下面编写程序，演示这 6 个
场景下 Lambda 表达式的用法，如代码清单 8.1 所示。

代码清单 8.1　Demo1Lambda

```
package com.yyds.unit8.demo;
public class Demo1Lambda {
    public static void main(String[] args) {
        //这里其实相当于直接创建匿名内部类,大括号内的代码其实就是匿名内部类的方法实现
        NoReturnNoParam noReturnNoParam = ()->{
            System.out.println("我是无参数无返回值的函数式接口");
        };
        noReturnNoParam.method();
        //Lambda 中的参数不需要写参数类型,编译器会进行推断
        NoReturnOneParam noReturnOneParam = (a)->{
            System.out.println("单参数无返回值传入的参数是: " + a);
        };
        noReturnOneParam.method(1);
        NoReturnMultiParam noReturnMultiParam = (a, b) ->{
            System.out.println("多参数无返回值计算结果: "  + (a + b));
        };
        noReturnMultiParam.method(1,2);
        ReturnNoParam returnNoParam = () ->{
            return 12;
        };
        int result1 = returnNoParam.method();
        System.out.println(12);
        ReturnOneParam returnOneParam = (a) ->{
            return a+1;
        };
        int result2 = returnOneParam.method(3);
        System.out.println(result2);
        ReturnMultiParam returnMultiParam = (a, b)->{
            return a * b;
        };
        int result3 = returnMultiParam.method(3, 5);
        System.out.println(result3);
    }
}
```

程序（代码清单 8.1）运行结果如图 8.1 所示。

Lambda 表达式的语法就是这么简单，但对于刚刚接触 Lambda 表达式的读者，可能觉
得这个语法过于花哨，晦涩难懂。但实际上如果把 Lambda 看作匿名内部类，就非常好理解

我是无参数无返回值的函数式接口
单参数无返回值传入的参数是：1
多参数无返回值计算结果：3
12
4
15

图 8.1　程序运行结果

了。Lambda 的核心就是实现匿名内部类中的抽象方法，Lambda 表达式的参数就是抽象方法的参数，方法体就是抽象方法的具体实现。

扫一扫

8.1.4　Lambda 的语法简化

Lambda 表达式的语法不仅仅这么简单，还可以更加简化，主要有以下几个简化场景。

- 如果 Lambda 表达式中只有一个参数，那么参数的括号可以省略。
- 如果 Lambda 表达式的方法体内只有一行代码，那么方法体的大括号和这行代码的分号可以省略。
- 如果 Lambda 表达式的方法体内只有一行 return 语句，那么方法体的大括号、这行代码的分号、return 关键字都可以省略。

接下来对上面的代码进行简化，如代码清单 8.2 所示。

代码清单 8.2　Demo2Lambda

```java
package com.yyds.unit8.demo;
public class Demo2Lambda {
    public static void main(String[] args) {
        //方法体内只有一行代码,省略大括号和分号
        NoReturnNoParam noReturnNoParam = ()-> System.out.println("我是无参数无
        返回值的函数式接口");
        noReturnNoParam.method();
        //参数只有一个,省略小括号,并且方法体只有一行代码,省略大括号和分号
        NoReturnOneParam noReturnOneParam = a-> System.out.println("单参数无返
        回值传入的参数是：" + a);
        noReturnOneParam.method(1);
        //参数有两个,不能省略小括号,但是方法体只有一行代码,可以省略大括号和分号
        NoReturnMultiParam noReturnMultiParam = (a, b) -> System.out.println("
        多参数无返回值计算结果：" + (a + b));
        noReturnMultiParam.method(1,2);
        //方法体只有一行 return 语句,省略 return、大括号、分号
        ReturnNoParam returnNoParam = () -> 12;
        int result1 = returnNoParam.method();
        System.out.println(12);
        //参数只有一个,省略小括号。方法体只有一行 return 语句,省略大括号和分号
        ReturnOneParam returnOneParam = a -> a+1;
        int result2 = returnOneParam.method(3);
        System.out.println(result2);
        //省略大括号和分号
```

```
        ReturnMultiParam returnMultiParam = (a, b)-> a * b;
        int result3 = returnMultiParam.method(3, 5);
        System.out.println(result3);
    }
}
```

　　如上,代码变得更加简洁了,但是运行结果却不会发生变化。在实际开发中,写出更加简洁的代码,更能提高代码的可读性以及可维护性。

8.1.5　方法引用

　　在介绍方法引用之前,先看两段代码,如下所示。

```
NoReturnOneParam noReturnOneParam = a -> System.out.println(a);
noReturnOneParam.method(2);
ReturnMultiParam returnMultiParam = (a, b) -> Integer.sum(a, b);
System.out.println(returnMultiParam.method(2, 3));
```

　　上面的代码并没有任何问题,但是如果使用的是 IDEA 开发工具,则会在这里报出警告,告诉你代码还可以更加简化,那么如何简化呢?

　　先分析这两段代码。首先第一段代码使用了无参数无返回值的 Lambda 表达式,而这个表达式的作用就是调用 System.out.println()方法输出参数 a。换句话说,其实调用 NoReturnOneParam 的 method()方法,就是在调用 System.out.println()方法。这个场景与对象的使用类似,如果想使用一个已有的对象,并不需要创建一个新的对象,只把已有的对象引用过来就可以了。Lambda 表达式也一样,可以通过代码推导得出,第一段 Lambda 表达式就是调用 System.out.println()方法,第二段 Lambda 表达式就是调用 Integer.sum()方法,因此并不需要再写这个 Lambda 表达式,只把方法引用过来就可以了。方法引用的语法格式如下。

　　函数式接口名 变量名 = 类名或对象名::方法名;

　　当需要引用的是成员方法时,就是对象名::方法名;当需要引用的是静态方法时,就是类名::方法名。

　　接下来使用方法引用改写上面的代码,如代码清单 8.3 所示。

　　代码清单 8.3　**Demo3MethodReference**

```
package com.yyds.unit8.demo;
public class Demo3MethodReference {
    public static void main(String[] args) {
        NoReturnOneParam noReturnOneParam = System.out::println;
        System.out.print("单参数无返回值改方法引用运行结果: ");
        noReturnOneParam.method(2);
        ReturnMultiParam returnMultiParam = Integer::sum;
        System.out.print("多参数有返回值改方法引用运行结果: ");
        System.out.println(returnMultiParam.method(2, 3));
    }
}
```

程序(代码清单8.3)运行结果如图8.2所示。

单参数无返回值改方法引用运行结果：2
多参数有返回值改方法引用运行结果：5

图8.2　程序运行结果

8.1.6　集合中使用 Lambda

在 JDK 8 之后,集合中也提供了一些支持 Lambda 表达式的方法,这些方法接收的参数就是一个函数式接口,直接传入一个 Lambda 表达式即可。在此,主要演示 forEach()方法、removeIf()方法、sort()方法,如代码清单8.4所示。

代码清单8.4　**Demo4CollectionLambda**

```java
package com.yyds.unit8.demo;
import java.util.ArrayList;
import java.util.List;
public class Demo4CollectionLambda {
    public static void main(String[] args) {
        List<Product> list = new ArrayList<>();
        list.add(new Product("西游记", 120.0));
        list.add(new Product("牙刷", 3.5));
        list.add(new Product("笔记本电脑", 4999.0));
        list.add(new Product("安卓手机", 2999.0));
        list.add(new Product("苹果手机", 6999.0));
        System.out.println("排序前: ");
        //Lambda 语法遍历集合,这里还可以再简化吗?
        list.forEach(e-> System.out.println(e));
        //删除价格低于 100 的商品
        list.removeIf(e->e.price<100);
        /*
        //匿名内部类方式排序
        list.sort(new Comparator<Product>() {
            @Override
            public int compare(Product a, Product b) {
                return (int)(a.price - b.price);
            }
        }); */
        //Lambda 表达式排序
        list.sort((a, b) -> (int)(a.price - b.price));
        System.out.println("排序后: ");
        list.forEach(System.out::println);
    }
    private static class Product {
        private String name;
        private Double price;
        public Product(String name, Double price) {
```

```java
        this.name = name;
        this.price = price;
    }
    //省略 get()和 set()方法
    @Override
    public String toString() {
        return "Product{" +
                "name='" + name + '\'' +
                ", price=" + price +
                '}';
    }
}
}
```

程序(代码清单 8.4)运行结果如图 8.3 所示。

```
排序前:
Product{name='西游记', price=120.0}
Product{name='牙刷', price=3.5}
Product{name='笔记本电脑', price=4999.0}
Product{name='安卓手机', price=2999.0}
Product{name='苹果手机', price=6999.0}
排序后:
Product{name='西游记', price=120.0}
Product{name='安卓手机', price=2999.0}
Product{name='笔记本电脑', price=4999.0}
Product{name='苹果手机', price=6999.0}
```

图 8.3　程序运行结果

上面的案例演示了遍历、删除和排序操作。如果使用传统的方式,代码量会比较大,而采用 Lambda 表达式之后,代码量则大大减少了,这就是 Lambda 表达式的优势。

8.2　Stream

8.2.1　Stream 介绍

在前面使用了 Lambda 表达式来操作集合,可能你觉得意犹未尽,翻遍 List 中的方法也没找到几个可以用 Lambda 表达式的方法,不用担心,Stream 就是为此而存在的。

Stream 借助 Lambda 表达式,将要处理的数据看作一种流。在流的过程中,借助 Stream API 操作元素,如排序、聚合、筛选等。使用 Stream,可以更加简单灵活地操作集合和数组。可以直接使用 collection.stream()获取 Stream,也可以使用 Arrays.stream()将多个元素合并成 Stream。

8.2.2　Stream 的使用

在介绍 Stream 的使用之前，先创建一个 Disease 类，后面的案例都围绕着这个类，如下所示。

```java
package com.yyds.unit8.demo;
public class Disease {
    private Integer id;
    private String name;               //地区名称
    private Integer count;             //确诊数
    private Integer type;              //地区类,0低风险,1中风险,2高风险
    public Disease(Integer id, String name, Integer count, Integer type) {
        this.id = id;
        this.name = name;
        this.count = count;
        this.type = type;
    }
    //省略 get()和 set()方法
    @Override
    public String toString() {
        return "Disease{" +
                "id=" + id +
                ", name='" + name + '\'' +
                ", count=" + count +
                ", type=" + type +
                '}';
    }
}
```

1. 遍历和匹配

扫一扫

集合本身带有一个 forEach()方法，而 Stream 中也有，它的功能与集合的 forEach 并无区别。此外，Stream 中还有匹配方法，它的作用是匹配出符合条件的数据。遍历与匹配如代码清单 8.5 所示。

代码清单 8.5　**Demo5StreamMatch**

```java
package com.yyds.unit8.demo;
import java.util.ArrayList;
import java.util.List;
public class Demo5StreamMatch {
    public static void main(String[] args) {
        List<Disease> list = new ArrayList<>();
        list.add(new Disease(1, "安徽合肥", 100, 0));
        list.add(new Disease(2, "湖北武汉", 2000, 2));
        list.add(new Disease(3, "上海浦东", 1500, 2));
        list.add(new Disease(4, "河南郑州", 500, 1));
        list.add(new Disease(5, "江苏南京", 200, 0));
        //list.stream()获取流,使用流遍历
        list.stream().forEach(System.out::println);
```

```
        //过滤出所有确诊数在 1000 以上的地区,匹配第一条
        System.out.println("确诊数在 1000 以上的地区");
        Disease disease = list.stream().filter(e -> e.getCount() > 1000).
        findFirst().get();
        System.out.println(disease);
        //匹配是否所有地区确诊数都大于 100
        boolean flag1 = list.stream().allMatch(e -> e.getCount() > 100);
        //匹配是否存在一个确诊数大于 1000 的地区
        boolean flag2 = list.stream().anyMatch(e -> e.getCount() > 1000);
        //匹配是否没有确诊数小于 100 的地区
        boolean flag3 = list.stream().noneMatch(e -> e.getCount() < 100);
        System.out.println(flag1 + "," + flag2 + "," + flag3);
    }
}
```

程序(代码清单 8.5)运行结果如图 8.4 所示。

```
Disease{id=1, name='安徽合肥', count=100, type=0}
Disease{id=2, name='湖北武汉', count=2000, type=2}
Disease{id=3, name='上海浦东', count=1500, type=2}
Disease{id=4, name='河南郑州', count=500, type=1}
Disease{id=5, name='江苏南京', count=200, type=0}
确诊数在1000以上的地区
Disease{id=2, name='湖北武汉', count=2000, type=2}
false,true,true
```

图 8.4　程序运行结果

2. 映射

当想取出一个集合中的某个属性,并转换成新的集合时,可以使用 Stream 中的 map()
方法,比如取出所有疫情地区,如代码清单 8.6 所示。

扫一扫

代码清单 8.6　**Demo6StreamMap**

```java
package com.yyds.unit8.demo;
import java.util.ArrayList;
import java.util.List;
import java.util.stream.Collectors;
public class Demo6StreamMap {
    public static void main(String[] args) {
        List<Disease> list = new ArrayList<>();
        list.add(new Disease(1, "安徽合肥", 100, 0));
        list.add(new Disease(2, "湖北武汉", 2000, 2));
        list.add(new Disease(3, "上海浦东", 1500, 2));
        list.add(new Disease(4, "河南郑州", 500, 1));
        list.add(new Disease(5, "江苏南京", 200, 0));
        //map 取出所有地区信息,collect 将这些地区信息合并成新的集合
        List<String> areaList = list.stream().map(e -> e.getName()).collect
        (Collectors.toList());
```

```
        System.out.println("所有疫情地区: " + areaList);
    }
}
```

程序(代码清单 8.6)运行结果如图 8.5 所示。

所有疫情地区：［安徽合肥，湖北武汉，上海浦东，河南郑州，江苏南京］

图 8.5　程序运行结果

扫一扫

3. 过滤

事实上，过滤(filter)在前面已经有所使用，它需要返回一个布尔类型，Stream 会将所有返回结果为 true 的数据收集起来，使用 filter 可以根据需要过滤出所想要的数据，如代码清单 8.7 所示。

代码清单 8.7　Demo7StreamFilter

```java
package com.yyds.unit8.demo;
import java.util.ArrayList;
import java.util.List;
import java.util.stream.Collectors;
public class Demo7StreamFilter {
    public static void main(String[] args) {
        List<Disease> list = new ArrayList<>();
        list.add(new Disease(1, "安徽合肥", 100, 0));
        list.add(new Disease(2, "湖北武汉", 2000, 2));
        list.add(new Disease(3, "上海浦东", 1500, 2));
        list.add(new Disease(4, "河南郑州", 500, 1));
        list.add(new Disease(5, "江苏南京", 200, 0));
        //stream()方法返回的数据类型是 Stream,而 Stream 大部分方法返回的也是 Stream,
        //因此 Stream 可以进行链式编程
        //filter 过滤出所有高风险地区,并直接输出
        list.stream().filter(e->e.getType() == 2).forEach(System.out::println);
        //filter 过滤出所有低风险地区,并将名称收集成新的集合
        List<String> nameList = list.stream().filter(e -> e.getType() == 0).
        map(e -> e.getName()).collect(Collectors.toList());
        System.out.println("低风险地区有: " + nameList);
        //过滤出确诊数不大于 1000 的地区,并匹配其中是否有中风险地区
        boolean flag = list.stream().filter(e -> e.getCount() <= 1000).anyMatch
        (e -> e.getType() == 1);
        System.out.println("匹配结果: " + flag);
    }
}
```

程序(代码清单 8.7)运行结果如图 8.6 所示。

Disease{id=2, name='湖北武汉', count=2000, type=2}
Disease{id=3, name='上海浦东', count=1500, type=2}
低风险地区有：［安徽合肥, 江苏南京］
匹配结果：true

图 8.6　程序运行结果

在本案例中使用了 Stream 的链式编程。Stream 就像一整条流水线,每个方法负责处理一部分逻辑,可以不停地调用 Stream 中的方法,直到处理成想要的数据为止,再使用 collect 收集。

4. 聚合统计

扫一扫

统计功能是最常见的需求,Stream 也支持统计,主要有 max()、min()和 count() 3 个方法,分别统计最大值、最小值、总数,如代码清单 8.8 所示。

代码清单 **8.8** **Demo8StreamStatistic**

```
package com.yyds.unit8.demo;
import java.util.ArrayList;
import java.util.List;
public class Demo8StreamStatistic {
    public static void main(String[] args) {
        List<Disease> list = new ArrayList<>();
        list.add(new Disease(1, "安徽合肥", 100, 0));
        list.add(new Disease(2, "湖北武汉", 2000, 2));
        list.add(new Disease(3, "上海浦东", 1500, 2));
        list.add(new Disease(4, "河南郑州", 500, 1));
        list.add(new Disease(5, "江苏南京", 200, 0));
        //计算出确诊数最少的城市
        Disease min = list.stream().min((a, b) -> a.getCount() - b.getCount()).get();
        //计算出确诊数最多的城市
        Disease max = list.stream().max((a, b) -> a.getCount() - b.getCount()).get();
        //计算出处于中风险地区及以上的城市个数
        long count = list.stream().filter(e -> e.getType() > 0).count();
        System.out.println("确诊数最少: " + min);
        System.out.println("确诊数最多: " + max);
        System.out.println("中高风险地区个数: " + count);
    }
}
```

程序(代码清单 8.8)运行结果如图 8.7 所示。

```
确诊数最少: Disease{id=1, name='安徽合肥', count=100, type=0}
确诊数最多: Disease{id=2, name='湖北武汉', count=2000, type=2}
中高风险地区个数: 3
```

图 8.7　程序运行结果

5. 归约

扫一扫

归约,也称为缩减,是将一个流缩减成一个值,比如对流中的所有数据进行求和、求积等操作,有时也将其归纳到聚合操作中。代码清单 8.9 为归约的案例。

代码清单 **8.9** **Demo9StreamReduce**

```
package com.yyds.unit8.demo;
import java.util.ArrayList;
import java.util.List;
```

```
public class Demo9StreamReduce {
    public static void main(String[] args) {
        List<Disease> list = new ArrayList<>();
        list.add(new Disease(1, "安徽合肥", 100, 0));
        list.add(new Disease(2, "湖北武汉", 2000, 2));
        list.add(new Disease(3, "上海浦东", 1500, 2));
        list.add(new Disease(4, "河南郑州", 500, 1));
        list.add(new Disease(5, "江苏南京", 200, 0));
        //分别计算高风险地区总人数、中风险地区总人数、低风险地区总人数
        Integer highCount = list.stream().filter(e -> e.getType() == 2)
                //只取出count来计算
                .map(e -> e.getCount()).reduce((a, b) -> a + b).get();
        //这里使用方法引用
        Integer middleCount = list.stream().filter(e -> e.getType() == 1).map
        (Disease::getCount).reduce(Integer::sum).get();
        Integer lowCount = list.stream().filter(e -> e.getType() == 0).map(e -> e.
        getCount()).reduce(Integer::sum).get();
        System.out.println("高风险、中风险、低风险地区人数分别为: " + highCount
        + "," + middleCount + "," + lowCount);
    }
}
```

程序(代码清单8.9)运行结果如图8.8所示。

高风险、中风险、低风险地区人数分别为: 3500,500,300

图8.8　程序运行结果

扫一扫

6. 收集

在前面我们已经对收集collect有所接触。事实上,它不仅可以将数据收集成List,还可进行统计、分组和接合等操作,如代码清单8.10所示。

代码清单8.10　**Demo10StreamCollect**

```
package com.yyds.unit8.demo;
import java.util.ArrayList;
import java.util.IntSummaryStatistics;
import java.util.List;
import java.util.Map;
import java.util.Optional;
import java.util.stream.Collectors;
public class Demo10StreamCollect {
    public static void main(String[] args) {
        List<Disease> list = new ArrayList<>();
        list.add(new Disease(1, "安徽合肥", 100, 0));
        list.add(new Disease(2, "湖北武汉", 2000, 2));
        list.add(new Disease(3, "上海浦东", 1500, 2));
        list.add(new Disease(4, "河南郑州", 500, 1));
        list.add(new Disease(5, "江苏南京", 200, 0));
        System.out.println("收集: ");
```

```
//获取所有高风险地区,收集成map,地区名称为key,确诊数为value
Map<String, Integer> highMap = list.stream().filter(e -> e.getType() ==
2).collect(Collectors.toMap(Disease::getName, Disease::getCount));
System.out.println(highMap);
System.out.println("===================");
System.out.println("统计: ");
//统计高风险地区个数
Long highAreaCount = list.stream().filter(e -> e.getType() == 2).
collect(Collectors.counting());
//统计中低风险地区平均人数
Double avg = list.stream().filter(e -> e.getType() != 2).collect
(Collectors.averagingInt(Disease::getCount));
//求低风险地区总人数
Integer totalCount = list.stream().filter(e -> e.getType() == 0).
collect(Collectors.summingInt(Disease::getCount));
//求确诊数最多的城市
Optional<Disease> max = list.stream().collect(Collectors.maxBy((a, b)
-> a.getCount() - b.getCount()));
//一次性统计中高风险地区个数,平均人数,总人数,确诊数最多、最少的城市
IntSummaryStatistics statistics = list.stream().filter(e -> e.getType
() != 0).collect(Collectors.summarizingInt(Disease::getCount));
System.out.println("高风险地区个数: " + highAreaCount);
System.out.println("中低风险地区平均人数: " + avg);
System.out.println("低风险地区总人数: " + totalCount);
System.out.println("确诊数最多的城市: " + max);
System.out.println("高风险地区体检结果: ");
System.out.println(statistics);
System.out.println("====================");
//将城市以确诊数500为分界点分成两组
Map<Boolean, List<Disease>> map1 = list.stream().collect(Collectors.
partitioningBy(e -> e.getCount() >= 500));
System.out.println("500分界点分组: ");
for(Map.Entry<Boolean, List<Disease>> entry : map1.entrySet()) {
    System.out.println(entry.getKey()+":");
    entry.getValue().forEach(System.out::println);
}
//将城市按照风险度分组
Map<Integer, List<Disease>> map2 = list.stream().collect(Collectors.
groupingBy(Disease::getType));
System.out.println("按照风险度分组: ");
for(Map.Entry<Integer, List<Disease>> entry : map2.entrySet()) {
    System.out.println(entry.getKey());
    entry.getValue().forEach(System.out::println);
}
System.out.println("=============");
System.out.println("接合: ");
//将高风险地区名称使用","连接起来
  String names = list.stream().filter(e -> e.getType() == 2).map
  (Disease::getName).collect(Collectors.joining(","));
System.out.println(names);
    }
}
```

程序(代码清单 8.10)运行结果如图 8.9 所示。

```
收集:
{上海浦东=1500，湖北武汉=2000}
===================
统计:
高风险地区个数：2
中低风险地区平均人数：266.6666666666667
低风险地区总人数：300
确诊数最多的城市：Optional[Disease{id=2, name='湖北武汉', count=2000, type=2}]
高风险地区体检结果:
IntSummaryStatistics{count=3, sum=4000, min=500, average=1333.333333, max=2000}
===================
500分界点分组:
false:
Disease{id=1, name='安徽合肥', count=100, type=0}
Disease{id=5, name='江苏南京', count=200, type=0}
true:
Disease{id=2, name='湖北武汉', count=2000, type=2}
Disease{id=3, name='上海浦东', count=1500, type=2}
Disease{id=4, name='河南郑州', count=500, type=1}
按照风险度分组:
0
Disease{id=1, name='安徽合肥', count=100, type=0}
Disease{id=5, name='江苏南京', count=200, type=0}
1
Disease{id=4, name='河南郑州', count=500, type=1}
2
Disease{id=2, name='湖北武汉', count=2000, type=2}
Disease{id=3, name='上海浦东', count=1500, type=2}
=============
接合:
湖北武汉,上海浦东
```

图 8.9　程序运行结果

7. 排序

扫一扫

Stream 的排序功能远比集合的功能强得多，它可以更简单地根据多个维度进行排序，如代码清单 8.11 所示。

代码清单 8.11　**Demo11StreamSort**

```java
package com.yyds.unit8.demo;
import java.util.ArrayList;
import java.util.Comparator;
import java.util.List;
import java.util.stream.Collectors;
public class Demo11StreamSort {
```

```java
public static void main(String[] args) {
    List<Disease> list = new ArrayList<>();
    list.add(new Disease(1, "安徽合肥", 100, 0));
    list.add(new Disease(2, "湖北武汉", 2000, 2));
    list.add(new Disease(3, "上海浦东", 1500, 2));
    list.add(new Disease(4, "河南郑州", 500, 1));
    list.add(new Disease(5, "江苏南京", 200, 0));
    //根据确诊数倒序排序
    List<Disease> list2 = list.stream().sorted((a, b) -> b.getCount() - a.
    getCount()).collect(Collectors.toList());
    System.out.println("倒序排序: ");
    list2.forEach(System.out::println);
    //根据风险度由低到高排序,相同风险度地区按照确诊人数从高到低排序
    List<Disease> list3 = list.stream().sorted(Comparator.comparing
    (Disease::getType).thenComparing((a, b) -> b.getCount() - a.getCount
    ())).collect(Collectors.toList());
    System.out.println("按照风险度和人数排序");
    list3.forEach(System.out::println);
    }
}
```

程序(代码清单 8.11)运行结果如图 8.10 所示。

```
倒序排序:
Disease{id=2, name='湖北武汉', count=2000, type=2}
Disease{id=3, name='上海浦东', count=1500, type=2}
Disease{id=4, name='河南郑州', count=500, type=1}
Disease{id=5, name='江苏南京', count=200, type=0}
Disease{id=1, name='安徽合肥', count=100, type=0}
按照风险度和人数排序
Disease{id=5, name='江苏南京', count=200, type=0}
Disease{id=1, name='安徽合肥', count=100, type=0}
Disease{id=4, name='河南郑州', count=500, type=1}
Disease{id=2, name='湖北武汉', count=2000, type=2}
Disease{id=3, name='上海浦东', count=1500, type=2}
```

图 8.10　程序运行结果

8. 提取

提取操作可以用来去重、跳过某些数据、取前几个数据。当获取到的数据过多时,可以用来进行分页等操作,如代码清单 8.12 所示。

扫一扫

代码清单 8.12　**Demo12StreamExtract**

```java
package com.yyds.unit8.demo;
import java.util.ArrayList;
import java.util.Comparator;
import java.util.List;
```

```java
import java.util.stream.Collectors;
public class Demo12StreamExtract {
    public static void main(String[] args) {
        List<Disease> list = new ArrayList<>();
        list.add(new Disease(1, "安徽合肥", 100, 0));
        list.add(new Disease(2, "湖北武汉", 2000, 2));
        list.add(new Disease(3, "上海浦东", 1500, 2));
        list.add(new Disease(4, "河南郑州", 500, 1));
        list.add(new Disease(5, "江苏南京", 200, 0));
        list.add(new Disease(6, "江苏南京", 300, 0));
        list.add(new Disease(7, "河南郑州", 100, 0));
        //取出所有低风险地区,并将名称去重
        List<String> names = list.stream().filter(e -> e.getType() == 0). map
        (Disease::getName).distinct().collect(Collectors.toList());
        System.out.println("低风险地区有: " + names);
        //根据确诊数倒序排序,取前两个城市
        List<Disease> top2List = list.stream().sorted(Comparator.comparing
        (Disease::getCount).reversed()).limit(2).collect(Collectors.toList());
        System.out.println("确诊数最多的 2 个城市");
        top2List.forEach(System.out::println);
        //根据确诊数倒序排序,跳过前 3 条数据
        List<Disease> skip3List = list.stream().sorted((a, b) -> b.getCount()
        - a. getCount()).skip(3).collect(Collectors.toList());
        System.out.println("跳过前 3 条");
        skip3List.forEach(System.out::println);
    }
}
```

程序(代码清单 8.12)运行结果如图 8.11 所示。

```
低风险地区有:[安徽合肥, 江苏南京, 河南郑州]
确诊数最多的2个城市
Disease{id=2, name='湖北武汉', count=2000, type=2}
Disease{id=3, name='上海浦东', count=1500, type=2}
跳过前3条
Disease{id=6, name='江苏南京', count=300, type=0}
Disease{id=5, name='江苏南京', count=200, type=0}
Disease{id=1, name='安徽合肥', count=100, type=0}
Disease{id=7, name='河南郑州', count=100, type=0}
```

图 8.11　程序运行结果

8.3　本章小结

本章内容较少,主要介绍了 JDK 8 中的新特性和新语法: Lambda 表达式与 Stream。
8.1 节首先介绍了 Lambda 表达式的使用条件: 函数式接口的定义,接着以 6 个案例介绍了

Lambda 表达式中所有场景下的使用,之后介绍了方法引用,使得 Lambda 表达式代码的精简程度更上一层楼。

8.2 节结合 Lambda 表达式着重介绍了集合的 Stream 操作,通过多方面的案例,介绍了 Stream 的收集、过滤、分组、排序、聚合、归约等操作,通过这些案例,不难发现 Stream 可以大大简化在集合中的开发难度,从而提高开发效率。

通过本章的学习,读者需要能够清晰地认识 Lambda 与 Stream,并掌握它们的使用。

8.4 习题

1. Lambda 表达式是什么? Lambda 表达式的语法由哪些部分组成?

2. 什么是函数式接口? 如果一个接口中有一个抽象方法和多个 default 方法,那么该接口是函数式接口吗?

3. 函数式接口必须使用@FunctionalInterface 注解标注,没有该注解的接口不是函数式接口,这句话的描述是否正确?

4. 什么是方法引用? 为什么要使用方法引用?

5. 分别使用常规 for 循环方式,以及使用 Stream.filter 方式,筛选出所有高风险地区数据,对比两种方式的代码简洁性。

6. 向疫情集合中插入 10 条数据,过滤出安徽省的所有数据,并根据确诊人数倒序排序,输出这些城市的名称,以“,”接合。

7. 过滤出高风险地区中,确诊人数在 2000 以上的湖北省数据,并统计它们的最大值、最小值、平均值、总条数、总人数。

8. 将疫情地区按照风险度进行分组,再将每个风险度的数据按照确诊人数倒序排序。

9. 前面案例中只能先取出名称,再对名称去重,你能直接对对象进行去重吗?

10. (扩展习题)第 10 章将会讲到 JDBC 的分组,而 Stream 中的 limit 和 skip 也可以模拟出分页操作,请通过代码演示 Stream 下对集合的分组。

第9章 文件与I/O流

9.1 I/O 流

9.1.1 输入与输出

对于任何一个程序来说,输入(Input)和输出(Output)都是其核心功能。程序运行需要数据,数据往往从外部的系统中获取,程序也可能需要把数据写给外部系统,外部系统可能是文件系统、数据库系统等。

输入指的是从外部系统读取数据,核心是"读",因此一般也称为"读入",比如读取某个文件的内容到程序中、读取用户从键盘中录入的信息等;输出指的是往外部系统写数据,核心是"写",因此一般也称为"写出",比如往数据库中写数据,或者往文件中写文本等。

本章将围绕读入与写出操作进行讲解,java.io 包是 JDK 中与输入/输出相关的包,也统称为 I/O 流。

9.1.2 I/O 流体系

所谓"流",就像一个水流,而数据源就像水箱。水箱中的水源源不断地流向外面,或者外界的水源源不断地流向水箱,这就是流的思想。流是一个抽象、动态的概念,是一连串连续动态的数据集合。

Java 中的 I/O 流非常多,按照流的方向分类,可以分为输入流和输出流;按照处理的数据单元分类,可以分为字节流和字符流;按照处理对象的不同分类,可以分为节点流(普通流)和处理流(对象流),实际开发中要能够根据具体的场景选择最合适的流。这里只列出常见的类,按照字节流和字符流分类如图 9.1 所示。

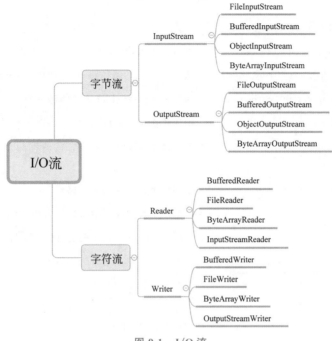

图 9.1　I/O 流

9.2　File 类

9.2.1　File 类概述

在介绍 I/O 流之前,要先介绍 File 类。File 类并不在 java.io 包下,但是它与 I/O 流的关系密不可分。File 类代表着文件或者文件夹,几乎所有的 I/O 流操作载体都是文件,因此要先了解它。

File 类在使用时需要指定一个文件路径,该路径可以是绝对路径,也可以是相对路径。相对路径与绝对路径的区别如下。

- 绝对路径:是指文件在硬盘上真正存在的路径。之所以称为绝对,是因为不管程序在哪个目录下,操作同一个文件所引用的路径都是一样的。
- 相对路径:就是相对于自己的目标文件的位置。当不同目录下的程序操作同一个文件时,所使用的路径将不相同,故称之为相对。

其中,在 IDEA 项目开发中,相对路径是以项目根目录为准的。

9.2.2　File 类的常用方法

File 既可以代表文件,也可以代表文件夹,创建文件、删除文件、创建文件夹、获取文件列表等操作都需要用到它。File 类的主要构造方法和成员方法如表 9.1 所示。

扫一扫

表 9.1　File 类的主要构造方法和成员方法

	方 法 签 名	方 法 描 述
构造方法	File(String pathname)	通过指定的路径创建一个 File 对象
	File(File parent，String child)	通过 parent 的路径和 child 创建一个 File 对象
	File(String parent，String child)	通过 parent 和 child 路径创建一个 File 对象
成员方法	String getName()	返回该 File 对象的名称
	String getPath()	返回该 File 对象的路径，该路径与创建时指定的路径一致
	String getAbsolutePath()	返回该 File 对象的绝对路径
	long length()	返回该 File 对象对应文件的大小，单位为 byte
	boolean exists()	判断该 File 对象代表的文件夹或文件是否存在
	boolean isDirectory()	判断该 File 对象是否为文件夹
	boolean isFile()	判断该 File 对象是否为文件
	boolean mkdir()	创建该 File 对象代表的文件夹，如果路径中有不存在的文件夹，则创建失败
	boolean mkdirs()	创建该 File 对象代表的文件夹，包含路径中所有不存在的文件夹
	boolean createNewFile()	创建该 File 对象所代表的文件
	boolean delete()	删除该 File 对象代表的文件夹或者文件
	boolean renameTo(File dest)	移动文件到 dest 路径并重命名
	File[] listFiles()	返回当前 File 文件夹下所有的 File 对象

扫一扫

9.2.3　File 操作文件

上面介绍了 File 对象的常见方法，接下来演示这些方法的基本使用。首先，手动在项目根目录下创建文件夹 unit9，并在下面创建文件 abc.txt，内容为"123HelloWorld 你好"。然后，编写代码，尝试获取文件的一些信息，如代码清单 9.1 所示。

代码清单 9.1　Demo1File

```java
package com.yyds.unit9.demo;
import java.io.File;
public class Demo1File {
    public static void main(String[] args) {
        File file = new File("unit9/abc.txt");
        System.out.println("是否存在: " + file.exists());
        System.out.println("是否为文件夹: " + file.isDirectory());
        System.out.println("是否为文件: " + file.isFile());
        System.out.println("文件长度: " + file.length());
        System.out.println("文件名: " + file.getName());
```

```
        System.out.println("创建时路径: " + file.getPath());
        System.out.println("绝对路径: " + file.getAbsolutePath());
    }
}
```

程序(代码清单 9.1)运行结果如图 9.2 所示。

```
是否存在: true
是否为文件夹: false
是否为文件: true
文件长度: 19
文件名: abc.txt
创建时路径: unit9\abc.txt
绝对路径: F:\教材\code\unit9\abc.txt
```

图 9.2 程序运行结果

这里需要注意 getPath()方法,该方法获取的是创建 File 对象时指定的路径,如果创建时指定相对路径,那么 getPath()获取的就是相对路径。如果创建时指定的是绝对路径,那么 getPath()获取的就是绝对路径。此外,还有 length()方法,该方法获取到的是文件的大小,其中对于文本文件而言,一个英文字符占 1B,GBK 编码下一个中文字符占 2B,UTF-8 编码下一个中文字符占 3B。

接下来演示 File 类中与创建、修改相关的方法,如代码清单 9.2 所示。

代码清单 9.2 Demo2File

```
package com.yyds.unit9.demo;
import java.io.File;
public class Demo2File {
    public static void main(String[] args) throws Exception {
        File file1 = new File("unit9/dir1/dir2");
        //dir2 之前的 dir1 并不存在,所以 dir2 创建失败
        file1.mkdir();
        File file2 = new File("unit9/test1/test2");
        //该方法会创建整个路径中所有不存在的文件夹
        file2.mkdirs();
        File file3 = new File("unit9/123.txt");
        //创建文件
        file3.createNewFile();
        File file4 = new File("unit9/abc.txt");
        //删除文件
        file4.delete();
        //将 123.txt 移动到 unit9/test1/test2 下,并重命名为 456.txt
        file3.renameTo(new File("unit9/test1/test2/456.txt"));
    }
}
```

运行程序,file1 指定的路径是 unit9/dir1/dir2,由于 dir1 不存在,所以使用 mkdir()方法时 dir2 并不会创建成功;file2 指定的路径是 unit9/test1/test2,虽然 test1 也不存在,但是

由于使用的方法是 mkdirs(),因此会将整个路径中所有不存在的目录全部创建;file3 指定 unit9/123.txt,并创建该文件,运行后发现 123.txt 创建成功;紧接着,file4 指定了 unit9/abc.txt 并将其删除,最后将 file3 移动到 unit9/test1/test2 下,并重命名为 456.txt。

扫一扫

9.2.4 遍历目录文件

上面遗留了 listFiles()方法,该方法的作用是获取指定目录下所有的文件和文件夹。下面编写程序,递归查看一个文件夹下所有的文件和文件夹,如代码清单 9.3 所示。

代码清单 9.3　Demo3ListFile

```java
package com.yyds.unit9.demo;
import java.io.File;
public class Demo3ListFile {
    public static void main(String[] args) throws Exception {
        File file = new File("E:\\nginx-1.17.4");
        printFile(file);
    }
    //递归输出文件夹和文件
    private static void printFile(File file) {
        System.out.println(file.getAbsolutePath());
        //如果是目录,就递归调用
        if(file.isDirectory()) {
            File[] listFiles = file.listFiles();
            for(File f : listFiles) {
                printFile(f);
            }
        }
    }
}
```

程序(代码清单 9.3)运行部分结果如图 9.3 所示。

```
E:\nginx-1.17.4
E:\nginx-1.17.4\conf
E:\nginx-1.17.4\conf\fastcgi.conf
E:\nginx-1.17.4\conf\fastcgi_params
E:\nginx-1.17.4\conf\koi-utf
E:\nginx-1.17.4\conf\koi-win
E:\nginx-1.17.4\conf\mime.types
E:\nginx-1.17.4\conf\nginx.conf
E:\nginx-1.17.4\conf\scgi_params
E:\nginx-1.17.4\conf\uwsgi_params
E:\nginx-1.17.4\conf\win-utf
E:\nginx-1.17.4\contrib
E:\nginx-1.17.4\contrib\geo2nginx.pl
```

图 9.3　程序运行部分结果

到这里,已经掌握了 File 类的基本使用,下面正式开始 I/O 流的学习。

9.3 字节流

9.3.1 OutputStream

扫一扫

OutputStream 是一个抽象类，它表示字节输出流，操作数据以字节为单位。OutputStream 是所有字节输出流的父类，其内部定义了字节输出流公用的方法，如表 9.2 所示。

表 9.2　OutputStream 类的主要方法

方 法 签 名	方 法 描 述
void close()	关闭输出流并释放与此流有关的所有系统资源
void write(byte[] b)	将 b.length 字节从指定的 byte 数组写到此输出流
void write(byte[] b, int off, int len)	将指定 byte 数组中从偏移量 off 开始的 len 个字节写到此输出流

FileOutputStream 是 OutputStream 的主要子类，它可以将数据写到文件中。FileOutputStream 在创建时可以指定一个 File 对象，也可以直接指定文件路径（后面的流基本一样，如没有特别之处，后面不再列举构造方法）。FileOutputStream 构造方法如表 9.3 所示。

表 9.3　FileOutputStream 构造方法

方 法 签 名	方 法 描 述
FileOutputStream(File file)	创建一个向指定 file 表示的文件中写数据的输出流对象，并清空文件内容重新写，如果文件不存在，则会自动创建
FileOutputStream(String path)	创建一个 path 路径所对应的文件中写数据的输出流对象，并清空文件内容重新写，如果文件不存在，则会自动创建
FileOutputStream（String path, boolean append)	创建一个 path 路径所对应的文件中写数据的输出流对象，并且在文件基础上续写。如果文件不存在，则会自动创建

接下来编写一个程序，向 unit9/test1.txt 中写入文本，如代码清单 9.4 所示。

代码清单 9.4　Demo4FileOutputStream

```java
package com.yyds.unit9.demo;
import java.io.FileOutputStream;
import java.io.IOException;
import java.io.OutputStream;
public class Demo4FileOutputStream {
    public static void main(String[] args) {
        OutputStream os = null;
        try {
            os = new FileOutputStream("unit9/test1.txt");
            os.write("你好,Java".getBytes());
```

```
        } catch(IOException e) {
            e.printStackTrace();
        } finally {
            //流使用完毕后一定要关闭,finally保证一定能够执行
            if(os != null) {
                try {
                    os.close();
                } catch(IOException e) {
                    e.printStackTrace();
                }
            }
        }
    }
}
```

程序运行结束后,查看 test1.txt 文件,结果如图 9.4 所示。

你好,Java

图 9.4　程序运行结果

使用时需要注意,I/O 流操作了其他系统的资源,在使用完毕后必须保证流一定能被关闭,否则 I/O 流的对象是不会被 Java 的垃圾回收器回收的,久而久之系统可能会死机。

扫一扫

9.3.2　InputStream

InputStream 是一个抽象类,它表示字节输入流,操作数据是以字节为单位的。InputStream 是所有字节输入流的父类,其内部定义了字节输入流公用的方法,如表 9.4 所示。

表 9.4　InputStream 类的主要方法

方法签名	方法描述
int read()	从输入流中读取下一个字节
int read(byte[] b)	从输入流中读取最多为 b 长度的字节,并将其存储到缓冲区数组 b 中,最后返回读取长度

一般来说,用户都会使用第二个方法,借助字节数组读取,其性能更高。

FileInputStream 是 InputStream 的主要子类,它可以读取一个文件中的内容。下面通过代码清单 9.5 读取刚刚操作的文件。

代码清单 9.5　Demo5FileInputStream

```
package com.yyds.unit9.demo;
import java.io.FileInputStream;
import java.io.IOException;
import java.io.InputStream;
public class Demo5FileInputStream {
    public static void main(String[] args) {
        InputStream is = null;
```

```
try {
    is = new FileInputStream("unit9/test1.txt");
    //数组定义多大,一次性就最多读取多少字节,一般是 1024 的倍数
    byte[] b = new byte[1024];
    //记录每次读取的长度
    int len;
    //每次读取 b.length 个数据到 b 中,将读取长度赋值给 len,如果长度不是-1,
    //就说明读取到了内容
    while((len = is.read(b)) != -1) {
        //这里必须指定字符串转换的长度,尽管数组长度是 1024,但最终可能剩
        //的字节不足 1024
        System.out.println(new String(b, 0, len));
    }
} catch(IOException e) {
    e.printStackTrace();
} finally {
    if(is != null) {
        try {
            is.close();
        } catch(IOException e) {
            e.printStackTrace();
        }
    }
}
```

程序(代码清单 9.5)运行结果如图 9.5 所示。

你好,Java

图 9.5　程序运行结果

通过一个字节数组作为缓冲区,指定长度为 1024,这样每次最多读取 1024B,之后转换成字符串即可。但是这里需要注意一个细节,假设一个文件的长度为 1200B,第一次读取了 1024B,第二次只有 176B,但依然会使用长度为 1024 的字节数组存储,此时如果把整个数组转换成字符串,就必然存在很多空白字符,因此,在转换字符串时,读取了多长就转换多长,这是输入流使用的一个细节。

9.4　字符流

9.4.1　Reader

接下来随便复制一篇大量文本的中文文章,放到 test1.txt 中,再执行代码清单 9.5,程序运行结果如图 9.6 所示。

程序运行后发现了问题,虽然大部分文本都可以正常输出,但中间却夹杂着乱码。这是

扫一扫

20世纪90年代，硬件领域出现了单片式计算机系统，这种价格低廉的系统一出现就立即引起自动控制领域人员的注意，因为……
如电视机顶盒、面包烤箱、移动电话等）的智能化程度。为了抢占市场先机，Sun公司在1991年成立了一个称为Green的◆
◆◆目小组，帕特里克·詹姆斯·高斯林、麦克·舍林丹和其他几个工程师一起组成的工作小组在加利福尼亚州门洛帕克市沙丘……
专攻计算机在家电产品上的嵌入式应用。

由于C++所具有的优势，该项目组的研究人员首先考虑采用C++来编写程序。但对于硬件资源极其匮乏的单片式系统来说，C+……
产品所采用的嵌入式处理器芯片的种类繁杂，如何让编写的程序跨平台运行也是一个难题。为了解决困难，他们首先着眼于语……
式应用需要的硬件平台体系结构并为其制定了相应的规范，其中就定义了这种硬件平台的二进制机器码指令系统（即后来成……
成功后，能有半导体芯片生产商开发和生产这种硬件平台。对于新语言的设◆

图 9.6 程序运行结果

什么原因呢？因为在文本文件中，GBK 编码下中文字符占 2B，UTF-8 编码下中文字符占 3B，假设现在有一个 GBK 编码的文本文件，内容是中文的"你好"，而一次性读取 3B，这就会导致第一次读取的是"你"和 1B，第二次读取的是 1B，而 1B 构不成汉字，程序就会从英文的编码表中找到这个字节所代表的字符，导致程序出现乱码。如果找不到，则会用菱形的问号表示，这就解释了上面程序出现乱码的原因。

如何解决上述问题呢？可以使用字符流。Reader 是字符输入流的抽象类，它操作数据的单位是字符，不管是占 1B 的英文，还是占 2～3B 的中文，它们都会被视为 1 个字符，这样读取文本文件时就不会存在乱码问题了。Reader 的方法与 InputStream 非常像，用法几乎也一样，如表 9.5 所示。

表 9.5 Reader 类的主要方法

方 法 签 名	方 法 描 述
int read()	读取单个字符
int read(char[] b)	每次将最多 b 长度的字符读入数组

FileReader 是 Reader 类的主要子类，其用法与 FileInputStream 几乎没有区别，如代码清单 9.6 所示。

代码清单 9.6 Demo6FileReader

```java
package com.yyds.unit9.demo;
import java.io.FileReader;
import java.io.IOException;
import java.io.Reader;
public class Demo6FileReader {
    public static void main(String[] args) {
        Reader reader = null;
        try {
            reader = new FileReader("unit9/test1.txt");
            //数组定义多大，一次性就最多读取多少字符，一般是 1024 的倍数
            char[] b = new char[1024];
            //记录每次读取的长度
            int len;
            //每次读取 b.length 个数据到 b 中，将读取长度赋值给 len,如果长度不是-1,
            //说明读取到了内容
            while((len = reader.read(b)) != -1) {
```

```
            //这里必须指定字符串转换的长度,尽管数组长度是 1024,但最终可能剩
            //的字符不足 1024
            System.out.println(new String(b, 0, len));
        }
    } catch(IOException e) {
        e.printStackTrace();
    } finally {
        if(reader != null) {
            try {
                reader.close();
            } catch(IOException e) {
                e.printStackTrace();
            }
        }
    }
}
```

事实上,上述代码就是直接在代码清单 9.5 的基础上做了一点点小修改,只是更改了创建的对象和读取的方法,除此之外没有任何区别,但是程序运行结果却已经没有了乱码,如图 9.7 所示。

20世纪90年代,　硬件领域出现了单片式计算机系统,这种价格低廉的系统一出现就立即引起自动控制领域人员的注
如电视机顶盒、面包烤箱、移动电话等)的智能化程度。为了抢占市场先机,Sun公司在1991年成立了一个称为Gr
·舍林丹和其他几个工程师一起组成的工作小组在加利福尼亚州门洛帕克市沙丘路的一个小工作室里面研究开发新技
由于C++所具有的优势,该项目组的研究人员首先考虑采用C++来编写程序。但对于硬件资源极其匮乏的单片式系统>
产品所采用的嵌入式处理器芯片的种类繁杂,如何让编写的程序跨平台运行也是一个难题。为了解决困难,他们首先>
式应用需要的硬件平台体系结构并为其制定了相应的规范,其中就定义了这种硬件平台的二进制机器码指令系统(E
成功后,能有半导体芯片生产商开发和生产这种硬件平台。对于新语言的设计,Sun公司研发人员并没有开发一种全
行了改造,去除了留在C++的一些不太实用及影响安全的成分,并结合嵌入式系统的实时性要求,开发了一种称为O
20世纪90年代,硬件领域出现了单片式计算机系统,这种价格低廉的系统一出现就立即引起了自动控制领域人员的注
如电视机顶盒、面包烤箱、移动电话等)的智能化程度。Sun公司为了抢占市场先机,在1991年成立了一个称为Gr
·舍林丹和其他几个工程师一起组成的工作小组在加利福尼亚州门洛帕克市沙丘路的一个小工作室里面研究开发新技

图 9.7　程序运行结果

9.4.2　Writer

与 FileOutputStream 对应,Writer 类是字符输出流的抽象类,操作数据的单位也是字符。在经过上面的一些案例之后,想必你已经猜到了它大致的用法。Writer 的使用与 FileOutputStream 也没有什么区别,主要方法如表 9.6 所示。

扫一扫

表 9.6　Writer 类的主要方法

方 法 签 名	方 法 描 述
void writer(char[] cbuf)	写入字符数组
void write(char[] chuf, int off, int len)	写入字符数组的某一部分
void write(String str)	写入字符串
void write(String str, int off, int len)	写入字符串的某一部分

而 FileWriter 是 Writer 的主要子类。接下来向 unit/test2.txt 中写入一串文本,如代码清单 9.7 所示。

代码清单 9.7　Demo7FileWriter

```java
package com.yyds.unit9.demo;
import java.io.FileWriter;
import java.io.IOException;
import java.io.Writer;
public class Demo7FileWriter {
    public static void main(String[] args) {
        Writer writer = null;
        try {
            writer = new FileWriter("unit9/test2.txt");
            //不管是字符串还是字符数组都可以写
            writer.write("武汉加油!");
            writer.write("上海加油!".toCharArray());
        } catch(IOException e) {
            e.printStackTrace();
        } finally {
            //流使用完毕后一定要关闭,finally 保证一定能够执行
            if(writer != null) {
                try {
                    writer.close();
                } catch(IOException e) {
                    e.printStackTrace();
                }
            }
        }
    }
}
```

程序运行结束后,查看 unit9/test2.txt 文件,如图 9.8 所示。

武汉加油! 上海加油!

图 9.8　程序运行结果

字符流与字节流之间并无优劣关系,当需要读写文本文件时,就使用字符流;当需要读写非文本文件时,就使用字节流。

到这里可以发现,I/O 流的代码几乎是一样的骨架,创建流、读写文件、finally 中关闭流。没错,I/O 流就是这么简单,即使是后续的程序,事实上也脱离不了这套约束。

9.5　缓冲流概述

9.5.1　复制文件案例

扫一扫

下面演示一个常见的案例:复制文件。在 unit9 下放一个视频文件,重命名为 abc.mp4,由于该文件不是文本文件,所以需要使用字节流进行复制。文件复制流程其实很简单,如图 9.9 所示,只需要创建出输入流和输出流,输入流读一次就往输出流中写一次,直到读取不到内容为止。

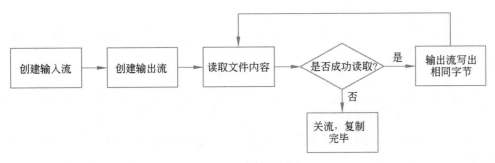

图 9.9　文件复制流程

文件复制如代码清单 9.8 所示。

代码清单 9.8　Demo8CopyFile

```java
package com.yyds.unit9.demo;
import java.io.FileInputStream;
import java.io.FileOutputStream;
import java.io.IOException;
import java.io.InputStream;
import java.io.OutputStream;
public class Demo8CopyFile {
    public static void main(String[] args) {
        InputStream is = null;
        OutputStream os = null;
        try {
            is = new FileInputStream("unit9/abc.mp4");
            os = new FileOutputStream("unit9/copy.mp4");
            long start = System.currentTimeMillis();
            byte[] arr = new byte[1024];
            int len;
            while((len = is.read(arr)) != -1) {
                //读了多少写多少,不要多写
                os.write(arr, 0, len);
            }
            long end = System.currentTimeMillis();
            System.out.println("复制完毕,程序耗时: " + (end - start));
        } catch(Exception e) {
            e.printStackTrace();
        } finally {
            if(is != null) {
                try {
                    is.close();
                } catch(IOException e) {
                    e.printStackTrace();
                }
            }
            if(os != null) {
                try {
                    os.close();
```

```
        } catch(IOException e) {
            e.printStackTrace();
        }
      }
    }
  }
}
```

程序(代码清单9.8)运行结果如图9.10所示,并在abc.mp4同级目录下生成了相同大小的copy.mp4文件。

复制完毕,程序耗时: 1242

图 9.10 程序运行结果

程序运行仅耗时1s左右,可能你会觉得这很快,但实际上这在程序开发中已经属于性能低的体现了,为此需要更高性能的文件复制方式。

9.5.2 缓冲流

如果以新冠疫情期间核酸检测为例,字节流复制文件就是每取样一次就拿到检测机构进行检测,这样非常耽误时间,而实际情况是先取样一定份数之后,再一并送交检测机构进行检测,这样就省去了来回跑路的时间。

缓冲流的思想就是如此。缓冲流会先在JVM中开辟一块内存用于缓存,输出流写出的数据并不是直接写到文件中,而是写到内存中,这比往文件写入要快得多。当这块内存区域写满后,程序才会一次性将整个内存的数据写到文件中,之后再进行后续操作,如图9.11所示。

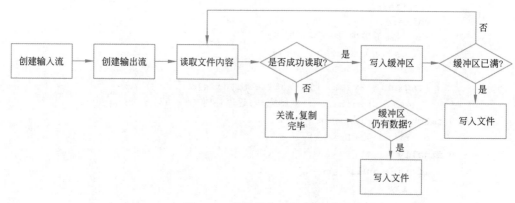

图 9.11 缓冲流复制文件流程

扫一扫

9.5.3 字节缓冲流

字节缓冲流也分为输入流和输出流,分别是BufferedInputStream和BufferedOutputStream。它们在使用上同样与之前没有区别,只有构造方法不再是接收一个路径,而是接收一个输入流或者输出流,如表9.7所示。

表 9.7　字节缓冲流构造方法

方 法 签 名	方 法 描 述
BufferedOutputStream(OutputStream out)	创建缓冲输出流，将数据写到 out 中，缓冲区默认为 8192B
BufferedInputStream(InputStream in)	创建缓冲输入流，从 in 中读数据

接下来将前面的代码改为缓冲流实现，如代码清单 9.9 所示。

代码清单 9.9　Demo9CopyFile

```java
package com.yyds.unit9.demo;
import java.io.BufferedInputStream;
import java.io.BufferedOutputStream;
import java.io.FileInputStream;
import java.io.FileOutputStream;
import java.io.IOException;
public class Demo9CopyFile {
    public static void main(String[] args) {
        BufferedInputStream bis = null;
        BufferedOutputStream bos = null;
        try {
            bis = new BufferedInputStream(new FileInputStream("unit9/abc.mp4"));
            bos = new BufferedOutputStream(new FileOutputStream("unit9/copy.mp4"));
            long start = System.currentTimeMillis();
            byte[] arr = new byte[1024];
            int len;
            while((len = bis.read(arr)) != -1) {
                //读了多少写多少,不要多写
                bos.write(arr, 0, len);
            }
            long end = System.currentTimeMillis();
            System.out.println("复制完毕,程序耗时: " + (end - start));
        } catch(Exception e) {
            e.printStackTrace();
        } finally {
            if(bis != null) {
                try {
                    bis.close();
                } catch(IOException e) {
                    e.printStackTrace();
                }
            }
            if(bos != null) {
                try {
                    bos.close();
                } catch(IOException e) {
                    e.printStackTrace();
                }
            }
        }
    }
}
```

程序(代码清单9.9)运行结果如图9.12所示,执行效率明显比之前高得多。

缓冲流必须等待缓冲区中的数据存满,才会一次性将缓冲区中的数据写到文件中。假设一个文件有1100B,缓冲区大小为256B,那么要读取5次,最后一次只有76B,但此时缓冲区并

复制完毕,程序耗时:399

图9.12　程序运行结果

没有存满,不能将存储的内容从缓冲区中取出,就会导致最后文件少了76B。这种问题如何解决呢?事实上,在BufferedOutputStream中有一个flush()方法,该方法的作用是不管缓冲区有没有满,都主动地将缓冲区中的数据刷到文件中。理论上,应该在程序的最后主动调用该方法,但实际上BufferedOutputStream已经做了这件事,在close()方法关流之前,BufferedOutputStream会自动调用flush()方法,如下所示。

```
public void close() throws IOException {
    try (OutputStream ostream = out) {
        flush();
    }
}
```

9.5.4　字符缓冲流

字符缓冲流同样拥有缓冲流,构造方法也是接收对应的字符流,如表9.8所示。

表9.8　字符缓冲流构造方法

方 法 签 名	方 法 描 述
BufferedWriter(Writer writer)	创建缓冲输出流,将数据写到writer中,缓冲区默认为8192B
BufferedReader(Reader reader)	创建缓冲输入流,从reader中读数据

字符缓冲流同样可以复制文件,它的使用方式与上面没有区别,因此这里不再演示复制案例。字符缓冲流与字节缓冲流不同的是,它有独有的方法。

BufferedReader中有newLine()方法,该方法的作用是读取一行文本。BufferedWriter中有newLine()方法,该方法的作用是换行。

字符缓冲流提供的这两个方法,可让操作文本文件的灵活性更上一层楼。在前面使用字节流和字符流的时候,换行一直是痛点,如果写入文件的时候可以通过写"\r\n"这种转义字符达到换行的效果,那读取的时候如何换行就没辙了,因为"\r"和"\n"完全有可能被分开。字符缓冲流就解决了这种问题。

BufferedWriter的使用较为简单,这里不再演示。下面演示BufferedReader的使用。编写一个程序,统计至今为止共编写了多少行代码,如代码清单9.10所示。

代码清单9.10　Demo10CodeLine

```
package com.yyds.unit9.demo;
import java.io.BufferedReader;
import java.io.File;
import java.io.FileReader;
import java.io.IOException;
public class Demo10CodeLine {
    private static int line = 0;
```

```java
public static void main(String[] args) {
    File root = new File("src/com/yyds");
    statisticLine(root);
    System.out.println("自学习 Java 开始,我已经编写了" + line + "行代码");
}
//统计行数
private static void statisticLine(File file) {
    if(file.isDirectory()) {
        File[] listFiles = file.listFiles();
        for(File f : listFiles) {
            statisticLine(f);
        }
    } else {
        //如果是文件,统计行数
        BufferedReader br = null;
        try {
            br = new BufferedReader(new FileReader(file));
            String s;
            //一次读取一行,若不为 null,则说明读到了
            while((s = br.readLine()) != null) {
                line++;
            }
        } catch(Exception e) {
            e.printStackTrace();
        } finally {
            if(br != null) {
                try {
                    br.close();
                } catch(IOException e) {
                    e.printStackTrace();
                }
            }
        }
    }
}
```

程序(代码清单 9.10)运行结果如图 9.13 所示。

自学习 Java 开始，我已经编写了2590行代码

图 9.13 程序运行结果

9.6 打印流概述

9.6.1 打印流

在之前往文件中写数据时,如果使用 FileWriter,只能写入字符串,而如果使用
FileOutputStream,则代码可读性较差,因此 Java 中提供了打印流。打印流提供了很方便

的功能,可以打印任何数据类型。

9.6.2　PrintWriter

PrintWriter是常见的打印流之一,它既可以用于字节流,也可以用于字符流。PrintWriter主要方法如表9.9所示。

表 9.9　PrintWriter 主要方法

	方法签名	方法描述
构造方法	PrintWriter(File file)	指定文件创建打印流
	PrintWriter(String fileName)	指定文件路径创建打印流
	PringWriter(OutputStream os)	指定字节输出流创建打印流
	PrintWriter(Writer writer)	指定字符输出流创建打印流
成员方法	void print(Type type)	可以打印任何内容
	void println(Type type)	可以打印任何内容并换行

编写代码,将一个对象数组中的内容写入 unit9/test3.txt 中,如代码清单 9.11 所示。

代码清单 9.11　Demo11PrintStream

```java
package com.yyds.unit9.demo;
import java.io.PrintWriter;
public class Demo11PrintStream {
    public static void main(String[] args) throws Exception {
        Object[] arr = {100, true, "你好 Java", 'c', 3.14};
        PrintWriter ps = new PrintWriter("unit9/test3.txt");
        for(Object o : arr) {
            ps.println(o);
        }
        ps.close();
    }
}
```

程序运行结束后,查看文件 test3.txt,如图 9.14 所示。

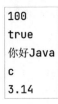

```
100
true
你好Java
c
3.14
```

图 9.14　程序运行结果

在常用的 System.out.println()方法中,System.out 就是 System 类中的一个静态常量,是 PrintStream 对象。PrintStream 也是打印流的一种,System.out 的作用是将内容打印到控制台,而非文件。

9.7　对象流概述

9.7.1　对象流

前面学习到的流都是对基本数据类型和字符串进行读写,但无法读写除字符串之外的对象。如果想对对象进行读写,就需要使用一组新的流:ObjectOutputStream 和 ObjectInputStream。与前面的流不同,对象流读写方法改为了 writeObject()和 readObject(),顾名思义,就是读写对象。

9.7.2　序列化与反序列化

当两个进程通过网络传输数据时,不管传递何种数据,都是以二进制序列的形式进行传输。基本数据类型和字符串的传输自不用多说,但对象如何传递呢?不同的语言、不同的系统创建的对象可能结构完全不一样,因此需要一个"翻译",能够按照一定的规则将对象转换成字节序列,这就是序列化。而当系统接收到这个字节序列后,也需要将其"翻译"成对象,这就是反序列化。

- 序列化:将 Java 对象转换为字节序列。
- 反序列化:把字节序列恢复为原先的 Java 对象。

9.7.3　对象流使用

对象流读写的对象必须实现了序列化接口 java.io.Serializable,这个接口没有任何代码,仅是起一个标志的作用,实现了这个接口的对象就拥有了序列化与反序列化的功能。创建一个 User 类,该类拥有编号、姓名、性别、年龄属性,并提供 get()和 set()方法,如下所示。

扫一扫

```java
package com.yyds.unit9.demo;
import java.io.Serializable;
public class User implements Serializable {
    private String id;
    private String name;
    private String sex;
    private Integer age;
    //省略 get()和 set()方法
    @Override
    public String toString() {
        return "User{" +
                "id='" + id + '\'' +
                ", name='" + name + '\'' +
                ", sex='" + sex + '\'' +
                ", age=" + age +
                '}';
    }
}
```

接下来使用对象流操作 User,创建一个 User 对象,将其写入文本文件 unit9/test4.txt 中,如代码清单 9.12 所示。

代码清单 9.12　Demo12ObjOutput

```java
package com.yyds.unit9.demo;
import java.io.FileOutputStream;
import java.io.ObjectOutputStream;
public class Demo12ObjOutput {
    public static void main(String[] args) throws Exception {
        ObjectOutputStream oos = new ObjectOutputStream(new FileOutputStream
        ("unit9/test4.txt"));
        User user = new User();
        user.setId("1");
        user.setName("张三");
        user.setSex("男");
        user.setAge(23);
        oos.writeObject(user);
        oos.close();
    }
}
```

程序运行结束后,查看 test4.txt,如图 9.15 所示。

◆◆NULENQsrNULCANcom.yyds.unit9.demo.User◆s◆1◆K◆◆STXNULEOTLNULETXagetNULDC3Ljava/lang/Integer;LNUL

图 9.15　程序运行结果

内容居然是一堆乱码,别慌张,这是正确的运行结果。因为对象流写进去的是字节数组,而这个字节数组中必然会存在一些找不到对应关系的字符,才会导致文本文件中预览结果是乱码,尽管如此,对象依然成功存储到文本中了。

接下来就是读取这个对象,如代码清单 9.13 所示。

代码清单 9.13　Demo13ObjInput

```java
package com.yyds.unit9.demo;
import java.io.FileInputStream;
import java.io.ObjectInputStream;
public class Demo13ObjInput {
    public static void main(String[] args) throws Exception {
        ObjectInputStream ois = new ObjectInputStream(new FileInputStream
        ("unit9/test4.txt"));
        User user = (User) ois.readObject();
        System.out.println(user);
        ois.close();
    }
}
```

程序(代码清单 9.13)运行结果如图 9.16 所示。

```
User{id='1', name='张三', sex='男', age=23}
```

图 9.16　程序运行结果

9.7.4　序列化版本 ID

扫一扫

前面基本上掌握了对象流的使用,接下来分析一个问题。首先修改 User 类,为 User 类中加一个 show()方法,show()方法中甚至可以没有任何内容,如下所示。

```
public void show() {}
```

再次运行代码清单 9.13,发现这次运行程序出现了异常,如图 9.17 所示。

```
Exception in thread "main" java.io.InvalidClassException Create breakpoint : com.yyds.unit9.demo.User; local class
incompatible: stream classdesc serialVersionUID = -4723270840764079365, local class serialVersionUID =
-5155286668549588622
    at java.io.ObjectStreamClass.initNonProxy(ObjectStreamClass.java:616)
    at java.io.ObjectInputStream.readNonProxyDesc(ObjectInputStream.java:1843)
    at java.io.ObjectInputStream.readClassDesc(ObjectInputStream.java:1713)
    at java.io.ObjectInputStream.readOrdinaryObject(ObjectInputStream.java:2000)
```

图 9.17　程序运行结果

报错内容简单来说就是对象流读取到的 serialVersionUID 与本地类中的 serialVersionUID 不相同,这是因为什么呢?

据前所述,对象被序列化后虽然存在不少乱码,但最终存储到文本文件中依然是一串文本,这一串文本在反序列化操作中如何被识别成 User 就是一个很大的问题,可能你认为这串文本中已经存储了包名+类名,应该很容易就能识别,但事实上并非如此,因为不同项目下都有可能存在称作 com.yyds.unit9.demo.User 的类。

因此,为了能够识别当前对象流中存储的数据是否为指定的对象,Java 提供了序列化版本 ID 机制。当写入的一个对象的序列化版本 ID 是 1 时,如果后面读取到的流中的序列化版本 ID 也是 1,那么程序就会认为这两个对象是同一个类。在实现了序列化接口后,JVM 会默认生成一个序列化版本,而此时如果对这个类进行修改,默认的序列化版本 ID 就会发生变化,因此在增加 show()方法后,尽管你认为这还是 User,但对于程序而言它们已经是不同的类了,导致转换失败。

分析到这里其实已经能推断出解决方案了,只需要指定序列化版本 ID 即可。序列化版本 ID 字段名是 serialVersionUID,数据类型为 null,是一个静态常量。接下来给 User 类加上序列化版本 ID,如下所示。

```
package com.yyds.unit9.demo;
import java.io.Serializable;
public class User implements Serializable {
    private static final long serialVersionUID = 1L;
    private String id;
    private String name;
    private String sex;
    private Integer age;
```

```
//省略 get()/set()方法
@Override
public String toString() {
    return "User{" +
            "id='" + id + '\'' +
            ", name='" + name + '\'' +
            ", sex='" + sex + '\'' +
            ", age=" + age +
            '}';
}
public void show() {}
}
```

之后，重新运行代码清单9.12，先将修改后的 user 对象写到文件中，再删除 User 类中的 show()方法，运行代码清单9.13，运行正常。运行结果较为简单，这里不再贴出。

9.8 字节数组流概述

9.8.1 字节数组流

前面学习的所有流，都是以文件作为数据源。而实际开发中可能并不需要操作文件，在 Windows 系统和 Linux 系统中，文件系统也有所不同，导致路径不一样，盲目地操作文件可能导致编写的程序跨平台效果差，因此就出现了字节数组流。

字节数组流最大的特点是不操作文件，全程只操作内存中的一个字节数组，这也就意味着字节数组流不与外部系统通信，没有使用到其他系统的资源，因此字节数组流在使用后不需要关闭流。

字节数组流在使用过程中与其说是"流"，倒不如说更像"数据源"。它的作用并不是作为一个独立的流而使用，而是用来替代文件，作为数据源让其他的流进行操作。

扫一扫

9.8.2 ByteArrayOutputStream

对象流中除了有 writeObject 外，还拥有 writeInt()、writeDouble()等方法，操作起来极为方便，因此字节数组流一般会结合对象流使用。下面通过代码清单 9.14 演示 ByteArrayOutputStream 的使用。

代码清单 9.14 Demo14ByteArrOutput

```
package com.yyds.unit9.demo;
import java.io.ByteArrayOutputStream;
import java.io.ObjectOutputStream;
import java.util.Arrays;
public class Demo14ByteArrOutput {
    public static void main(String[] args) throws Exception {
        //创建字节数组流
```

```
ByteArrayOutputStream baos = new ByteArrayOutputStream();
//将字节数组流作为"数据源"提供给对象流,取代文件的作用
ObjectOutputStream oos = new ObjectOutputStream(baos);
//使用对象流操作数据源
oos.writeInt(123);
oos.writeDouble(3.14);
//写字符串
oos.writeUTF("HelloWorld");
User user = new User();
user.setId("1");
user.setName("张三");
user.setSex("男");
user.setAge(23);
oos.writeObject(user);
oos.writeObject(user);
//将数据刷到字节数组流中
oos.flush();
//获取作为数据源的字节数组流中的数据
byte[] array = baos.toByteArray();
System.out.println(Arrays.toString(array));
    }
}
```

可以看出,这段代码与前面的区别并不是将流本身替换了,而是将数据源替换了,由之前的文件换成字节数组流。而当内容写入完毕后,需要查看数据源中内容的写入情况,此时可以调研 toByteArray()方法,获取到字节数组。程序(代码清单 9.14)运行结果如图 9.18 所示。

```
[-84, -19, 0, 5, 119, 24, 0, 0, 0, 123, 64, 9, 30, -72, 81, -21, -123, 31, 0, 10, 72, 101, 108, 108, 111, 87, 111, 114,
 108, 100, 115, 114, 0, 24, 99, 111, 109, 46, 121, 121, 100, 115, 46, 117, 110, 105, 116, 57, 46, 100, 101, 109, 111, 46,
  85, 115, 101, 114, 0, 0, 0, 0, 0, 0, 0, 1, 2, 0, 4, 76, 0, 3, 97, 103, 101, 116, 0, 19, 76, 106, 97, 118, 97, 47, 108,
 97, 110, 103, 47, 73, 110, 116, 101, 103, 101, 114, 59, 76, 0, 2, 105, 100, 116, 0, 18, 76, 106, 97, 118, 97, 47, 108,
 97, 110, 103, 47, 83, 116, 114, 105, 110, 103, 59, 76, 0, 4, 110, 97, 109, 101, 113, 0, 126, 0, 2, 76, 0, 3, 115, 101,
 120, 113, 0, 126, 0, 2, 120, 112, 115, 114, 0, 17, 106, 97, 118, 97, 46, 108, 97, 110, 103, 46, 73, 110, 116, 101, 103,
 101, 114, 18, -30, -96, -92, -9, -127, -121, 56, 2, 0, 1, 73, 0, 5, 118, 97, 108, 117, 101, 120, 114, 0, 16, 106, 97,
 118, 97, 46, 108, 97, 110, 103, 46, 78, 117, 109, 98, 101, 114, -122, -84, -107, 29, 11, -108, -32, -117, 2, 0, 0, 120,
 112, 0, 0, 0, 23, 116, 0, 1, 49, 116, 0, 6, -27, -68, -96, -28, -72, -119, 116, 0, 3, -25, -108, -73, 113, 0, 126, 0, 3]
```

图 9.18　程序运行结果

9.8.3　ByteArrayInputStream

ByteArrayInputStream 用于读取字节数组中的内容,其构造方法必须传入一字节的数组,可以将上面程序运行结果中的字节数组复制出来作为数据源传递给 ByteArrayInputStream,如代码清单 9.15 所示。

代码清单 9.15　Demo15ByteArrInput

```
package com.yyds.unit9.demo;
import java.io.ByteArrayInputStream;
import java.io.ObjectInputStream;
public class Demo15ByteArrInput {
```

```
    public static void main(String[] args) throws Exception {
        byte[] arr = {-84, -19, 0, 5, 119, 24, 0, 0, 0, 123, 64, 9, 30, -72, 81, -21,
    -123, 31, 0, 10, 72, 101, 108, 108, 111, 87, 111, 114, 108, 100, 115, 114, 0, 24, 99,
    111, 109, 46, 121, 121, 100, 115, 46, 117, 110, 105, 116, 57, 46, 100, 101, 109, 111,
    46, 85, 115, 101, 114, 0, 0, 0, 0, 0, 0, 0, 1, 2, 0, 4, 76, 0, 3, 97, 103, 101, 116, 0,
    19, 76, 106, 97, 118, 97, 47, 108, 97, 110, 103, 47, 73, 110, 116, 101, 103, 101, 114,
    59, 76, 0, 2, 105, 100, 116, 0, 18, 76, 106, 97, 118, 97, 47, 108, 97, 110, 103, 47, 83,
    116, 114, 105, 110, 103, 59, 76, 0, 4, 110, 97, 109, 101, 113, 0, 126, 0, 2, 76, 0, 3,
    115, 101, 120, 113, 0, 126, 0, 2, 120, 112, 115, 114, 0, 17, 106, 97, 118, 97, 46, 108,
    97, 110, 103, 46, 73, 110, 116, 101, 103, 101, 114, 18, -30, -96, -92, -9, -127,
    -121, 56, 2, 0, 1, 73, 0, 5, 118, 97, 108, 117, 101, 120, 114, 0, 16, 106, 97, 118, 97,
    46, 108, 97, 110, 103, 46, 78, 117, 109, 98, 101, 114, -122, -84, -107, 29, 11, -108,
    -32, -117, 2, 0, 0, 120, 112, 0, 0, 0, 23, 116, 0, 1, 49, 116, 0, 6, -27, -68, -96,
    -28, -72, -119, 116, 0, 3, -25, -108, -73, 113, 0, 126, 0, 3};
        ByteArrayInputStream bais = new ByteArrayInputStream(arr);
        ObjectInputStream ois = new ObjectInputStream(bais);
        //读取顺序必须按照写入顺序
        int a = ois.readInt();
        double b = ois.readDouble();
        String c = ois.readUTF();
        User user = (User) ois.readObject();
        System.out.println(a);
        System.out.println(b);
        System.out.println(c);
        System.out.println(user);
        //因为字节数组流不涉及外部系统,所以这里的对象流其实也可以不关闭
        ois.close();
    }
}
```

程序(代码清单 9.15)运行结果如图 9.19 所示。

```
123
3.14
HelloWorld
User{id='1', name='张三', sex='男', age=23}
```

图 9.19　程序运行结果

9.9　本章小结

本章主要介绍 I/O 流与文件操作,首先介绍了 File 类的使用,为后续 I/O 流的学习做铺垫,之后介绍了字节流与字符流的使用与区别,读者需要能够在合适的场景选择合适的流进行操作。字符流操作文本文件,字节流操作非文本文件,而在文件复制案例中,一般使用字节流,但字节流复制性能较低,因此引出了缓冲流的作用。从这三类流的案例中可以发现,I/O 流的操作几乎是固定的一套模板,读者需要掌握这一套操作模板。之后提出了字节流、字符流都无法解决的问题,即无法满足大部分数据类型的读写,借此引出了打印流,它相比其他流的特点是能够使用同一个方法操作不同的数据类型,而对象流更是在此基础之上增加了对象的操作。最后,介绍了字节数组流。字节数组流与其说是流,不如说更像一个数据源,它的作用是替代之前的文件。

通过本章的学习,读者需要掌握流的基本使用,以及 I/O 流操作的核心思想。

9.10　习题

1. 什么是 I/O 流? Input 和 Output 的作用分别是什么?

2. I/O 流以操作数据单位来划分,可以划分成哪两类流?

3. 为什么要使用包装流? 包装流的核心思想是什么?

4. 序列化接口的作用是什么? 为什么需要自己提供序列化版本 ID?

5. 编写程序,接收用户从键盘输入的内容,将用户输入的内容存储到一个文本文件中。

6. 字符流可以操作 Word 文档吗? 为什么?

7. 通过对象流和字节数组流编写程序,传入任意一个对象,复制出一个新的对象,新的对象与原对象的属性完全相同,但是地址不同。

8. 创建一个文件 account.txt,文件中存储的内容如下图,编写程序,模拟用户登录,用户输入用户名和密码,匹配文件中的用户名和密码,如果匹配成功,则提示"登录成功";如果匹配失败,则提示"用户名或密码错误"。

```
username: zhangsan
password: 123456
```

9. 如果想存储多个相同的对象到文本文件中,如何操作最简单? 编写程序进行演示。

10. (扩展习题)本章还有一个曾经常用的流——转换流没有提到。转换流主要能够解决 Eclipse 开发环境下编码不统一的问题,如果使用 Eclipse 开发,请自学 InputStreamReader 与 OutputStreamWriter,并编写程序进行演示。

第 10 章 JDBC

10.1 JDBC 概述

  Java 数据库连接(Java Database Connectivity,JDBC)是 Java 语言中用来规范客户端程序如何访问数据库的应用程序接口,提供了诸如查询和更新数据库中数据的方法。JDBC 也是 Sun Microsystems 的商标。通常说的 JDBC 是面向关系数据库的。

  早期,Sun 公司的开发者想编写一套可以连接任何数据库的 API,但实际开发时才发现这是不可能完成的任务,因为市面上的数据库多多少少都会有所区别,当出现新型数据库时,这套 API 必然不兼容,但是他们并没有放弃开发这套 API 的想法。后来,Sun 公司开始与数据库各个厂商讨论,最终决定,由 Sun 公司提供一套连接数据库的规范(接口),具体实现交由各大数据库厂商进行。JDBC 是接口,JDBC 驱动是连接数据库的依赖,不同的数据库需要使用不同的驱动,如图 10.1 所示。

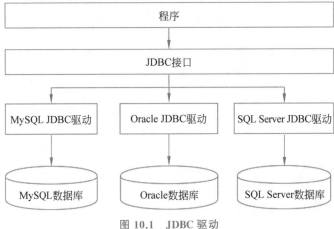

图 10.1 JDBC 驱动

JDBC 其实就是 Java 官方提供的一套规范（接口），用于帮助开发人员快速实现不同关系数据库的连接。下面开始进入 JDBC 的学习。

10.2 准备工作

10.2.1 数据库选择

MySQL 是一个关系数据库管理系统，由瑞典 MySQL AB 公司开发，属于 Oracle 旗下产品。MySQL 是较流行的关系数据库管理系统之一，在 Web 应用方面，MySQL 是较好的 RDBMS（Relational Database Management System，关系数据库管理系统）应用软件之一。

MySQL 具有运行速度快、使用成本低、可移植性强、轻量等优势，是目前国内互联网产品首选的数据库，在阿里巴巴提出了"去 IOE"（去掉 IBM 的小型机、Oracle 数据库、EMC 存储设备）理念后，MySQL 逐渐有取代 Oracle 的势头，在 2022 年 4 月 DB-Engines 数据库流行度排行榜中，MySQL 排名稳居第二，紧逼 Oracle，如图 10.2 所示。

	Rank		DBMS	Database Model	Score		
Apr 2022	Mar 2022	Apr 2021			Apr 2022	Mar 2022	Apr 2021
1.	1.	1.	Oracle 🔁	Relational, Multi-model 🔁	1254.82	+3.50	-20.10
2.	2.	2.	MySQL 🔁	Relational, Multi-model 🔁	1204.16	+5.93	-16.53
3.	3.	3.	Microsoft SQL Server 🔁	Relational, Multi-model 🔁	938.46	+4.67	-69.51
4.	4.	4.	PostgreSQL 🔁 💬	Relational, Multi-model 🔁	614.46	-2.47	+60.94
5.	5.	5.	MongoDB 🔁	Document, Multi-model 🔁	483.38	-2.28	+13.41
6.	6.	↑7.	Redis 🔁	Key-value, Multi-model 🔁	177.61	+0.85	+21.72
7.	↑8.	↑8.	Elasticsearch	Search engine, Multi-model 🔁	160.83	+0.89	+8.66
8.	↓7.	↓6.	IBM Db2	Relational, Multi-model 🔁	160.46	-1.69	+2.68
9.	9.	↑10.	Microsoft Access	Relational	142.78	+7.36	+26.06
10.	10.	↓9.	SQLite 🔁	Relational	132.80	+0.62	+7.74

391 systems in ranking, April 2022

图 10.2　DB-Engines 数据库排名

因此，本书介绍 JDBC 将采用 MySQL 作为数据库存储数据，而连接数据库的工具，推荐使用 Navicat 或者 SQLyog，本书中采用 Navicat。

10.2.2 建表

接下来使用下面的 SQL 语句创建一张 user 表，以供后续操作。

扫一扫

```sql
-- 创建数据库
create database testdb default charset utf8mb4;
-- 创建表
CREATE TABLE `user` (
  `id` int(11) NOT NULL AUTO_INCREMENT,
  `username` varchar(32) NOT NULL COMMENT '用户名',
  `password` varchar(32) NOT NULL COMMENT '密码',
  `name` varchar(16) NOT NULL COMMENT '姓名',
  `age` int(4) DEFAULT NULL COMMENT '年龄',
```

```
    `sex` varchar(2) DEFAULT NULL COMMENT '性别',
    `address` varchar(128) DEFAULT NULL COMMENT '地址',
    PRIMARY KEY (`id`)
) ENGINE = InnoDB DEFAULT CHARSET=utf8mb4 COMMENT = '用户表';
-- 插入数据
insert into user(username, password, name, age, sex, address) values ('admin',
'123456', '超级管理员', 20, '男', '江西省南昌市');
insert into user(username, password, name, age, sex, address) values ('zhangsan',
'123456', '张三', 23, '男', '安徽省合肥市');
```

扫一扫

10.2.3　JDBC 快速上手

接下来,先简单地使用 JDBC 操作 MySQL。JDBC 操作 MySQL 主要分为 6 步,依次为导入依赖、加载驱动、创建数据库链接、创建执行者对象、执行 SQL 获取返回结果、关闭数据库资源。

1. 导入依赖

JDBC 是 JDK 自带的接口,但也仅仅是接口,具体的驱动是各大数据库厂商提供的,因此,想操作 MySQL 就必须导入 MySQL 厂商提供的 jdbc-mysql 驱动。

在项目下新建文件夹 lib,将配套资料中的 mysql-connector-java-5.1.48.jar 复制到 lib 文件夹下,之后按照图 10.3 所示操作即可导包成功。

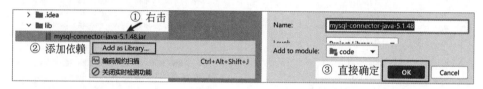

图 10.3　导入依赖

2. 加载驱动

导包成功后,还需要加载驱动,将 MySQL 数据库的驱动加载到程序中,才能操作 MySQL,如下所示。(事实上,JDBC 4.0 版之后不需要显式地加载驱动,如果驱动包符合 SPI 模式,就会自动加载,但为了保证程序的健壮性,最好手动加载一次。)

```
//使用 Class.forName 加载驱动类
Class.forName("com.mysql.jdbc.Driver");
```

3. 创建数据库链接

接下来就可以连接数据库了。Connection 是 JDBC 中表示数据库链接的接口,无须关心连接 MySQL 需要创建哪个 Connection 的实现类对象,只使用 DriverManager 中的方法创建即可,如下所示。

```
String url="jdbc:mysql://localhost:3306/testdb?useUnicode=true&useSSL=
false&characterEncoding=UTF8";
String user="root";
```

```
String password="123456";
//指定连接地址、用户名、密码创建数据库链接
Connection conn = DriverManager.getConnection(url, user, password);
```

4. 创建执行者对象

数据库链接创建成功后，还不能执行 SQL，因为 Connection 没有执行 SQL 的能力，真正执行 SQL 语句的是 Statement 接口，它代表着 SQL 执行者对象。通过 Connection 对象可以直接创建 Statement，如下所示。

```
//创建 SQL 执行者对象
Statement statement = conn.createStatement();
```

5. 执行 SQL 获取返回结果

获取到 Statement 之后，就可以执行 SQL 了。Statement 中需要掌握的其实只有两个方法：executeQuery()和 executeUpdate()。前者用来执行 select 语句，后者用来执行 update、delete、insert 语句。只需要预先把 SQL 语句拼接好，作为参数传递给对应的方法即可，如下所示。

```
String sql = "select * from user";
ResultSet resultSet = statement.executeQuery(sql);
```

statement 的 executeUpdate()方法的返回值是 int 类型，表示这条 SQL 更新了几行数据，而 executeQuery 则返回了 ResultSet 对象，这是一个结果集对象，sql 查询出的数据都被封装到了 ResultSet 中，需要通过它取出数据，ResultSet 的 next()方法用于把游标指向下一条数据，如果结果集中存在下一条数据，就返回 true，否则返回 false。而 ResultSet 中还提供了 getXxx()格式的方法，用来获取指定类型的值，如下所示。

```
String sql = "select * from user";
ResultSet resultSet = statement.executeQuery(sql);
//只要 ResultSet 中还存在下一行数据，就取出这条数据
while(resultSet.next()) {
    //取出第 1 列，即 id。注意，ResultSet 中列的索引是从 1 开始的，而不是从 0 开始
    int id = resultSet.getInt(1);
    String username = resultSet.getString(2);
    String userPassword = resultSet.getString(3);
    //除根据索引获取外，还可以根据列名获取
    String name = resultSet.getString("name");
    int age = resultSet.getInt("age");
    String sex = resultSet.getString("sex");
    String address = resultSet.getString(7);
    System.out.println("id: " + id + ",用户名: " + username + ",密码: " +
    userPassword +",姓名: " + name + ",年龄: " + age + ",性别: " + sex + ",地址: " +
    address);
}
```

使用 ResultSet 取出数据时，既可以使用列名，也可以使用列索引，但需要注意的是，如

果使用索引获取该列的值,列索引是从 1 开始的,这与数组不太一样,也是 Java 生态中少有的索引从 1 开始的技术。

6. 关闭数据库资源

最后,就像 I/O 流一样,数据库操作完毕之后,对于数据库链接这种资源文件,也需要关闭,这里需要按照顺序将 ResultSet、Statement 和 Connection 关闭,缺一不可,如下所示。

```
resultSet.close();
statement.close();
conn.close();
```

事实上,MySQL 驱动中的 ResultSet 其实可以不手动关闭,当 Statement 关闭时,会自动关闭 ResultSet。同样,考虑到程序的健壮性,建议手动关闭一次,这并不会有多少性能损耗。

最后,完整的代码如代码清单 10.1 所示。

代码清单 10.1　Demo1QueryUser

```java
package com.yyds.unit10.demo;
import java.sql.Connection;
import java.sql.DriverManager;
import java.sql.ResultSet;
import java.sql.Statement;
public class Demo1QueryUser {
    public static void main(String[] args) throws Exception {
        //使用 Class.forName 加载驱动类
        Class.forName("com.mysql.jdbc.Driver");
        //设置数据库链接和编码
        String url = "jdbc:mysql://localhost:3306/testdb?useUnicode=
        true&useSSL=false&characterEncoding=UTF8";
        String user = "root";
        String password = "123456";
        //指定连接地址、用户名、密码创建数据库链接
        Connection conn = DriverManager.getConnection(url, user, password);
        //创建 SQL 执行者对象
        Statement statement = conn.createStatement();
        String sql = "select * from user";
        ResultSet resultSet = statement.executeQuery(sql);
        //只要 ResultSet 中还存在下一行数据,就取出这条数据
        while(resultSet.next()) {
            //取出第 1 列,即 id。注意,ResultSet 中列的索引是从 1 开始的,而不是从 0 开始
            int id = resultSet.getInt(1);
            String username = resultSet.getString(2);
            String userPassword = resultSet.getString(3);
            //除根据索引获取外,还可以根据列名获取
            String name = resultSet.getString("name");
            int age = resultSet.getInt("age");
            String sex = resultSet.getString("sex");
            String address = resultSet.getString(7);
```

```
        System.out.println("id: " + id + ",用户名: " + username + ",密码: " +
        userPassword + ",姓名: " + name + ",年龄: " + age + ",性别: " + sex + ",
        地址: " + address);
    }
    resultSet.close();
    statement.close();
    conn.close();
  }
}
```

程序(代码清单 10.1)运行结果如图 10.4 所示。

id：1，用户名：admin，密码：123456，姓名：超级管理员，年龄：20，性别：男，地址：江西省南昌市
id：2，用户名：zhangsan，密码：123456，姓名：张三，年龄：23，性别：男，地址：安徽省合肥市

图 10.4　程序运行结果

接下来详细介绍 JDBC 的使用方式。

10.3　JDBC 操作数据库

10.3.1　使用 JDBC 添加数据

扫一扫

接下来使用 JDBC 演示添加、修改、删除、查询操作。首先是添加操作,向 user 表中添加一条数据,如代码清单 10.2 所示。

代码清单 **10.2　Demo2SaveUser**

```java
package com.yyds.unit10.demo;
import java.sql.Connection;
import java.sql.DriverManager;
import java.sql.Statement;
public class Demo2SaveUser {
    public static void main(String[] args) throws Exception {
        Class.forName("com.mysql.jdbc.Driver");
        String url = "jdbc:mysql://localhost:3306/testdb?useUnicode=
        true&useSSL=false&characterEncoding=UTF8";
        String user = "root";
        String password = "123456";
        Connection conn = DriverManager.getConnection(url, user, password);
        Statement statement = conn.createStatement();
        String sql = "insert into user(username, password, name, age, sex,
        address) values " + "('lisi', '123456', '李四', 24, '女', '浙江省杭州市')";
        statement.executeUpdate(sql);
        statement.close();
        conn.close();
    }
}
```

程序运行结束后,通过 Navicat 工具查看 user 表,"李四"已经成功插入 user 表中,如图 10.5 所示。

id	username	password	name	age	sex	address
1	admin	123456	超级管理员	20	男	江西省南昌市
2	zhangsan	123456	张三	23	男	安徽省合肥市
3	lisi	123456	李四	24	女	浙江省杭州市

图 10.5　查看 user 表中的数据

扫一扫

10.3.2　使用 JDBC 更新数据

修改操作非常简单,使用的也是 executeUpdate()方法,只需要改动 SQL 语句即可。将上面添加的数据密码改为"lisi123",住址改为"江苏省南京市",如代码清单 10.3 所示。

代码清单 10.3　Demo3UpdateUser

```java
package com.yyds.unit10.demo;
import java.sql.Connection;
import java.sql.DriverManager;
import java.sql.Statement;
public class Demo3UpdateUser {
    public static void main(String[] args) throws Exception {
        Class.forName("com.mysql.jdbc.Driver");
        String url = "jdbc:mysql://localhost:3306/testdb?useUnicode=
        true&useSSL=false&characterEncoding=UTF8";
        String user = "root";
        String password = "123456";
        Connection conn = DriverManager.getConnection(url, user, password);
        Statement statement = conn.createStatement();
        String sql = "update user set password='lisi123', address='江苏省南京市'
        where id=3";
        statement.executeUpdate(sql);
        statement.close();
        conn.close();
    }
}
```

接着,查看 user 表中的数据,修改成功,如图 10.6 所示。

id	username	password	name	age	sex	address
1	admin	123456	超级管理员	20	男	江西省南昌市
2	zhangsan	123456	张三	23	男	安徽省合肥市
3	lisi	lisi123	李四	24	女	江苏省南京市

图 10.6　查看 user 表中的数据

扫一扫

10.3.3　使用 JDBC 删除数据

删除操作同前两个操作,只需要修改 SQL 语句,其余没有任何区别,如代码清单 10.4

所示。

代码清单 10.4　Demo4DeleteUser

```java
package com.yyds.unit10.demo;
import java.sql.Connection;
import java.sql.DriverManager;
import java.sql.Statement;
public class Demo4DeleteUser {
    public static void main(String[] args) throws Exception {
        Class.forName("com.mysql.jdbc.Driver");
        String url = "jdbc:mysql://localhost:3306/testdb?useUnicode=
        true&useSSL=false&characterEncoding=UTF8";
        String user = "root";
        String password = "123456";
        Connection conn = DriverManager.getConnection(url, user, password);
        Statement statement = conn.createStatement();
        String sql = "delete from user where id=3";
        statement.executeUpdate(sql);
        statement.close();
        conn.close();
    }
}
```

之后，查看 user 表中的数据，成功删除 id 为 3 的数据，如图 10.7 所示。

id	username	password	name	age	sex	address
1	admin	123456	超级管理员	20	男	江西省南昌市
2	zhangsan	123456	张三	23	男	安徽省合肥市

图 10.7　查看 user 表中的数据

10.3.4　使用 JDBC 分页查询

扫一扫

与增加、删除、修改不同的是，查询操作使用的是 executeQuery( )方法，并且返回结果是 ResultSet 对象。JDBC 的分页查询其实与普通查询并无区别，关注的依然是 SQL，只需要将分页查询的 SQL 构建出来即可。MySQL 分页查询语法格式如下。

```sql
select * from 表名 where 条件 limit offset, pagesize
```

前面的语法与普通查询一样，只是多了一个 limit 语句。limit 之后有两个参数：pagesize 好理解，就是每一页需要查询的数据条数；offset 并不是页数，而是偏移量，即跳过前面多少条数据开始查询。当每页显示 3 条时，查询第 1 页时，offset 是 0，查询第 2 页时，offset 是 3，查询第 3 页时，offset 是 6……这里计算 offset 的公式是 offset＝(页数－1)×pagesize。

公式推断完毕后，对 user 表进行分页查询。查询之前还需要向 user 表中插入多条数据，保证数据量足够分页才可以。这里直接使用 SQL 语句插入，也可以通过 Navicat 工具或者 JDBC 进行操作，这里不再赘述。插入数据的 SQL 语句如下。

```
INSERT INTO `testdb`.`user`(`username`, `password`, `name`, `age`, `sex`,
`address`) VALUES ('lisi', '123456', '李四', 24, '男', '江苏省南京市');
INSERT INTO `testdb`.`user`(`username`, `password`, `name`, `age`, `sex`,
`address`) VALUES ('wangwu', '123456', '王五', 25, '女', '浙江省杭州市');
INSERT INTO `testdb`.`user`(`username`, `password`, `name`, `age`, `sex`,
`address`) VALUES ('zhaoliu', '123456', '赵六', 26, '男', '四川省成都市');
INSERT INTO `testdb`.`user`(`username`, `password`, `name`, `age`, `sex`,
`address`) VALUES ('tianqi', '123456', '田七', 27, '男', '云南省泸水市');
INSERT INTO `testdb`.`user`(`username`, `password`, `name`, `age`, `sex`,
`address`) VALUES ('liuba', '123456', '刘八', 28, '男', '河南省郑州市');
INSERT INTO `testdb`.`user`(`username`, `password`, `name`, `age`, `sex`,
`address`) VALUES ('lijiu', '123456', '李九', 29, '女', '吉林省长春市');
INSERT INTO `testdb`.`user`(`username`, `password`, `name`, `age`, `sex`,
`address`) VALUES ('fengshi', '123456', '冯十', 30, '男', '河北省石家庄市');
INSERT INTO `testdb`.`user`(`username`, `password`, `name`, `age`, `sex`,
`address`) VALUES ('gushiyi', '123456', '顾十一', 31, '男', '山西省太原市');
INSERT INTO `testdb`.`user`(`username`, `password`, `name`, `age`, `sex`,
`address`) VALUES ('yangshier', '123456', '杨十二', 32, '女', '辽宁省沈阳市');
INSERT INTO `testdb`.`user`(`username`, `password`, `name`, `age`, `sex`,
`address`) VALUES ('yanshisan', '123456', '燕十三', 33, '男', '山东省济南市');
INSERT INTO `testdb`.`user`(`username`, `password`, `name`, `age`, `sex`,
`address`) VALUES ('qianshisi', '123456', '钱十四', 34, '男', '曹县');
```

SQL 执行完毕后,查看 user 表中的数据,一共有 13 条,如图 10.8 所示。

id	username	password	name	age	sex	address
1	admin	123456	超级管理员	20	男	江西省南昌市
2	zhangsan	123456	张三	23	男	安徽省合肥市
4	lisi	123456	李四	24	男	江苏省南京市
5	wangwu	123456	王五	25	女	浙江省杭州市
6	zhaoliu	123456	赵六	26	男	四川省成都市
7	tianqi	123456	田七	27	男	云南省泸水市
8	liuba	123456	刘八	28	男	河南省郑州市
9	lijiu	123456	李九	29	女	吉林省长春市
10	fengshi	123456	冯十	30	男	河北省石家庄
11	gushiyi	123456	顾十一	31	男	山西省太原市
12	yangshier	123456	杨十二	32	女	辽宁省沈阳市
13	yanshisan	123456	燕十三	33	男	山东省济南市
14	qianshisi	123456	钱十四	34	男	曹县

图 10.8　查看 user 表中的数据

接下来进行分页查询,要求每页显示 3 条数据,查询 user 表中总的数据条数和总页数,并将每页的数据罗列出来,如代码清单 10.5 所示。

代码清单 10.5　Demo5QueryPage

```java
package com.yyds.unit10.demo;
import java.sql.Connection;
import java.sql.DriverManager;
import java.sql.ResultSet;
```

```java
import java.sql.Statement;
public class Demo5QueryPage {
    public static void main(String[] args) throws Exception {
        Class.forName("com.mysql.jdbc.Driver");
        String url = "jdbc:mysql://localhost:3306/testdb?useUnicode=
        true&useSSL=false&characterEncoding=UTF8";
        String user = "root";
        String password = "123456";
        Connection conn = DriverManager.getConnection(url, user, password);
        Statement statement = conn.createStatement();
        //查询总条数
        String sql = "select count(*) from user";
        ResultSet resultSet = statement.executeQuery(sql);
        //游标移动一位
        resultSet.next();
        int totalCount = resultSet.getInt(1);
        resultSet.close();
        int pageSize = 3;
        //每页 3 条计算总页数,即使最后剩 1 条数据,也需要另查一页
        int totalPage = (int) Math.ceil((totalCount * 1.0 / pageSize));
        System.out.println("总条数: " + totalCount+",总页数: " + totalPage);
        //再次使用 statement 分页查询
        for(int page = 1; page <= totalPage; page++) {
            System.out.println("===========第" + page + "页============");
            int offset = (page - 1) * pageSize;
            sql = "select * from user limit " + offset + ", " + pageSize;
            resultSet = statement.executeQuery(sql);
            while(resultSet.next()) {
                //取出第 1 列,即 id。注意,ResultSet 中列的索引是从 1 开始的,而不是从 0 开始
                int id = resultSet.getInt(1);
                String username = resultSet.getString(2);
                String userPassword = resultSet.getString(3);
                //除根据索引获取外,还可以根据列名获取
                String name = resultSet.getString("name");
                int age = resultSet.getInt("age");
                String sex = resultSet.getString("sex");
                String address = resultSet.getString(7);
                System.out.println("id: " + id + ",用户名: " + username + ",密码: "
                + userPassword + ",姓名: " + name + ",年龄: " + age + ",性别: " + sex
                + ",地址: " + address);
            }
            resultSet.close();
        }
        statement.close();
        conn.close();
    }
}
```

程序(代码清单10.5)运行结果如图10.9所示。

```
总条数：13，总页数：5
==========第1页==========
id：1，用户名：admin，密码：123456，姓名：超级管理员，年龄：20，性别：男，地址：江西省南昌市
id：2，用户名：zhangsan，密码：123456，姓名：张三，年龄：23，性别：男，地址：安徽省合肥市
id：4，用户名：lisi，密码：123456，姓名：李四，年龄：24，性别：男，地址：江苏省南京市
==========第2页==========
id：5，用户名：wangwu，密码：123456，姓名：王五，年龄：25，性别：女，地址：浙江省杭州市
id：6，用户名：zhaoliu，密码：123456，姓名：赵六，年龄：26，性别：男，地址：四川省成都市
id：7，用户名：tianqi，密码：123456，姓名：田七，年龄：27，性别：男，地址：云南省泸水市
==========第3页==========
id：8，用户名：liuba，密码：123456，姓名：刘八，年龄：28，性别：男，地址：河南省郑州市
id：9，用户名：lijiu，密码：123456，姓名：李九，年龄：29，性别：女，地址：吉林省长春市
id：10，用户名：fengshi，密码：123456，姓名：冯十，年龄：30，性别：男，地址：河北省石家庄市
==========第4页==========
id：11，用户名：gushiyi，密码：123456，姓名：顾十一，年龄：31，性别：男，地址：山西省太原市
id：12，用户名：yangshier，密码：123456，姓名：杨十二，年龄：32，性别：女，地址：辽宁省沈阳市
id：13，用户名：yanshisan，密码：123456，姓名：燕十三，年龄：33，性别：男，地址：山东省济南市
==========第5页==========
id：14，用户名：qianshisi，密码：123456，姓名：钱十四，年龄：34，性别：男，地址：曹县
```

图 10.9　程序运行结果

从上面的程序中可以看到，分页查询本身并不复杂，其难点就在于如何计算出总页数和偏移量 offset。offset 的计算方式在前面已经介绍，这里不再重复，而总页数通过举例的方式很容易计算得出：每页显示 3 条数据的情况下，2 条数据 1 页，3 条数据 1 页，4 条数据 2 页……只要还有剩余数据，都需要再查一页展示，因此总页数的计算方式是总条数÷每页条数并向上取整。理解了偏移量和总页数的计算规则之后，剩下的就是不断改变偏移量，直到查完数据为止。

此外，通过上面的程序还能获取到一个知识点：Statement 是可以复用的，只要不被关闭，就可以多次执行不同的 SQL，但需要注意的是，每次执行 SQL 语句所获得的 ResultSet 都是不同的对象，因此如果需要重复使用 Statement，就必须手动关闭 ResultSet。

10.4　JDBC 工具类封装

10.4.1　为什么要封装 DBUtils

想必对于已经拥有封装思想的你，解释为什么要封装 DBUtils 已经显得有些多余，但还是不得不提一下。在前面操作数据库的代码中可以发现有相当多的重复代码，加载驱动、创建连接、关闭资源，这些代码在前面的 demo 中都是一样的，每次都去写就显得多余，需要将这些重复代码提取出来，封装成工具类 DBUtils。

10.4.2　封装 DBUtils

新建包 utils，创建 DBUtils 类，将加载驱动、创建链接、关闭资源等代码全部放到一个工

具类中，如代码清单 10.6 所示。

代码清单 10.6　DBUtils

```java
package com.yyds.unit10.demo.utils;
import java.sql.Connection;
import java.sql.DriverManager;
import java.sql.SQLException;
public class DBUtils {
    private static String driverClass = "com.mysql.jdbc.Driver";
    private static String url = "jdbc:mysql://localhost:3306/testdb?
    useUnicode=true&useSSL=false&characterEncoding=UTF8";
    private static String user = "root";
    private static String password = "123456";
    //私有化构造方法,不让外界创建对象
    private DBUtils() {
    }
    //静态代码块加载驱动,保证驱动只加载一次
    static {
        try {
            Class.forName(driverClass);
        } catch(ClassNotFoundException e) {
            e.printStackTrace();
        }
    }
    //获取 JDBC 链接
    public static Connection getConnection() {
        Connection conn = null;
        try {
            conn = DriverManager.getConnection(url, user, password);
        } catch(SQLException e) {
            e.printStackTrace();
        }

        return conn;
    }
    //Connection、Statement、ResultSet 接口都继承了 AutoCloseable
    //这里使用可变参数,就可以传入任意个需要关闭的资源
    public static void close(AutoCloseable... resources) {
        for(AutoCloseable resource : resources) {
            try {
                resource.close();
            } catch(Exception e) {
                e.printStackTrace();
            }
        }
    }
}
```

扫一扫

10.4.3 DBUtils 增加、删除、修改、查询

上面封装完毕了DBUtils,接下来再以一套CRUD(增加、删除、修改、查询)的案例演示它的使用,需求如下。

创建疫情信息表,要求有id、城市名称、确诊人数、康复人数、疑似人数,编写程序,功能包含添加确诊城市信息,查询确诊城市列表,删除确诊城市,增加确诊人数,追加康复人数,疑似病例转确诊等。本例中使用DBUtils仅演示前4个功能,后2个功能供读者自行实现。

首先创建疫情信息表disease,其SQL语句如下。

```sql
CREATE TABLE `disease` (
  `id` int(11) NOT NULL AUTO_INCREMENT,
  `address` varchar(32) NOT NULL COMMENT '城市名称',
  `disease_num` int(11) NOT NULL DEFAULT '0' COMMENT '确诊人数',
  `recovery_num` int(11) NOT NULL DEFAULT '0' COMMENT '康复人数',
  `maybe_num` int(11) NOT NULL DEFAULT '0' COMMENT '疑似人数',
  PRIMARY KEY (`id`)
) ENGINE=InnoDB DEFAULT CHARSET=utf8mb4 COMMENT='疫情信息表';
```

接下来编写菜单展示方法,如下所示。

```java
//显示菜单
public static void showMenu() {
    System.out.println("========欢迎进入疫情大数据管理系统========");
    System.out.println("\t1.添加疫情城市\t2.疫情城市列表");
    System.out.println("\t3.删除疫情城市\t4.增加确诊人数");
    System.out.println("\t5.追加康复人数\t6.疑似病例确诊");
    System.out.println("===================================");
}
```

按照菜单顺序编写功能,首先是添加疫情城市。添加疫情城市之前,还需要先根据城市名称查询城市是否存在,如果存在,则提示"城市已存在";如果不存在,则插入疫情表,方法如下所示。

```java
//添加疫情城市
public static void addDiseaseAddress() throws Exception {
    System.out.print("请输入城市名称: ");
    String address = scanner.next();
    //根据城市名称查询
    Connection connection = DBUtils.getConnection();
    Statement statement = connection.createStatement();
    ResultSet resultSet= statement.executeQuery("select * from disease where
    address = '" + address + "'");
    //只要包含数据就是存在,不需要取出数据
    if(resultSet.next()) {
        System.out.println(address + "的疫情信息已存在,请勿重复添加!");
        DBUtils.close(resultSet, statement, connection);
```

```
        return;
    }
    System.out.print("请输入确诊人数：");
    int diseaseNum = scanner.nextInt();
    System.out.println("请输入康复人数：");
    int recoveryNum = scanner.nextInt();
    System.out.print("请输入疑似确诊人数：");
    int maybeNum = scanner.nextInt();
    statement.executeUpdate("insert into disease(address, disease_num,
    recovery_num, maybe_num) values('" + address + "'," + diseaseNum + ",
    " + recoveryNum + "," + maybeNum + ")");
    System.out.println("添加完毕");
}
```

需要注意的是，SQL 是通过字符串拼接的方式构建的，构建出的 SQL 语句必须符合 SQL 语法，当语句中存在字符串时，必须用单引号括起来。

接下来是查询城市列表，为了便于测试，先手动向数据库中插入 10 条数据。分页查询要求每页显示 3 条数据，进入功能后首先输出总页数和总条数，当用户输入 1 时翻上一页，当用户输入 2 时翻下一页，如下所示。

```
//分页查询疫情信息
public static void queryDiseasePage() throws Exception {
    int pageSize = 5;
    //总页数、总条数
    Connection connection = DBUtils.getConnection();
    Statement statement = connection.createStatement();
    ResultSet resultSet = statement.executeQuery("select count(*) from disease");
    resultSet.next();
    int totalCount = resultSet.getInt(1);
    DBUtils.close(resultSet);
    int totalPage = (int) (Math.ceil(totalCount * 1.0 / pageSize));
    System.out.println("共有" + totalCount + "条数据,一共" + totalPage + "页");
    //默认展示第一页
    int currentPage = 1;
    while(true) {
        int offset = (currentPage - 1) * pageSize;
        resultSet = statement.executeQuery("select * from disease limit " +
        offset + "," + pageSize);
        while(resultSet.next()) {
            int id = resultSet.getInt("id");
            String address = resultSet.getString("address");
            int diseaseNum = resultSet.getInt("disease_num");
            int recoveryNum = resultSet.getInt("recovery_num");
            int maybeNum = resultSet.getInt("maybe_num");
            System.out.println("id: " + id + ",城市: " + address + ",确诊数: " +
            diseaseNum + ",康复数: " + recoveryNum + ",疑似数: " + maybeNum);
        }
        DBUtils.close(resultSet);
        System.out.println("1: 上一页,2: 下一页,输入其他退出查询页");
```

```
            String menu = scanner.next();
            if("1".equals(menu)) {
                if(currentPage == 1) {
                    System.out.println("当前是第一页,无法查看上一页");
                }else {
                    currentPage--;
                }
            }else if("2".equals(menu)){
                if(currentPage == totalPage) {
                    System.out.println("当前是最后一页,无法查看下一页");
                }else {
                    currentPage++;
                }
            } else {
                break;
            }
        }
        DBUtils.close(statement, connection);
    }
```

接下来是删除城市。删除比较简单,输入城市名称后执行删除操作,再提示删除成功即可。当然,也可以在删除之前先查询城市是否存在,这里便不再做查询操作,如下所示。

```
//删除城市
public static void delete() throws Exception {
    System.out.print("请输入需要删除的城市名称: ");
    String address = scanner.next();
    Connection connection = DBUtils.getConnection();
    Statement statement = connection.createStatement();
    statement.executeUpdate("delete from disease where address = '"+address+"'");
    System.out.println("删除成功!");
    DBUtils.close(statement, connection);
}
```

最后就是增加确诊人数了,这也比较简单,直接将用户输入的新增确诊数加到现有的确诊数之上即可,如下所示。

```
//新增确诊
public static void addDiseaseNum() throws Exception {
    System.out.print("请输入城市: ");
    String address = scanner.next();
    System.out.print("请输入" + address + "本日新增确诊数: ");
    int addNum = scanner.nextInt();
    Connection connection = DBUtils.getConnection();
    Statement statement = connection.createStatement();
    statement.executeUpdate("update disease set disease_num = disease_num+" +
    addNum + " where address = '" + address + "'");
    System.out.println("操作成功!");
    DBUtils.close(statement, connection);
}
```

到这里,疫情管理系统的基本功能已经实现完毕,接下来就是在 main()方法中将这些功能联系起来,完整代码如代码清单 10.7 所示。

代码清单 10.7　Demo7Disease

```java
package com.yyds.unit10.demo;
import com.yyds.unit10.demo.utils.DBUtils;
import java.sql.Connection;
import java.sql.ResultSet;
import java.sql.Statement;
import java.util.Scanner;
public class Demo7Disease {
    private static Scanner scanner = new Scanner(System.in);
    public static void main(String[] args) throws Exception {
        while(true) {
            showMenu();
            System.out.print("请选择菜单: ");
            int menu = scanner.nextInt();
            if(menu == 1) {
                addDiseaseAddress();
            } else if(menu == 2) {
                queryDiseasePage();
            } else if(menu == 3) {
                delete();
            } else if(menu == 4) {
                addDiseaseNum();
            } else if(menu == 5 || menu == 6) {
                System.out.println("功能开发中,敬请期待");
            } else {
                System.out.println("您输入的菜单有误!");
            }
        }
    }
    //显示菜单
    public static void showMenu() {
        System.out.println("========欢迎进入疫情大数据管理系统========");
        System.out.println("\t1.添加疫情城市");
        System.out.println("\t2.疫情城市列表");
        System.out.println("\t3.删除疫情城市");
        System.out.println("\t4.增加确诊人数");
        System.out.println("\t5.追加康复人数");
        System.out.println("\t6.疑似病例确诊");
        System.out.println("====================================");
    }
    //新增确诊
    public static void addDiseaseNum() throws Exception {
        System.out.print("请输入城市: ");
        String address = scanner.next();
        System.out.print("请输入" + address + "本日新增确诊数: ");
        int addNum = scanner.nextInt();
```

```java
        Connection connection = DBUtils.getConnection();
        Statement statement = connection.createStatement();
        statement.executeUpdate("update disease set disease_num = disease_num+"
        + addNum + " where address = '" + address + "'");
        System.out.println("操作成功!");
        DBUtils.close(statement, connection);
    }
    //删除城市
    public static void delete() throws Exception {
        System.out.print("请输入需要删除的城市名称: ");
        String address = scanner.next();
        Connection connection = DBUtils.getConnection();
        Statement statement = connection.createStatement();
        statement.executeUpdate("delete from disease where address = '" +
        address + "'");
        System.out.println("删除成功!");
        DBUtils.close(statement, connection);
    }
    //分页查询疫情信息
    public static void queryDiseasePage() throws Exception {
        int pageSize = 5;
        //总页数、总条数
        Connection connection = DBUtils.getConnection();
        Statement statement = connection.createStatement();
        ResultSet resultSet = statement.executeQuery("select count(*) from
        disease");
        resultSet.next();
        int totalCount = resultSet.getInt(1);
        DBUtils.close(resultSet);
        int totalPage = (int) (Math.ceil(totalCount * 1.0 / pageSize));
        System.out.println("共有" + totalCount + "条数据,一共" + totalPage + "页");
        //默认展示第一页
        int currentPage = 1;
        while(true) {
            int offset = (currentPage - 1) * pageSize;
            resultSet = statement.executeQuery("select * from disease limit " +
            offset + "," + pageSize);
            while(resultSet.next()) {
                int id = resultSet.getInt("id");
                String address = resultSet.getString("address");
                int diseaseNum = resultSet.getInt("disease_num");
                int recoveryNum = resultSet.getInt("recovery_num");
                int maybeNum = resultSet.getInt("maybe_num");
                System.out.println("id: " + id + ",城市: " + address + ",确诊数:
                " + diseaseNum + ",康复数: " + recoveryNum + ",疑似数: " + maybeNum);
            }
            DBUtils.close(resultSet);
            System.out.println("1: 上一页,2: 下一页,输入其他退出查询页");
            String menu = scanner.next();
            if("1".equals(menu)) {
```

```
                    if(currentPage == 1) {
                        System.out.println("当前是第一页,无法查看上一页");
                    } else {
                        currentPage--;
                    }
                } else if("2".equals(menu)) {
                    if(currentPage == totalPage) {
                        System.out.println("当前是最后一页,无法查看下一页");
                    } else {
                        currentPage++;
                    }
                } else {
                    break;
                }
            }
            DBUtils.close(statement, connection);
    }
    //添加疫情城市
    public static void addDiseaseAddress() throws Exception {
        System.out.print("请输入城市名称: ");
        String address = scanner.next();
        //根据城市名称查询
        Connection connection = DBUtils.getConnection();
        Statement statement = connection.createStatement();
        ResultSet resultSet = statement.executeQuery("select * from disease
        where address = '" + address + "'");
        //只要包含数据就是存在,不需要取出数据
        if(resultSet.next()) {
            System.out.println(address + "的疫情信息已存在,请勿重复添加!");
            DBUtils.close(resultSet, statement, connection);
            return;
        }
        System.out.print("请输入确诊人数: ");
        int diseaseNum = scanner.nextInt();
        System.out.println("请输入康复人数: ");
        int recoveryNum = scanner.nextInt();
        System.out.print("请输入疑似确诊人数: ");
        int maybeNum = scanner.nextInt();
        statement.executeUpdate("insert into disease(address, disease_num,
        recovery_num, maybe_num) values('" + address + "'," + diseaseNum + "," +
        recoveryNum + "," + maybeNum + ")");
        System.out.println("添加完毕");
    }
}
```

下面来测试系统功能。

首先是添加功能,选择添加疫情城市后,输入疫情信息,按 Enter 键后使用 Navicat 查看表中的数据,如图 10.10 所示。

接下来测试分页查询。在测试之前,先执行下面的 SQL 语句,为表中添加 10 条数据。

图 10.10　添加疫情城市

```
INSERT INTO disease(address, disease_num, recovery_num, maybe_num) VALUES ('天
津', 8, 0, 0);
INSERT INTO disease(address, disease_num, recovery_num, maybe_num) VALUES ('武
汉', 12, 0, 0);
INSERT INTO disease(address, disease_num, recovery_num, maybe_num) VALUES ('南
京', 7, 0, 0);
INSERT INTO disease(address, disease_num, recovery_num, maybe_num) VALUES ('贵
阳', 11, 0, 0);
INSERT INTO disease(address, disease_num, recovery_num, maybe_num) VALUES ('辽
宁', 13, 0, 0);
INSERT INTO disease(address, disease_num, recovery_num, maybe_num) VALUES ('南
昌', 5, 0, 0);
INSERT INTO disease(address, disease_num, recovery_num, maybe_num) VALUES ('上
海', 15, 0, 0);
INSERT INTO disease(address, disease_num, recovery_num, maybe_num) VALUES ('北
京', 11, 0, 0);
INSERT INTO disease(address, disease_num, recovery_num, maybe_num) VALUES ('成
都', 3, 0, 0);
INSERT INTO disease(address, disease_num, recovery_num, maybe_num) VALUES ('乌鲁
木齐', 1, 0, 0);
```

添加成功之后使用 Navicat 查看数据表，如图 10.11 所示。

id	address	disease_num	recovery_num	maybe_num
1	合肥	10	0	0
2	天津	8	0	0
3	武汉	12	0	0
4	南京	7	0	0
5	贵阳	11	0	0
6	辽宁	13	0	0
7	南昌	5	0	0
8	上海	15	0	0
9	北京	11	0	0
10	成都	3	0	0
11	乌鲁木齐	1	0	0

图 10.11　disease 表数据

接下来开始测试分页查询,测试结果如图 10.12 所示。

```
请选择菜单：2
共有11条数据，一共3页
id：1，城市：合肥，确诊数：10，康复数：0，疑似数：0
id：2，城市：天津，确诊数：8，康复数：0，疑似数：0
id：3，城市：武汉，确诊数：12，康复数：0，疑似数：0
id：4，城市：南京，确诊数：7，康复数：0，疑似数：0
id：5，城市：贵阳，确诊数：11，康复数：0，疑似数：0
1：上一页，2：下一页，输入其他退出查询页
2
id：6，城市：辽宁，确诊数：13，康复数：0，疑似数：0
id：7，城市：南昌，确诊数：5，康复数：0，疑似数：0
id：8，城市：上海，确诊数：15，康复数：0，疑似数：0
id：9，城市：北京，确诊数：11，康复数：0，疑似数：0
id：10，城市：成都，确诊数：3，康复数：0，疑似数：0
1：上一页，2：下一页，输入其他退出查询页
2
id：11，城市：乌鲁木齐，确诊数：1，康复数：0，疑似数：0
1：上一页，2：下一页，输入其他退出查询页
2
当前是最后一页，无法查看下一页
id：11，城市：乌鲁木齐，确诊数：1，康复数：0，疑似数：0
```

图 10.12　查询疫情城市

删除和增加确诊人数功能较为简单,这里一并进行测试,测试结果如图 10.13 所示。

```
========欢迎进入疫情大数据管理系统========          ========欢迎进入疫情大数据管理系统========
  1.添加疫情城市    2.疫情城市列表              1.添加疫情城市    2.疫情城市列表
  3.删除疫情城市    4.增加确诊人数              3.删除疫情城市    4.增加确诊人数
  5.追加康复人数    6.疑似病例确诊              5.追加康复人数    6.疑似病例确诊
==================================          ==================================
请选择菜单：3                              请选择菜单：4
请输入需要删除的城市名称：武汉                请输入城市：合肥
删除成功！                                请输入合肥本日新增确诊数：2
                                         操作成功！
```

id	address	disease_num	recovery_num	maybe_num
1	合肥	12	0	0
2	天津	8	0	0
4	南京	7	0	0
5	贵阳	11	0	0
6	辽宁	13	0	0
7	南昌	5	0	0
8	上海	15	0	0
9	北京	11	0	0
10	成都	3	0	0
11	乌鲁木齐	1	0	0

图 10.13　删除和增加确诊人数

可以看到,在对 JDBC 操作封装后,使用 DBUtils 操作数据库变得更加简单。不再需要

关心如何连接数据库,连接哪个数据库,只关心业务逻辑和 SQL 语句即可,这极大地简化了
开发难度,提高了开发效率。在以后的开发中,你可能会遇到很多 JDBC 的框架,如
MyBatis、SpringDataJpa 等,它们都是对 JDBC 的高度封装,从而简化开发的框架。

扫一扫

10.5 SQL 注入问题

10.5.1 SQL 注入演示

在介绍什么是 SQL 注入之前,先演示一个操作,开发登录功能,用户输入用户名和密
码,根据输入的用户名和密码查询 user 表中的用户,如果输入的用户名和密码匹配成功,则
提示"登录成功";如果输入的用户名和密码匹配失败,则提示"用户名或密码错误"。该代码
比较简单,如代码清单 10.8 所示。

代码清单 10.8   Demo8UserLogin

```java
package com.yyds.unit10.demo;
import com.yyds.unit10.demo.utils.DBUtils;
import java.sql.Connection;
import java.sql.ResultSet;
import java.sql.Statement;
import java.util.Scanner;
public class Demo8UserLogin {
    public static void main(String[] args) throws Exception {
        Scanner scanner = new Scanner(System.in);
        System.out.print("请输入用户名: ");
        //next()方法会以空格为终止符,而 nextLine()不会。实际中输入框可能允许输入空
        //格,所以使用 nextLine()模拟出问题
        String username = scanner.nextLine();
        System.out.print("请输入密码: ");
        String password = scanner.nextLine();
        //构建 SQL
        String sql = "select * from user where username='" + username + "' and
        password='" + password + "'";
        //输出一下 SQL,便于后面发现问题
        System.out.println("sql: " + sql);
        Connection connection = DBUtils.getConnection();
        Statement statement = connection.createStatement();
        ResultSet resultSet = statement.executeQuery(sql);
        if(resultSet.next()) {
            System.out.println("登录成功");
        } else {
            System.out.println("用户名或密码错误");
        }
    }
}
```

代码比较简单,没什么好解释的,问题在于测试。这次测试不按照正常方式测,而是剑

走偏锋,用户名输入"1' 空格 or 1＝1 --空格"("空格"为键盘上的空格符,而非"空格"两个字符),密码随便输入,测试结果如图 10.14 所示。

```
请输入用户名: 1' or 1=1 --
请输入密码: 1
sql: select * from user where username='1' or 1=1 -- ' and password='1'
登录成功
```

图 10.14　测试结果

测试结果令人惊讶,这绝对不可能存在的用户名居然能够登录成功,但如果正常输入用户名和密码却发现程序好像并没有任何问题,那么问题究竟出在哪里呢?

问题其实出在所构建的 SQL 语句这里,为了便于观察,程序中已经提前输出了 SQL 语句,细心的读者一定能够发现图中的 SQL 语句存在的问题:输入的用户名中存在"--"符号,而这个符号是 MySQL 中注释的语法,也就是说,真正有效的 SQL 语句其实只有"select * from user where username ＝ '1' or 1＝1",后面的全部都是注释,而这条 SQL 是查询 username 为 1,或者 1＝1 的数据,1＝1 永远为 true,这也就意味着只要 user 表中存在数据,这条 SQL 就能把表中的所有数据查询出来,必然会登录成功。也就是说,通过输入的内容改变了 SQL 原本应该执行的功能。

10.5.2　什么是 SQL 注入

上面的演示中,通过输入一些特别的字符串改变了 SQL 本来的含义,尽管实际场景中登录输入框可能屏蔽掉空格,但是类似于搜索功能必然需要输入空格,如果程序没有足够的安全措施,就会出现很严重的问题,这就是 SQL 注入。

用更加严谨的语言描述,SQL 注入即 Web 应用程序对用户输入数据的合法性没有判断或过滤不严,攻击者可以在 Web 应用程序中事先定义好的查询语句的结尾上添加额外的 SQL 语句,在管理员不知情的情况下实现非法操作,以此实现欺骗数据库服务器执行非授权的任意查询,从而进一步得到相应的数据信息。这在互联网应用开发中是相当危险的。

10.5.3　使用 PreparedStatement 解决 SQL 注入问题

扫一扫

虽然 SQL 注入很危险,但好在目前几乎所有的 JDBC 框架都拥有防注入的功能,它们底层都是采用 PreparedStatement 实现的。PreparedStatement 接口继承自 Statement 的接口,它拥有防 SQL 注入的功能。Statement 执行 SQL 是先通过字符串拼接的方式构建出一条完整的 SQL,然后执行这条 SQL,它不关注 SQL 构建的过程,只要最终提供的 SQL 符合语法就会直接执行,安全性较差。而 PreparedStatement 则拥有预编译的功能,在 SQL 语句执行之前,将 SQL 语句提前进行编译,确定 SQL 语句的格式之后,就不会再改变了,其余的内容用问号"?"作占位符,都将被视为参数。

PreparedStatement 使用问号"?"作占位符,供后续传递参数,它提供了诸如 setXxx(index, param)的方法,其中 index 是问号"?"的索引位置(从 1 开始),param 则是参数值。PreparedStatement 使用起来比较简单,将代码清单 10.8 改造成代码清单 10.9,如下所示。

代码清单 10.9　Demo9Prepared

```java
package com.yyds.unit10.demo;
import com.yyds.unit10.demo.utils.DBUtils;
import java.sql.Connection;
import java.sql.PreparedStatement;
import java.sql.ResultSet;
import java.util.Scanner;
public class Demo9Prepared {
    public static void main(String[] args) throws Exception {
        Scanner scanner = new Scanner(System.in);
        System.out.print("请输入用户名: ");
        //next()方法会以空格为终止符,而 nextLine()不会。实际中输入框可能允许输入空
        //格,所以使用 nextLine()模拟出问题
        String username = scanner.nextLine();
        System.out.print("请输入密码: ");
        String password = scanner.nextLine();
        //使用"?"作为占位符,并且不用关注具体的数据类型
        String sql = "select * from user where username=? and password=?";
        Connection connection = DBUtils.getConnection();
        //预编译,要在获取 PreparedStatement 时就传入 SQL
        PreparedStatement statement = connection.prepareStatement(sql);
        //设置参数,索引从 1 开始
        statement.setString(1, username);
        statement.setString(2, password);
        //执行 SQL。由于前面已传入 SQL,因此这里的 executeQuery()就不需要再传递 SQL 了
        ResultSet resultSet = statement.executeQuery();
        if(resultSet.next()) {
            System.out.println("登录成功");
        } else {
            System.out.println("用户名或密码错误");
        }
    }
}
```

对代码做细微的改造后,就能防止 SQL 注入了。使用 PreparedStatement 时需要注意以下 3 点。

(1) PreparedStatement 具有预编译的作用,因此在获取 PreparedStatement 时就需要传入 SQL,而不是在执行时。

(2) PreparedStatement 传入的 SQL 并不需要提前将参数全部拼接,只需要将参数使用问号占位,后续使用 setXxx 设置参数即可。如果依然是拼接 SQL 字符串,同样存在 SQL 注入问题。

(3) 由于 PreparedStatement 的 SQL 在创建时就传入了,因此 executeQuery 和 executeUpdate 执行时不需要再次传入 SQL。

最后运行程序,输入同样的内容,结果发现登录失败,如图 10.15 所示。

```
请输入用户名: 1' or 1=1 --
请输入密码: 1
用户名或密码错误
```

图 10.15　程序运行结果

10.6　JDBC 事务处理

10.6.1　什么是事务

事务是数据库操作的最小工作单元,是作为单个逻辑工作单元执行的一系列操作;这些操作作为一个整体一起向系统提交,要么都执行,要么都不执行,是一个不可分割的工作单位。

10.6.2　事务的四大特性

在数据库写入或者数据更新的过程中,为了保证事务是正确、可靠的,事务必须具备四个特性:原子性(atomicity)、一致性(consistency)、隔离性(isolation)和持久性(durability),一般简称为 ACID。

1. 原子性

一个事务中的所有操作,要么全部完成,要么全部不完成,不会结束在中间某个环节。事务在执行过程中发生错误,会被回滚到事务开始前的状态,就像这个事务从来没有执行过一样。

2. 一致性

事务执行的结果必须是使数据库从一个一致性状态变到另一个一致性状态。因此,当数据库只包含成功事务提交的结果时,就说数据库处于一致性状态。如果数据库系统运行中发生故障,有些事务尚未完成就被迫中断,这些未完成事务对数据库所做的修改有一部分已写入物理数据库,这时数据库就处于一种不一致的状态。

3. 隔离性

一个事务的执行不能受其他事务干扰,即一个事务内部的操作及使用的数据对其他并发事务是隔离的,并发执行的各个事务之间不能互相干扰。

4. 持久性

事务处理结束后,对数据的修改就是永久的,即便系统故障,也不会丢失。

10.6.3　使用事务模拟转账

接下来模拟经典的转账逻辑。张三向李四转账 1000 元,首先是张三的账户需要扣减 1000 元,再在李四的账户上增加 1000 元。首先创建账户表 account,再向表中添加两条数据,SQL 代码如下。

扫一扫

```sql
CREATE TABLE `account` (
  `id` int(11) NOT NULL AUTO_INCREMENT,
  `name` varchar(16) NOT NULL COMMENT '姓名',
  `account` int(11) NOT NULL DEFAULT '0' COMMENT '余额',
  PRIMARY KEY (`id`)
) ENGINE = InnoDB DEFAULT CHARSET = utf8mb4 COMMENT = '账户表';
INSERT INTO account(name, account) VALUES (1, '张三', 5000);
INSERT INTO account(name, account) VALUES (2, '李四', 5000);
```

下面开始编写转账代码,如代码清单 10.10 所示。

代码清单 10.10　Demo10Balance

```java
package com.yyds.unit10.demo;
import com.yyds.unit10.demo.utils.DBUtils;
import java.sql.Connection;
import java.sql.SQLException;
import java.sql.Statement;
public class Demo10Balance {
    public static void main(String[] args) {
        Connection connection = null;
        Statement statement = null;
        String sql1 = "update account set account=account-1000 where id=1";
        String sql2 = "update account set account=account+1000 where id=2";
        try {
            connection = DBUtils.getConnection();
            //①关闭事务自动提交功能
            connection.setAutoCommit(false);
            statement = connection.createStatement();
            statement.executeUpdate(sql1);
            //②抛出异常
            //int a = 1 / 0;
            statement.executeUpdate(sql2);
            //①提交事务
            connection.commit();
        }catch(Exception e) {
            e.printStackTrace();
            try {
                //②如果出现异常,则回滚事务
                connection.rollback();
            } catch(SQLException ex) {
                ex.printStackTrace();
            }
        }finally {
            DBUtils.close(statement, connection);
        }
    }
}
```

接下来进行测试。首先注释掉标记为"①"的代码,使程序中没有开启事务自动提交功能,再打开标记为"②"的代码,让张三账户扣减余额后抛出异常,最后查看 account 表中的数据,发现张三账户中的余额扣减成功,但李四账户中的余额并没有增加,如图 10.16 所示。

出现这种情况是比较危险的,试想若使用取款机取钱,当账户余额扣减之后突然停电,结果没有取到钱,但是账户余额却做了扣减。为了避免这种情况,应当在涉及多次增加、删除、修改的代码中加上事务。接下来将两条数据余额恢复到 5000,再将标记为"①"的代码打开,执行程序查看结果,发现张三、李四的账户余额都没有扣减,如图 10.17 所示。

图 10.16　程序运行结果(一)

因为这里开启了事务,当张三账户扣减之后,程序出现异常,事务就会回滚,回滚之后张三账户会恢复到没有扣减库存之前的状态,从而保证数据的完整性。最后,再将标记为"②"的代码注释掉,测试正常流程下的结果,最终张三账户扣减 1000 元,李四账户增加 1000 元,转账成功,如图 10.18 所示。

图 10.17　程序运行结果(二)　　　　图 10.18　程序运行结果(三)

事务在程序开发中是相当重要的技术,它保证了数据的完整性和业务的合理性,保证了在异常状态下系统依然可以正常运行。当一个方法中涉及两次及两次以上表的修改、删除、增加时,必须为其加上事务。

10.7　JDBC 连接池

10.7.1　池化技术

在系统开发过程中经常会用到池化技术。通俗地讲,池化技术就是把一些资源预先分配好,组织到对象池中,之后的业务使用资源从对象池中获取,使用完后放回到对象池中。

10.7.2　JDBC 连接池介绍

每次开启和关闭一个数据库链接,都是要消耗时间的,并且数据库链接属于稀缺资源,如果不加以限制,让其无休止地创建,轻则会使性能降低,重则可能使系统死机。因此,对于数据库链接,必须有一套合理的管理方式。

JDBC 连接池就是池化技术的一个应用场景。程序启动时,预先在连接池中创建一定个数的数据库链接,这些链接会一直放在连接池中,不会关闭。当程序需要使用数据库链接时,直接从连接池中获取,用完后再放回到连接池。如果当前连接池中已经不存在空闲的连接了,就会创建新的连接,如果连接池中连接个数已经无法再次创建,程序就进入等待,直到有空闲的连接为止,如图 10.19 所示。

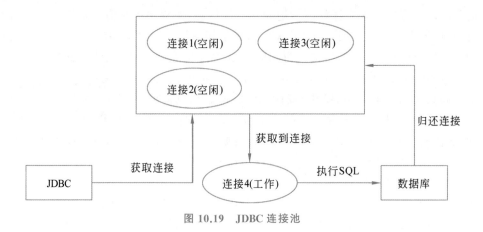

图 10.19　JDBC 连接池

10.7.3　自定义连接池

　　下面参照连接池原理自定义连接池。首先连接池中的连接需要有一个标识符,标识这个连接是否空闲,而 Connection 接口并不存在这种标识,因此需要自己封装一个数据库链接对象,如代码清单 10.11 示。

　　代码清单 10.11　**PoolConnection**

```java
package com.yyds.unit10.demo.utils;
import java.sql.Connection;
public class PoolConnection {
    private Connection connection;
    //是否被使用
    private boolean use;
    public PoolConnection(Connection connection, boolean use) {
        this.connection = connection;
        this.use = use;
    }
    //省略 get()和 set()方法
    //关闭连接实际上只把状态设置为未使用即可
    public void close() {
        this.use = false;
    }
}
```

　　下面再定义一个连接池接口,接口中包含两个方法,分别是获取连接池中的连接、创建普通的数据库链接,如代码清单 10.12 所示。

　　代码清单 10.12　**JdbcPool**

```java
package com.yyds.unit10.demo.utils;
import java.sql.Connection;
public interface JdbcPool {
    //从连接池中获取连接
```

```
    PoolConnection getConnection();
    //获取连接(不从连接池)
    Connection getConnectionNoPool();
}
```

然后编写它的实现类,实现类中 getConnectionNoPool 较为简单,按照常规方式创建连接即可,如代码清单 10.13 所示,至此,连接池封装完毕。

代码清单 10.13　**JdbcMySQLPool**

```java
package com.yyds.unit10.demo.utils;
import java.sql.Connection;
import java.sql.DriverManager;
import java.sql.SQLException;
import java.util.List;
import java.util.Vector;
public class JdbcMySQLPool implements JdbcPool {
    private static String driverClass = "com.mysql.jdbc.Driver";
    private static String url = "jdbc:mysql://localhost:3306/testdb?useUnicode=
    true&useSSL=false&characterEncoding=UTF8";
    private static String user = "root";
    private static String password = "123456";
    //默认连接数,程序启动后,连接池内默认会创建 4 个连接
    private static int initConnection = 4;
    //最大连接数,当 4 个连接不足以处理数据库操作时,会继续创建连接,最多创建到 20 个
    private static int maxConnection = 20;
    //这里要使用线程安全的类,线程问题请参考第 11 章
    private static List<PoolConnection> pool = new Vector<>();
    static {
        try {
            Class.forName(driverClass);
        } catch(ClassNotFoundException e) {
            e.printStackTrace();
        }
        //默认创建指定个数的连接
        createConnections(initConnection);
    }
    //synchronized 的作用是保证线程安全,具体介绍详见第 11 章
    @Override
    public synchronized PoolConnection getConnection() {
     //无限循环,每次循环都尝试从连接池中获取连接,如果获取不到,下次再尝试获取
        while(true) {
            for(PoolConnection poolConnection : pool) {
                if(poolConnection.isUse()) {
                    //使用中的不获取
                    continue;
                }
                //找到一个未使用的,状态改为已使用,并返回
                poolConnection.setUse(true);
                return poolConnection;
```

```
            }
            //程序运行到此处,说明连接池中所有的连接都已使用。判断当前连接池中的连接数
            //是否到达最大连接数,如果没有,就创建 1 个连接,然后重新尝试获取
            if(pool.size() < maxConnection) {
                createConnections(1);
            }
        }
    }
    //创建指定个数的连接,放入连接池
    private static void createConnections(int count) {
        for(int i = 0; i < count; i++) {
            //连接池中的连接个数已经超过最大连接数,不允许再创建
            if(maxConnection > 0 && pool.size() >= maxConnection) {
                throw new RuntimeException("连接池中的连接数量已经达到最大值");
            }
            try {
                Connection connection = DriverManager.getConnection(url, user,
                password);
                //将连接放入连接池
                pool.add(new PoolConnection(connection, false));
            } catch(SQLException e) {
                e.printStackTrace();
            }
        }
    }
    @Override
    public Connection getConnectionNoPool() {
        try {
            //不走连接池,正常创建连接
            return DriverManager.getConnection(url, user, password);
        } catch(SQLException e) {
            e.printStackTrace();
        }
        return null;
    }
}
```

10.7.4 测试连接池性能

扫一扫

    10.7.3 节已封装完连接池,下面开始测试连接池的性能。这里,性能测试需要使用到多线程技术,该技术并不是什么复杂的技术,分别启动 2000 个线程查询,这相当于同时有2000 个人一起操作数据库,测试使用连接池和不使用连接池的性能差距,如代码清单 10.14所示。

    代码清单 10.14　Demo14PoolTest

```
package com.yyds.unit10.demo;
import com.yyds.unit10.demo.utils.JdbcMySQLPool;
import com.yyds.unit10.demo.utils.PoolConnection;
```

```java
import java.sql.Connection;
import java.sql.Statement;
import java.util.concurrent.CountDownLatch;
public class Demo14PoolTest {
    public static void main(String[] args) throws Exception {
        long start = System.currentTimeMillis();
        JdbcMySQLPool pool = new JdbcMySQLPool();
        //多线程技术：一种计数器,可以用于记录线程执行完毕
        CountDownLatch latch = new CountDownLatch(2000);
        for(int i = 0; i < 2000; i++) {
            //多线程技术：创建线程并执行
            new Thread(()->{
                try {
                    PoolConnection poolConnection = pool.getConnection();
                    Connection connection = poolConnection.getConnection();
                    //Connection connection = pool.getConnectionNoPool();
                    Statement statement = connection.createStatement();
                    //测试性能只查询即可,不需要输出结果
                    statement.executeQuery("select * from user");
                    //关闭连接,实际上是放回连接池
                    poolConnection.close();
                    statement.close();
                    //connection.close();
                }catch(Exception e) {
                    e.printStackTrace();
                }finally {
                    latch.countDown();
                }
            }).start();
        }
        //多线程技术：等待前面的线程执行完毕
        latch.await();
        long endTime = System.currentTimeMillis();
        //System.out.println("不使用连接池执行耗时: " + (endTime-start));
        System.out.println("使用连接池执行耗时: " + (endTime-start));
    }
}
```

程序中涉及多线程的代码都已进行标注,在目前的学习阶段,无须知道这是什么,只把它当作特定的代码即可。分别运行使用连接池和不使用连接池的代码,从运行结果可以看出它们二者的差距：使用连接池明显性能更高,如图 10.20 所示。

不使用连接池执行耗时：**2075**

使用连接池执行耗时：**959**

图 10.20　程序运行结果

至此,连接池已经介绍完毕。事实上,在开发中并不需要自己实现一个连接池,因为市面上已经有相当成熟的连接池了,如 Druid 连接池、Hikari 连接池、DPCP 连接池、C3P0 连

接池等,在以后的开发中只选择合适的连接池即可。尽管如此,依然需要了解连接池的运行机制和原理,以便于调整它的参数,调整出性能最优的连接池。

10.8 本章思政元素融入点

思政育人目标:大力弘扬伟大的抗疫精神,使之转化为全面建设社会主义现代化国家、实现中华民族伟大复兴的强大力量。培养学生的团队协作精神和创新精神,帮助学生塑造正确的"三观",激发学生科技报国的家国情怀和使命担当。

思政元素融入点:以大家亲身经历的"新冠疫情"为案例,在第8～10章中,分别设计了一些有关"疫情"的程序讲解相应的知识点,同时可有机融入"在这场同严重疫情的殊死较量中,中国人民和中华民族以敢于斗争、敢于胜利的大无畏气概,铸就了生命至上、举国同心、舍生忘死、尊重科学、命运与共的伟大抗疫精神",使之转化为全面建设社会主义现代化国家、实现中华民族伟大复兴的强大力量。同时,拟进一步继续以"新冠疫情"为案例,拓展设计项目以开发"智慧校园疫情防控与数据展示系统"。首先,以案例/项目驱动教学法讲解Java知识点,让学生思考如何利用I/O流与异常知识实现该系统中疫情信息的采集、如何利用JDBC实现该系统的数据库的连接,并鼓励学生提早自学软件开发中的一些前端框架实现该系统的可视化界面,以此隐性渗透科技服务于社会的技术就在学生身边,从而鼓励学生珍惜大学美好时光,努力学习理论和实践知识及专业技能,提高自身能力和综合素质,为实现民族复兴、科技报国而不懈努力。其次,还可以通过这个疫情案例的软件系统,展示在疫情期间所涌现出的诸多典型人物和先进事迹以及不良现象,从而有机融入伟大的"抗疫精神""奉献精神""责任与担当""人生价值""遵纪守法"和"不以恶小而为之、不以善小而不为"等思政元素,引导学生主动接受思想的浸润和灵魂的洗礼,以榜样的力量激励人、鼓舞人,并将之内化为精神追求、外化为自觉行动;更进一步,可对比我国与其他国家的这次疫情防控举措以彰显中国特色社会主义制度的显著优势,体现出中国政府对本国人民的生命安全和身体健康负责,对全球公共卫生事业尽责,充分展示了中国政府的强大领导力,充分彰显了中国负责任大国的担当。再者,还可从疫情"危机"下的在线教育"契机",阐述课堂教育方式的改变如何化"危"为"机"和在线教育的挑战与改革,引导学生增强自律、自主学习和终身学习意识,启发学生领悟"通其变,天下无弊法;执其方,天下无善教"等精髓,培养学生善于在危机中育新机,在变局中开新局。这个案例是学生亲临的重大事件,因此能提升学生的亲切感、参与感,引发学生的共鸣,更有效地帮助他们塑造正确的"三观",更有效地激发他们科技报国的家国情怀和使命担当。

10.9 本章小结

本章主要介绍JDBC的使用,先通过一个基本的查询案例快速上手,分析JDBC操作MySQL的每一个流程,并按照这个流程完成添加、修改、删除操作,从而掌握JDBC的基本使用。之后,又将增加、删除、修改、查询中重复的代码进行抽取,封装成DBUtils类,以提高开发效率。紧接着,通过一个登录功能,演示了传统方式使用 Statement 所带来的 SQL 注入问题,并引出 PreparedStatement 的使用方式,以及与 Statement 的区别。再者,以转账案例介绍了事务,代入到现实生活中,演示了没有事务时所带来的问题,并得出结论:只要涉及两个以上增加、删除、修改操作,必须加上事务。同时,还介绍了 JDBC 连接池,通过池化技术管理数据库链接,使每个链接使用完毕后不关闭,而是返回池子中供下次使用,从而提高程序性能。最后,指出了本章以及前两章中的一些知识点可融入的思政元素。

10.10　习题

1. 请列出 JDBC 操作数据库的步骤。

2. 什么是 SQL 注入?在 JDBC 中应当如何防止 SQL 注入?

3. 当一条事务中执行了修改操作,事务没提交前,表中数据是否会有变化?为什么?

4. 请说出 JDBC 连接池的执行逻辑,你还知道有什么池化技术吗?

5. 编写一个系统注册功能,用户输入用户名和密码,如果用户名存在,则提示用户名已存在,请直接登录;如果用户名不存在,则注册成功。

6. 编写一个图书管理系统,图书需要有 id、书名、作者、出版日期、价格,功能包括新增图书、删除图书、查询图书、修改图书。

7. 事实上,PreparedStatement 也不是绝对的安全,请查阅资料,指出 PreparedStatement 的不安全之处,并提出合理的解决方案。

8. 完善代码清单 10.7,将最后两个功能补全,并追加搜索功能,用户可以根据城市名称模糊搜索疫情信息,并将查询到的所有城市罗列出来,要求搜索功能能够防止 SQL 注入。

9. 实际开发中,有时可能并不知道一条数据应该是添加还是修改,请针对 user 表编写一个方法,传入一个 User 对象,如果该 User 不存在,则插入 user 表;如果存在,则修改 user 表中对应的数据。

10.（扩展习题）对于数据库中的每张表,几乎都要执行增加、删除、修改、查询操作,而这些操作的写法几乎相同,不同的仅是查询条件使用的列,以及查询出的列。请提前学习第 13 章的反射内容,通过反射机制封装出一个通用的工具类,使其能够适用于任何表的增加、删除、修改、查询操作。

第11章 多线程

11.1 多线程概述

11.1.1 多线程介绍

使用电脑管家查杀病毒时,可以一边查杀病毒一边清理垃圾;打游戏时,可以让人物一边行走一边购买装备;使用 IDEA 或者 Eclipse 开发 Java 程序时,可以一边编写代码一边自动对代码进行编译……这些场景,底层就是依赖于多线程技术,多线程技术可以让多个任务并行处理,而完全不影响主线程的工作。

事实上,"双十一""双十二"在购物平台抢购时,成千上万个人同时访问网站,底层也是基于多线程技术,如果没有多线程技术,网站的访问速度将会大大降低。

多线程是 Java 的一大特性,当多个任务之间不存在先后关系时,可以使用多线程技术,比如添加订单的同时将商品移除购物车;当某个任务耗时很久时,可以使用多线程技术,比如论文查重;当主流程不关心某个操作成功与否时,可以使用多线程,比如日志记录……多线程具有非常广泛的应用场景。

学习多线程之前,先了解下面的一些概念。

11.1.2 进程

进程是资源分配的最小单位。计算机的核心是 CPU,它承担了所有的计算任务,而操作系统是计算机的管理者,它负责任务的调度、资源的分配和管理,统领整个计算机硬件;应用程序是具有某种功能的程序,程序是运行于操作系统之上的。

进程是一个具有一定独立功能的程序在一个数据集上的一次动态执行的过程,是操作系统进行资源分配和调度的一个独立单位,是应用程序运行的载体。进程是一种抽象的概念,从来没有统一的标准定义。进程一般由程序、数据集合和进程控制块 3 部分组成。程序用于描述进程要完成的功能,是控制进程执行的指令集;数据集合是程序在执行时所需要的数据和工作区;进程控制块包含进程的描述信息和控制信息,是进程存在的唯一标志。

11.1.3　线程

在早期的操作系统中并没有线程的概念,进程是拥有资源和独立运行的最小单位,也是程序执行的最小单位。任务调度采用的是时间片轮转的抢占式调度方式,而进程是任务调度的最小单位,每个进程都有各自独立的一块内存,使得各个进程之间内存地址相互隔离。

后来,随着计算机的发展,人们对 CPU 的要求越来越高,进程之间的切换开销较大,已经无法满足越来越复杂的程序的要求了。于是就发明了线程,线程是程序执行中一个单一的顺序控制流程,是程序执行流的最小单元,是处理器调度和分派的基本单位。线程是 CPU 调度的最小单位,一个进程可以有一个或多个线程,各个线程之间共享程序的内存空间(也就是所在进程的内存空间)。一个标准的线程由线程 ID、当前指令指针 PC、寄存器和堆栈组成。而进程由内存空间(代码、数据、进程空间、打开的文件)和一个或多个线程组成。

用一个更加形象的例子对比二者,进程与线程的关系就像火车与车厢的关系。

- 线程在进程下行进(单纯的车厢无法运行)。
- 一个进程可以包含多个线程(一辆火车可以有多个车厢)。
- 不同进程间的数据很难共享(一辆行驶中的火车上的乘客很难换到另外一辆火车上)。
- 同一进程下不同线程间的数据很易共享(A 车厢换到 B 车厢很容易)。
- 进程使用的内存地址可以上锁,即一个线程使用某些共享内存时,其他线程必须等它结束,才能使用这块内存。(火车上的洗手间如果有人正在使用,其他人必须等待该人用完后才能接着使用)

11.2　线程的创建

11.2.1　继承 Thread 类

扫一扫

Thread 类是 Java 中代表线程的类,当创建一个线程对象,并调用它的 start()方法后,这条线程就进入了 CPU 调度,当这条线程获取到 CPU 时间片后,就会执行它的 run()方法。

熟悉 Thread 的基本执行原理后,就能推断出:使用 Thread 的空参构造创建对象是没有任何意义的,因为 Thread 的 run()方法没有任何实际意义的逻辑,如下所示。

```
public void run() {
    if(target != null) {
        target.run();
    }
}
```

但是,可以继承 Thread 类,并重写它的 run()方法,再创建这个类的对象,调用其 start()方法,从而启动一条线程,如代码清单 11.1 所示。注意,main()方法其实也是一条线程,一般

称其为主线程或者 main 主线程。

代码清单 11.1　Demo1Thread

```java
package com.yyds.unit11.demo;
import java.util.concurrent.TimeUnit;
public class Demo1Thread extends Thread{
    @Override
    public void run() {
        //获取线程名称
        String name = Thread.currentThread().getName();
        for(int i = 0; i < 5; i++) {
            System.out.println(name + "--" + i);
            //等待 1s
            try {
                Thread.sleep(1000)(1);
            } catch(InterruptedException e) {
                e.printStackTrace();
            }
        }
    }
    public static void main(String[] args) {
        Demo1Thread thread = new Demo1Thread();
        thread.start();
        for(int i = 0; i < 5; i++) {
            System.out.println("main 主线程--" + i);
            //等待 1s
            try {
                Thread.sleep(1000)(1);
            } catch(InterruptedException e) {
                e.printStackTrace();
            }
        }
    }
}
```

程序(代码清单 11.1)运行结果如图 11.1 所示。

看到这个程序的运行结果,可能你会觉得难以置信,这简直打破了你迄今为止对程序的认知。main()方法中的循环语句明明在启动线程之后,为什么会出现两个 for 循环交叉执行的情况?

事实上,这就是多线程的特点。以往的程序是单线程的,或者说像一条线,CPU 在这条直线上游走,自始至终都是从前往后,程序会按照所编写的顺序执行。而多线程程序就好比两条线,如图 11.2 所示。CPU 在这两条线上游走,这个游走的过程并非先执行完 A 再执行 B,而是当 A 获取到 CPU 时间片后,执行 A;一段时间后 B 获取到 CPU 时间片,就会执行 B;一段时间后 A 又获取到 CPU 时间片,又会执行 A……从而出现图 11.2 中交叉执行的现象。

```
main主线程--0
Thread-0--0
main主线程--1
Thread-0--1
main主线程--2
Thread-0--2
Thread-0--3
main主线程--3
main主线程--4
Thread-0--4
```

图 11.1　程序运行结果

早期的计算机 CPU 大多是单核，如图 11.2 所示。在这种前提下使用多线程未必带来性能的提升，反而可能降低程序性能，因为 CPU 时间片的切换也是有时间损耗的。而如今绝大多数的计算机都是多核，多核 CPU 下可以同时执行多条线程，从而实现真正意义上的并行，如图 11.3 所示。

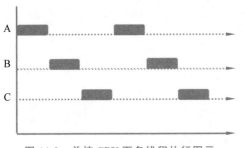

图 11.2　单核 CPU 下多线程执行图示

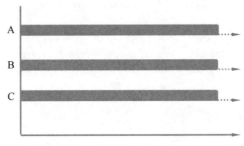

图 11.3　多核 CPU 下多线程执行图示

11.2.2　实现 Runnable 接口

扫一扫

11.2.1 节已经使用继承 Thread 类的方式创建了线程，但是这种方式存在弊端。Java 中只有单继承，继承是很珍贵的，为了实现线程，仅有的继承机会用掉了，后面也就没办法通过继承扩展程序，因此第一种方式其实在开发中使用很少，并不推荐。

在 11.2.1 节曾看过 Thread 类的 run() 方法源码，run() 方法并非一行代码也没有，而是先判断了 target 是否为空，如果 target 不为空，就执行 target 的 run() 方法，这里再将 run() 方法的代码贴上。

```
public void run() {
    if(target != null) {
        target.run();
    }
}
```

那么，这个 target 是什么呢？下面来看 Thread 类的另一个构造方法。

```
public Thread(Runnable target) {
    init(null, target, "Thread-" + nextThreadNum(), 0);
}
private void init(ThreadGroup g, Runnable target, String name,
            long stackSize) {
    init(g, target, name, stackSize, null, true);
}
private void init(ThreadGroup g, Runnable target, String name,
            long stackSize, AccessControlContext acc,
            boolean inheritThreadLocals) {
    //与 target 无关的代码已经删除
    this.target = target;
}
```

刨根问底之后发现,target 其实是一个叫 Runnable 的接口。因此,只要直接创建 Thread 的对象,并为其提供一个 Runnable 的实现类,Thread 的 run()方法就变得有意义了。

创建一个类,实现 Runnable 接口,并实现它的 run()方法。之后,创建 Thread 对象,并将这个类的实例作为参数传递给 Thread 的构造方法,即可实现多线程,如代码清单 11.2 所示。

代码清单 11.2　Demo2Runnable

```java
package com.yyds.unit11.demo;
import java.util.concurrent.TimeUnit;
public class Demo2Runnable implements Runnable{
    @Override
    public void run() {
        //获取线程名称
        String name = Thread.currentThread().getName();
        for(int i = 0; i < 5; i++) {
            System.out.println(name + "--" + i);
            //等待 1s
            try {
                Thread.sleep(1000)(1);
            } catch(InterruptedException e) {
                e.printStackTrace();
            }
        }
    }
    public static void main(String[] args) {
        Demo2Runnable runnable = new Demo2Runnable();
        //这里需要 new Thread
        Thread thread = new Thread(runnable);
        thread.start();
        for(int i = 0; i < 5; i++) {
            System.out.println("main 主线程--" + i);
            //等待 1s
            try {
                Thread.sleep(1000)(1);
            } catch(InterruptedException e) {
                e.printStackTrace();
            }
        }
    }
}
```

该程序的执行结果与代码清单 11.1 没有区别,这里不再贴出。

通过上面的程序可以发现,实现 Runnable 的方式与继承 Thread 的方式区别不大,但是前者的优势却是后者不能比拟的。Java 中只能继承一个类,但是可以实现多个接口,通过这种方式创建出来的线程,保留了这个类的扩展性,使得以后的编码可以更加灵活。

11.2.3　Callable 与 Future 结合

前面两种创建线程的方式,在执行过程中并没有办法从创建出的线程获取到它的返回值,这就意味着无法知道线程的执行结果。而 Callable 与 Future 则能很好地解决该问题。

Callable 也是一个接口,通过创建一个类可实现它。接口中有一个 call()方法,它是有返回值的,因此可以使用 Callable 创建有返回值的线程。但是,Thread 类中并没有接收 Callable 参数的构造方法,这里还需要借助 Future,由于 Future 是一个接口,无法创建对象,因此一般使用它的子类 FutureTask 进行。Callable 创建线程如代码清单 11.3 所示。

代码清单 11.3　Demo3Callable

```java
package com.yyds.unit11.demo;
import java.util.concurrent.*;
public class Demo3Callable implements Callable<String> {
    @Override
    public String call() throws Exception {
        String name = Thread.currentThread().getName();
        for(int i = 0; i < 5; i++) {
            System.out.println(name + "--" + i);
            try {
                Thread.sleep(1000)(1);
            } catch(InterruptedException e) {
                e.printStackTrace();
            }
        }
        return "SUCCESS";
    }
    public static void main(String[] args) throws ExecutionException,
    InterruptedException {
        Demo3Callable callable = new Demo3Callable();
        FutureTask<String> future = new FutureTask<>(callable);
        Thread thread = new Thread(future);
        thread.start();
        //获取返回值
        String s = future.get();
        System.out.println(s);
    }
}
```

程序(代码清单 11.3)运行结果如图 11.4 所示。

```
Thread-0--0
Thread-0--1
Thread-0--2
Thread-0--3
Thread-0--4
SUCCESS
```

图 11.4　程序运行结果

这里需要注意的是,当调用 Future 的 get()方法后,主线程就会进入阻塞,更直白点说就是陷入"等待",等 Callable 的程序执行完毕,成功获取到返回值之后,才继续向下执行。

扫一扫

11.2.4　实现多线程方法的对比

3 种创建线程的方式中,继承 Thread 的方式在以后的开发中基本碰不到,因此了解即可。而实现 Runnable 接口的方式比较灵活,因此绝大多数都使用这种方式。如果需要获取到线程执行结果,则需要使用实现 Callable 的方式。

这里其实有一个误区,你可以在绝大多数的书籍、博客上看到类似于"创建线程的 3 种方式"的文章,但实际上创建线程的方式只有一种,即 new Thread。上面的 3 种方式不管哪一种,最终都离不开 Thread 对象,因为 Java 中只有 Thread 和它的子类是代表线程的。上面 3 种方式的最终目的,其实是实现线程执行过程中的业务逻辑,因此,准确来说创建线程执行单元的方式应该有 3 种。

这可能有点咬文嚼字,但在更加严谨的场合依然是需要分清的。这就好像茶余饭后聊三国,会提到"三国时期曹操",在平时的聊天中这么说没有任何问题,因为这几乎成了大家约定俗成的认识了,但是在更加严肃的场合依然要知道曹操是东汉末年的历史人物,而非三国人物。

11.3 线程的生命周期和状态转换

11.3.1　线程生命周期介绍

所谓"生命周期",就是一个或一些对象从创建到销毁的过程,线程创建后是如何运行的? run()方法是什么时候调用的? 线程在什么时候销毁? 通过上面编写的程序,引申出这些问题,这些问题可归结到线程的生命周期中探讨。每个线程的运行都是独立的,这就意味着每个线程都有自己的生命周期。线程的生命周期包括新建(NEW)、就绪(RUNNABLE)、运行(RUNNING)、阻塞(BLOCKED)、销毁(TERMINATED),完整的生命周期如图 11.5 所示。

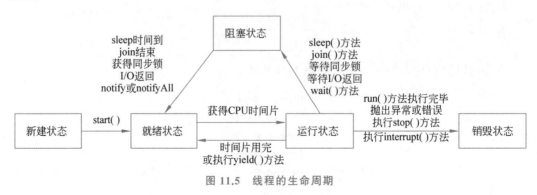

图 11.5　线程的生命周期

1. 新建（NEW）

当使用 new 关键字创建一个 Thread 对象时，此时它并不属于执行状态，因为并没有调用 start()方法启动该线程，那么该线程的状态就是 NEW 状态。准确来说，这里的 Thread 还仅仅是一个 Thread 对象，它跟 new 一个普通的对象没有任何区别，因为还没有 start，它甚至还不算一个线程。

2. 就绪（RUNNABLE）

当调用 start()方法之后，线程进入 RUNNABLE 状态，此时才是真正在 JVM 进程中创建了一个线程。

调用 start()方法启动线程后，线程就会立即执行吗？

并不一定。线程的运行与否取决于 CPU 的调度，CPU 没有把时间片分配给你，就不会运行。因此，进入就绪状态的线程具备了运行的资格，但是却在等待 CPU 的调度。

因此，线程的执行顺序与调用 start()方法的顺序并没有直接的关系。

3. 运行（RUNNING）

一旦 CPU 通过轮询或者其他方式从任务可执行队列中选中了线程，那么该线程便进入 RUNNING 状态，才能真正执行自己的逻辑代码（即调用 run()方法）。

在 RUNNING 状态中的线程，可能发生如下的状态转换。

- 因为满足某个逻辑标识，或者调用了 stop()方法，所以直接进入 TERMINATED 状态。
- 因为调用了 sleep()或者 wait()方法，所以进入了 BLOCKED 状态。
- 因为进行某个阻塞的 I/O 操作，所以进入了 BLOCKED 状态。
- 因为获取某个锁资源，从而加入该锁的阻塞队列中，所以进入了 BLOCKED 状态。
- 由于 CPU 的调度轮询使得该线程暂时被放弃执行，所以进入了 RUNNABLE 状态。
- 因为主动调用了 yield()方法，所以该线程放弃了 CPU 执行权，进入 RUNNABLE 状态。

4. 阻塞（BLOCKED）

前面已经介绍了线程进入阻塞状态的原因，这里不再重复说明。

BLOCKED 状态中的线程，可能会发生如下的状态转换。

- 因为满足某个逻辑标识，或者调用了 stop()方法，所以直接进入 TERMINATED 状态。
- 线程阻塞的操作结束，比如 I/O 读取完毕，进入 RUNNABLE 状态。
- 线程完成了指定时间的休眠，进入 RUNNABLE 状态。
- wait 中的线程被其他线程 notify 唤醒，进入 RUNNABLE 状态。
- 线程获取到锁资源，进入 RUNNABLE 状态。
- 线程在阻塞过程中被打断，比如其他线程调用了 interrupt()方法，进入 RUNNABLE 状态。

需要注意的是，阻塞状态条件结束后，线程并不是直接变成 RUNNING 状态，而是进入 RUNNABLE 状态，等待 CPU 调度。

5. 销毁（TERMINATED）

TERMINATED 是线程的最终状态,进入该状态的线程意味着整个生命周期都结束了,因此不会切换到其他任何状态。

下面是程序进入 TERMINATED 状态可能的操作。

- 线程运行正常结束。
- 线程运行出错意外结束。
- JVM 异常结束,导致所有线程都结束。

11.3.2 线程的状态转换

Java 中提供了一些方法用于控制线程状态,可以自由地改变一条线程的状态。

1. 线程休眠

如果想让正在执行的线程暂停一段时间,进入阻塞状态,一段时间后继续运行,则可以调用 Thread 类的 sleep()方法。线程休眠相关方法如表 11.1 所示。

表 11.1　线程休眠相关方法

方 法 签 名	功 能 描 述
static void sleep(long millis)	在指定的毫秒数内让正在执行的线程休眠
static void sleep(long millis，int nanos)	在指定的毫秒数加上纳秒数内让正在执行的线程休眠

比如想让程序每秒打印一次当前时间,如代码清单 11.4 所示。

代码清单 11.4　**Demo4Sleep**

```
package com.yyds.unit11.demo;
import java.text.SimpleDateFormat;
import java.util.Date;
public class Demo4Sleep {
    public static void main(String[] args) throws InterruptedException {
        for(int i = 0; i < 5; i++) {
            String format = new SimpleDateFormat("yyyy-MM-dd HH:mm:ss.SSS").
            format(new Date());
            System.out.println("当前时间: " + format);
            Thread.sleep(1000);
        }
    }
}
```

程序(代码清单 11.4)运行结果如图 11.6 所示。

```
当前时间：2022-05-01 16:44:34.338
当前时间：2022-05-01 16:44:35.344
当前时间：2022-05-01 16:44:36.353
当前时间：2022-05-01 16:44:37.369
当前时间：2022-05-01 16:44:38.381
```

图 11.6　程序运行结果

可以看到,程序运行结果存在一定的时间误差,这是因为虽然给定了一个毫秒数,但是具体休眠多久以系统的定时器和调度器的精度为准,并且当休眠时间到了之后,程序会进入就绪状态,等待 CPU 分配时间片后才会重新进入运行状态,因此实际休眠时间可能与给定的时间不一致,但一般误差不会太大。

事实上,Thread.sleep()方法使用起来并不是相当灵活,比如想让程序休眠 1 分钟 3 秒 24 毫秒,就得先将时间转换为毫秒后再使用,比较烦琐。因此,实际开发中建议使用 TimeUnit 的 sleep()方法。

TimeUnit 的 sleep()方法使用起来相当简单,格式如下。

```
TimeUnit.时间单位.sleep(时间);
```

其中,TimeUnit 的时间单位都是以静态变量的形式存在的,如表 11.2 所示。

表 11.2　TimeUnit 时间单位

时 间 单 位	描 述	时 间 单 位	描 述
DAYS	天	MILLISSECONDS	毫秒
HOURS	小时	MICROSECONDS	微秒
MINUTES	分钟	NACOSSECONDS	纳秒
SECONDS	秒		

以程序休眠 3 秒 24 毫秒为例,输出休眠后的时间,如代码清单 11.5 所示。

代码清单 11.5　Demo5Sleep

```java
package com.yyds.unit11.demo;
import java.text.SimpleDateFormat;
import java.util.Date;
import java.util.concurrent.TimeUnit;
public class Demo5Sleep {
    public static void main(String[] args) throws InterruptedException {
        String format = new SimpleDateFormat("yyyy-MM-dd HH:mm:ss.SSS").format
        (new Date());
        System.out.println("当前时间: " + format);
        //休眠 3 秒 24 毫秒
        TimeUnit.SECONDS.sleep(3);
        TimeUnit.MILLISECONDS.sleep(24);
        String end = new SimpleDateFormat("yyyy-MM-dd HH:mm:ss.SSS").format
        (new Date());
        System.out.println("当前时间: " + end);
    }
}
```

程序(代码清单 11.5)运行结果如图 11.7 所示。

```
当前时间: 2022-05-01 17:05:47.681
当前时间: 2022-05-01 17:05:50.713
```

图 11.7　程序运行结果

2. 守护线程

大家知道,main()方法也是一条线程,事实上执行main()方法本质上就是在执行主线程的run()方法。当main()方法执行完毕后,主线程也就会随之销毁,但是在前面的程序中发现,即便主线程销毁,在主线程中创建的线程也并不会销毁。

某些场景下,这么做是不太合理的。比如开发一款游戏,需要有一条线程不断地拉取角色属性,而当游戏退出即主线程结束后,这条线程并不会销毁,这也就意味着游戏即使退出了,程序依然在拉取角色属性。同理,当使用IDEA开发Java程序时,自动编译功能也是一条线程,如果关闭IDEA,那自动编译的功能也应该随之关闭,而不是继续执行。

总而言之,某些场景下,需要让一些线程的销毁与其父线程的销毁一致,当父线程被销毁时,子线程不管是否执行完毕,都要被销毁,此时就可以使用守护线程。

守护线程与普通线程写法上基本没什么区别,调用线程对象的方法setDaemon(true),就可以把该线程标记为守护线程。

当普通线程(前台线程)全部执行完毕,也就是当前正在运行的线程都是守护线程时,Java虚拟机(JVM)将退出。另外,setDaemon(true)方法必须在启动线程前调用,否则会抛出IllegalThreadStateException异常。

直接对代码清单11.2进行一些改造,加上守护线程的效果,如代码清单11.6所示。

代码清单11.6　**Demo6Daemon**

```java
package com.yyds.unit11.demo;
import java.util.concurrent.TimeUnit;
public class Demo6Daemon {
    public static void main(String[] args) throws InterruptedException {
        Demo2Runnable runnable = new Demo2Runnable();
        Thread thread = new Thread(runnable);
        //设置为守护线程
        thread.setDaemon(true);
        thread.start();
        for(int i = 0; i < 2; i++) {
            System.out.println("main 主线程--" + i);
            TimeUnit.SECONDS.sleep(1);
        }
    }
}
```

程序(代码清单11.6)运行结果如图11.8所示。

与代码清单11.2对比发现,自定义的线程并没有输出5次结果,仅输出2次就被销毁了,因为在main线程中将thread设置成了守护线程,当main线程被销毁时,不管thread是否执行完毕,都将被销毁。

```
main主线程--0
Thread-0--0
Thread-0--1
main主线程--1
Thread-0--2
```

图11.8　程序运行结果

3. 线程让步

线程让步方法yield()也可以使当前正在执行的线程暂停,让出CPU资源给其他的线程。但与sleep不同的是,yield()方法并不会进入阻塞状态,而是直接进入就绪状态,等待 CPU 重新为其分配时间片。因此,调用 yield()方法完全有可能出现这种情况:A 线程调用 yield()方法,想将资源让给 B 线程,但是 CPU 却又将时间片分给了 A 线程。

这无法精确地干涉 CPU 对线程的调度,因此,yield()方法仅是做一个参考性的让步,实际情况会不会将执行权让给其他线程,取决于系统对资源的分配,因此,通过代码清单 11.7 简单介绍一下 yield()方法的使用即可。

代码清单 11.7　Demo7Yield

```java
package com.yyds.unit11.demo;
public class Demo7Yield extends Thread{
    @Override
    public void run() {
        for(int i = 0; i < 5; i++) {
            System.out.println(this.getName() + "线程第" + i + "次执行!");
            Thread.yield();
        }
    }
    public static void main(String[] args) {
        new Demo7Yield().start();
        new Demo7Yield().start();
    }
}
```

程序(代码清单 11.7)运行结果如图 11.9 所示。

```
Thread-1线程第0次执行!
Thread-0线程第0次执行!
Thread-1线程第1次执行!
Thread-0线程第1次执行!
Thread-1线程第2次执行!
Thread-0线程第2次执行!
Thread-1线程第3次执行!
Thread-0线程第3次执行!
Thread-1线程第4次执行!
Thread-0线程第4次执行!
```

图 11.9　程序运行结果

4. 线程优先级

每个线程在执行时都会有一个优先级属性,通常使用 setPriority()方法设置,CPU 对线程调度时,会使用优先级属性作为参考,优先级越高的线程越有可能得到较多的执行机会。该属性与 yield()方法类似,仅是一个参考性的属性,优先级越高仅是有可能执行较多,并不代表优先级低的线程执行次数一定比优先级高的线程少。

这里通过代码清单 11.8 简单介绍一下线程优先级。

代码清单 11.8　Demo8Priority

```java
package com.yyds.unit11.demo;
public class Demo8Priority extends Thread{
    @Override
    public void run() {
        for(int i = 0; i < 5; i++) {
            System.out.println(this.getName() + "线程第" + i + "次执行!");
        }
    }
    public static void main(String[] args) {
        Demo8Priority t1 = new Demo8Priority();
        t1.setPriority(1);
        Demo8Priority t2 = new Demo8Priority();
        //线程优先级范围是 1~10
        t2.setPriority(10);
        t1.start();
        t2.start();
    }
}
```

程序(代码清单 11.8)运行结果如图 11.10 所示。

```
Thread-0线程第0次执行!
Thread-1线程第0次执行!
Thread-0线程第1次执行!
Thread-1线程第1次执行!
Thread-1线程第2次执行!
Thread-0线程第2次执行!
Thread-1线程第3次执行!
Thread-0线程第3次执行!
Thread-1线程第4次执行!
Thread-0线程第4次执行!
```

图 11.10　程序运行结果

可以发现,程序的运行结果并不一定会按照所设置的优先级来,因为线程优先级属性仅作参考。

5. 线程合并

如果想让一个线程等待另一个线程执行完毕后再继续执行,可以使用线程的 join()方法。如在线程 A 执行期间调用线程 B 的 join()方法,那么线程 A 就必须等待线程 B 执行完毕后才能继续执行,如代码清单 11.9 所示。

代码清单 11.9　Demo9Join

```java
package com.yyds.unit11.demo;
import java.util.concurrent.TimeUnit;
```

```java
public class Demo9Join implements Runnable {
    @Override
    public void run() {
        for(int i = 0; i < 5; i++) {
            System.out.println(Thread.currentThread().getName()+": "+i);
            try {
                TimeUnit.SECONDS.sleep(1);
            } catch(InterruptedException e) {
                e.printStackTrace();
            }
        }
    }
    public static void main(String[] args) {
        Thread thread = new Thread(new Demo9Join());
        thread.start();
        for(int i = 0; i < 5; i++) {
            System.out.println("主线程: " + i);
            if(i == 2) {
                //i=2后,主线程等待 thread 执行完毕后再继续执行
                try {
                    thread.join();
                } catch(InterruptedException e) {
                    e.printStackTrace();
                }
            }
        }
    }
}
```

程序(代码清单 11.9)运行结果如图 11.11 所示。

```
主线程: 0
主线程: 1
Thread-0: 0
主线程: 2
Thread-0: 1
Thread-0: 2
Thread-0: 3
Thread-0: 4
主线程: 3
主线程: 4
```

图 11.11　程序运行结果

11.4.1　线程安全概述

在介绍线程安全之前,先举一个非常经典的关于银行取钱的例子。

你的银行卡里有 5000 元,你去银行取 3000 元,首先取款机需要先查看你的卡里是否够 3000 元,很明显是够的,但此时如果你的妻子也要用这个银行卡号取 3000 元,刚好你的取钱线程因为网络波动等原因产生了延迟,导致你的妻子取钱时也满足条件,成功完成了取钱工作。而你的取钱任务恢复后,也完成了取钱。

虽然现实中不会出现这种情况,但这依然是一个经典的问题。下面通过代码清单 11.10 演示这个问题。

代码清单 11.10　Demo10Balance

```java
package com.yyds.unit11.demo;
import java.util.concurrent.TimeUnit;
public class Demo10Balance implements Runnable {
    private Account account;
    public Demo10Balance(Account account) {
        this.account = account;
    }
    @Override
    public void run() {
        account.drawBalance(3000);
    }
    private static class Account {
        private Integer balance = 5000;
        public void drawBalance(Integer amount) {
            String name = Thread.currentThread().getName();
            //判断余额是否足够
            if(this.balance >= 3000) {
                //模拟网络波动
                try {
                    TimeUnit.MILLISECONDS.sleep(1);
                } catch(InterruptedException e) {
                    e.printStackTrace();
                }
                //取钱
                this.balance -= amount;
                System.out.println(name + "取钱成功,余额为: " + this.balance);
            } else {
                System.out.println("余额不足," + name + "取钱失败");
            }
        }
```

```
        public Integer getBalance() {
            return this.balance;
        }
    }
    public static void main(String[] args) {
        //银行卡只有一张,所以创建一个对象
        Account account = new Account();
        Demo10Balance runnable = new Demo10Balance(account);
        new Thread(runnable).start();
        new Thread(runnable).start();
    }
}
```

程序(代码清单 11.10)运行结果如图 11.12 所示。

> Thread-1取钱成功, 余额为: -1000
> Thread-0取钱成功, 余额为: -1000

图 **11.12**　程序运行结果

可能你的程序运行结果是 2000,但这不重要,重要的是不管是－1000 还是 2000,最终都是不符合逻辑的,正确的逻辑应该是其中一个人取钱失败。

这个就是线程安全问题。所谓的线程安全问题,其实就是多条线程在执行的过程中对共享的资源访问,这个过程发生了资源的争抢。这里需要保证两个前提:其一是"多条线程",线程安全问题一定发生在多条线程中,一条线程不存在线程安全问题;其二是共享资源,线程安全问题一定发生在资源共享中,如果一个变量、对象只被一条线程访问,那这个资源就是线程安全的。

为了避免这种问题,可以让多条线程访问共享资源时排队,让并发执行的多个线程在某个时间内只允许一个线程执行并访问共享数据,就好像一个机房中只有一台计算机,后面的人必须等待前面的人上机结束后才能进行上机一样。

为了解决这种问题,Java 提供了线程同步机制,即 synchronized 关键字,俗称加锁。

11.4.2　同步方法

扫一扫

synchronized 关键字可以直接加到方法上,这样的方法可以称作同步方法。synchronized 关键字修饰的方法同一时间只能有一个线程进行访问。

synchronized 修饰方法的语法很简单,直接在方法签名上加上该关键字即可,语法格式如下。

[修饰符] synchronized [static] 返回值类型 方法名(参数列表)

下面对 drawBalance()方法加上 synchronized,如代码清单 11.11 所示。

代码清单 **11.11**　**synchronized 修饰 drawBalance()方法**

```
public synchronized void drawBalance(Integer amount) {
    String name = Thread.currentThread().getName();
    //判断余额是否足够
```

```java
if(this.balance >= 3000) {
    //模拟网络波动
    try {
        TimeUnit.MILLISECONDS.sleep(1);
    } catch(InterruptedException e) {
        e.printStackTrace();
    }
    //取钱
    this.balance -= amount;
    System.out.println(name + "取钱成功,余额为: " + this.balance);
} else {
    System.out.println("余额不足," + name + "取钱失败");
}
}
```

加上 synchronized 之后再运行程序,会发现程序运行已经是正常的了,如图 11.13
所示。

> Thread-0取钱成功, 余额为: 2000
> 余额不足, Thread-1取钱失败

图 11.13　程序运行结果

可以看到,加上 synchronized 之后,drawBalance 就是线程安全的了,相当于给这个方
法加了一把锁,即便有多条线程同时访问一个 Account 对象,也不会出现线程安全问题。

回顾之前的知识点,其实我们已经接触过一些线程安全的类了,比如 StringBuffer、
Vector 等。随便查看 StringBuffer 的某个方法,就可以看出其底层也是依赖于 synchronized 关
键字实现线程安全的,如下所示。

```java
public synchronized StringBuffer append(String str) {
    toStringCache = null;
    super.append(str);
    return this;
}
```

synchronized 关键字还可作用于静态方法,其使用方式与上面类似,这里不再赘述。

11.4.3　同步代码块

扫一扫

用 synchronized 关键字修饰方法是有一定弊端的,如果这个方法的执行时间特别久,那
么其他的线程就必须等待这个线程执行完毕才能继续执行,这样性能就特别低。如果一个
方法中的一部分代码并不存在线程安全问题,那么能否让这块代码并行执行,而只让存在线
程安全问题的代码加锁呢?

其实是可以的。synchronized 关键字支持给代码块加锁,这样使用起来就更加灵活。

同步代码块语法格式如下。

```
public void method() {
    synchronized(同步监视器) {
        //存在线程安全问题的代码
    }
}
```

这里需要对同步监视器进行解释。一般情况下,习惯性称同步监视器为"锁对象",必须保证多个同步代码块使用同一个同步监视器,这样它们才能使用同一把锁。或许将其比作"钥匙"更加贴切一些,两扇门公用同一把钥匙,小王拿着钥匙进了 A 门,小李就必须等待小王归还钥匙之后才能进入 B 门,尽管它们是两扇门,但是使用的是同一把钥匙,一次也是线程安全的。而如果这两扇门使用的是两把钥匙,那么小王、小李完全可以同时进入两扇门,各不影响。

同步监视器只需要保证是一个对象即可,至于是什么对象并没有区别,可以是 ArrayList、Object,甚至可以是 String、Integer。一般没有特殊要求的情况下,一律采用 Object,因为仅需要提供一个监视器即可,所以要尽可能节省内存。

当一个线程持有一把锁时,其他线程必须等待这个线程释放这把锁,才能继续获取。而这个线程何时释放锁呢? 其实,当代码执行到 synchronized 之外,就会自动释放锁了。

下面对 drawBalance()方法进行改造,将并不存在线程安全的代码排除到同步代码块外,如代码清单 11.12 所示。

代码清单 11.12　synchronized 修饰代码块

```
//使用 final 修饰,保证锁对象引用不会被改变
private final Object lock = new Object();
public void drawBalance(Integer amount) {
    String name = Thread.currentThread().getName();
    //判断余额是否足够
    synchronized(lock) {
        if(this.balance >= 3000) {
            //模拟网络波动
            try {
                TimeUnit.MILLISECONDS.sleep(1);
            } catch(InterruptedException e) {
                e.printStackTrace();
            }
            //取钱
            this.balance -= amount;
            System.out.println(name + "取钱成功,余额为: " + this.balance);
            //这样可以省略下面的 else
            return;
        }
    }
    System.out.println("余额不足," + name + "取钱失败");
}
```

程序运行结果与前面一致,这里不再贴出。虽然该案例代码简短,但是依然能够说明问题。前面获取线程名称,以及最后输出余额不足,都是不存在线程安全问题的,也就没必要

让它同步执行,完全可以并行,因此将其排除在 synchronized 代码块之外,从而提升性能。

　　注意,同步方法实际上也是有同步监视器的,如果是成员方法,则监视器是 this;如果是静态方法,则监视器是当前类.class。可以通过代码清单 11.13 验证这个结论,这里提供了两个扣减余额的方法:一个使用同步方法;另一个使用同步代码块,其中同步监视器是this。

代码清单 11.13　　Demo13Synchronized

```java
package com.yyds.unit11.demo;
import java.util.concurrent.TimeUnit;
public class Demo13Synchronized implements Runnable {
    private Account account;
    private int type;
    public Demo13Synchronized(Account account, int type) {
        this.account = account;
        this.type = type;
    }
    @Override
    public void run() {
        if(type == 1) {
            account.drawBalance(3000);
        }else {
            account.drawBalance2(3000);
        }
    }
    private static class Account {
        private Integer balance = 5000;
        public void drawBalance(Integer amount) {
            String name = Thread.currentThread().getName();
            //使用当前对象作为同步监视器
            synchronized (this) {
                if(this.balance >= 3000) {
                    //模拟网络波动
                    try {
                        TimeUnit.MILLISECONDS.sleep(1);
                    } catch(InterruptedException e) {
                        e.printStackTrace();
                    }
                    //取钱
                    this.balance -= amount;
                    System.out.println(name + "取钱成功,余额为: " + this.balance);
                    //这样可以省略下面的 else
                    return;
                }
            }
            System.out.println("余额不足," + name + "取钱失败");
        }
        public synchronized void drawBalance2(Integer amount) {
            String name = Thread.currentThread().getName();
```

```
                        //判断余额是否足够
                        if(this.balance >= 3000) {
                            //模拟网络波动
                            try {
                                TimeUnit.MILLISECONDS.sleep(1);
                            } catch(InterruptedException e) {
                                e.printStackTrace();
                            }
                            //取钱
                            this.balance -= amount;
                            System.out.println(name + "取钱成功,余额为: " + this.balance);
                            //这样可以省略下面的 else
                            return;
                        }
                        System.out.println("余额不足," + name + "取钱失败");
                    }
                    public Integer getBalance() {
                        return this.balance;
                    }
                }
        public static void main(String[] args) {
            //因为银行卡只有一张,所以创建一个对象
            Account account = new Account();
            new Thread(new Demo13Synchronized(account, 1)).start();
            new Thread(new Demo13Synchronized(account, 2)).start();
        }
    }
```

程序(代码清单 11.13)运行结果如图 11.14 所示。

> Thread-0取钱成功, 余额为: 2000
> 余额不足, Thread-1取钱失败

图 11.14　程序运行结果

程序运行结果是正确的,因此该程序确实没有线程安全问题。而如果将 synchronized 相关的代码全部移除,则程序运行结果将又会存在全部取钱成功的情况,这也能够验证一个结论:同步方法中成员方法的同步监视器是当前对象。

11.4.4　死锁

扫一扫

死锁并不是一种锁,而是对锁使用不当而产生的严重 Bug。简单地说就是:当 A 线程等待 B 线程释放资源,而同时 B 又在等待 A 线程释放资源,这就形成了死锁。下面直接看代码清单 11.14,这是典型的因为锁的错误使用而导致的死锁。

代码清单 11.14　Demo14DeadLock

```
package com.yyds.unit11.demo;
import java.util.concurrent.TimeUnit;
public class Demo14DeadLock {
```

```java
    private static final Object lockA = new Object();
    private static final Object lockB = new Object();
    public static void main(String[] args) {
        new Thread(new Demo14Runnable1()).start();
        new Thread(new Demo14Runnable2()).start();
    }
    static class Demo14Runnable1 implements Runnable {
        @Override
        public void run() {
            System.out.println("线程 1 开始运行,尝试获取 A 锁");
            //先获取 A 锁
            synchronized (lockA) {
                System.out.println("线程 1 成功获取到 A 锁");
                try {
                    TimeUnit.SECONDS.sleep(1);
                } catch (InterruptedException e) {
                    e.printStackTrace();
                }
                System.out.println("线程 1 尝试获取 B 锁");
                synchronized (lockB) {
                    System.out.println("线程 1 成功获取到 B 锁");
                }
            }
        }
    }
    static class Demo14Runnable2 implements Runnable {
        @Override
        public void run() {
            System.out.println("线程 2 开始运行,尝试获取 B 锁");
            //先获取 B 锁
            synchronized (lockB) {
                System.out.println("线程 2 成功获取到 B 锁");
                try {
                    TimeUnit.SECONDS.sleep(1);
                } catch (InterruptedException e) {
                    e.printStackTrace();
                }
                System.out.println("线程 2 尝试获取 A 锁");
                synchronized (lockA) {
                    System.out.println("线程 2 成功获取到 A 锁");
                }
            }
        }
    }
}
```

程序(代码清单 11.14)运行结果如图 11.15 所示。

图 11.15 不仅贴出了程序运行结果,还贴出了左侧工具栏,细心的读者可以发现,程序并没有结束,并且线程 1 并没有获取到 B 锁,线程 2 也没获取到 A 锁。这是因为当线程 1 尝试获取 B 锁时,B 锁正在被线程 2 持有,没有释放,线程 1 就必须等待。而线程 2 尝试获取 A 锁时,A 锁正在被线程 1 持有,没有释放,线程 2 也必须等待。如此,线程 1 等待线程 2 释放 B 锁,线程 2 等待线程 1 释放 A 锁,只要线程 1 不结束,A 锁就不会被释放,只要线程 2 不结束,B 锁也不会被释放,从而形成了死锁。

```
"C:\Program Files\Java\
线程1开始运行,尝试获取A锁
线程1成功获取到A锁
线程2开始运行,尝试获取B锁
线程2成功获取到B锁
线程1尝试获取B锁
线程2尝试获取A锁
```

图 11.15　程序运行结果

再次强调,死锁并不是锁,而是对锁使用不当而产生的 Bug。在开发中应当避免产生死锁,最好的办法是尽可能避免一个同步代码块中使用多把锁的情况。

11.5　线程通信

11.5.1　等待唤醒机制

扫一扫

前面的程序虽然创建了多条线程,但是多条线程之间并没有通信,说白了就是各自执行各自的任务互不影响,而实际场景中如果需要多条线程进行通信,又将怎么处理呢?

比如疫情期间做核酸检测,体温检测员和核酸检测员可以看作两条线程。与之前不同的是,这两条线程并不是完全独立的,而是有一定的交互,在这期间就需要考虑以下 5 个问题。

- 体温检测员测体温的频率不确定,所以待检测人员进入排队的时间也不确定。
- 核酸检测员做核酸取决于有没有人排队,换言之,就是取决于有没有人测体温,所以核酸检测员就有了"等待"状态。
- 体温检测员是否需要测量体温取决于排队空间是否已满,换言之,也就取决于做核酸的速度,所以体温检测员也有"等待"状态。
- 核酸检测员何时测核酸取决于体温检测员,当体温测量完毕后人员进入排队,"通知"核酸检测员准备做核酸。
- 体温检测员何时测量体温取决于核酸检测员,当有一个人做完核酸离开,排队区空出一个位置后,"通知"体温检测员继续测量体温。

此时就需要等待唤醒机制,也称作等待通知机制。等待唤醒机制涉及的方法如表 11.3 所示。

等待唤醒机制涉及的方法都与对象监视器有关,因此这 3 个方法是属于 Object 的,而不是属于 Thread 的,这一点需要注意。这样设计的目的是让所有对象都可以作为对象监视器。

表 11.3　等待唤醒机制涉及的方法

方 法 签 名	功 能 描 述
void wait()	使该对象监视器所在的当前线程进入休眠,直到其他线程调用了该对象监视器的 notify()或者 notifyAll()方法
void notify()	唤醒在该对象监视器上进行 wait 的单个线程
void notifyAll()	唤醒在该对象监视器上进行 wait 的所有线程

扫一扫

11.5.2　生产者消费者模式

生产者消费者模式是等待唤醒机制最典型的体现。在上面的例子中,体温测量员相当于生产者,将测量完体温的人员源源不断地组织到排队区中,等待核酸测量员"消费"。这期间两条线程就可能存在交互,交互过程中使用"排队区"传输数据。注意,等待唤醒机制的使用前提主要有两个。

- 等待唤醒相关的代码必须在同步代码块中。
- 生产者和消费者的同步代码块必须持有同一个同步监视器。

下面通过代码清单 11.15 模拟这个场景。

代码清单 11.15　**Demo15Detect**

```java
package com.yyds.unit11.demo;
import java.util.Stack;
import java.util.UUID;
import java.util.concurrent.TimeUnit;
public class Demo15Detect {
    public static void main(String[] args) {
        Stack<String> stack = new Stack<>();
        Object lock = new Object();
        new Thread(new Demo15Temperature(stack, lock)).start();
        new Thread(new Demo15Inspector(stack, lock)).start();
    }
    //体温测量员
    static class Demo15Temperature implements Runnable {
        //使用栈模拟排队区。栈方便取数据,并且 Java 中的栈是线程安全的
        private Stack<String> stack = new Stack<>();
        private final Object lock;
        public Demo15Temperature(Stack<String> stack, Object lock) {
            this.stack = stack;
            this.lock = lock;
        }
        @Override
        public void run() {
            String name = Thread.currentThread().getName();
            //不停地生产
            while(true) {
                try {
                    synchronized (lock) {
```

```
                    //如果排队区已经满了,则不再测量体温
                    if(stack.size() == 5) {
                        //体温测量员开始等待
                System.out.println("排队区已满,体温测量员 " + name + " 开始等待");
                        //休息 1s,方便查看运行结果
                        TimeUnit.SECONDS.sleep(1);
                        lock.wait();
                    }
                    //如果没等待,就测量体温
                    String s = UUID.randomUUID().toString();
                    stack.push(s);
                    System.out.println(s + "体温测量完毕");
                    System.out.println("排队区当前人数: " + stack.size());
                    //休息 1s,方便查看运行结果
                    TimeUnit.SECONDS.sleep(1);
                    //只要测量了体温,排队区一定有人,就会通知核酸检测员
                    lock.notify();
                }
            } catch(Exception e) {
                e.printStackTrace();
            }
        }
    }
}
//核酸检测员
static class Demo15Inspector implements Runnable {
    private Stack<String> stack = new Stack<>();
    private final Object lock;
    public Demo15Inspector(Stack<String> stack, Object lock) {
        this.stack = stack;
        this.lock = lock;
    }
    @Override
    public void run() {
        String name = Thread.currentThread().getName();
        while(true) {
            try {
                synchronized (lock) {
                    //如果排队区已经空了,则不再检测核酸
                    if(stack.size() == 0) {
                System.out.println("排队区已无人员等待,核酸检测员 " + name + " 开始等
                待");
                        TimeUnit.SECONDS.sleep(1);
                        lock.wait();
                    }
                    //如果没等待,就检测核酸
                    String s = stack.pop();
                    System.out.println(s + "核酸检测完毕");
                    System.out.println("排队区剩余人数: " + stack.size());
                    //休息 1s,方便查看运行结果
```

```
                    TimeUnit.SECONDS.sleep(1);
                    //只要有人做了核酸检测,排队区就一定会有一个空位
                    lock.notify();
                }
            } catch(Exception e) {
                e.printStackTrace();
            }
        }
    }
}
```

程序(代码清单11.15)运行结果如图11.16所示。

```
e4bedfc4-89ab-40e1-963f-0d469f8de7b5体温测量完毕
排队区当前人数: 1
e4bedfc4-89ab-40e1-963f-0d469f8de7b5核酸检测完毕
排队区剩余人数: 0
排队区已无人员等待, 核酸检测员 Thread-1 开始等待
61eb84ee-26d8-4e79-b158-c1e104e613ae体温测量完毕
排队区当前人数: 1
3885a7ac-3226-4848-86d3-0d299c67f142体温测量完毕
排队区当前人数: 2
e394fffa-5cba-4f83-9d89-86e74b128921体温测量完毕
排队区当前人数: 3
79af70b1-26cf-4ec2-9095-b1b4c0c1a2ef体温测量完毕
排队区当前人数: 4
729166e2-9c7d-48f4-bb6b-13eb9f0456fb体温测量完毕
排队区当前人数: 5
排队区已满, 体温测量员 Thread-0 开始等待
729166e2-9c7d-48f4-bb6b-13eb9f0456fb核酸检测完毕
排队区剩余人数: 4
```

图 11.16 程序运行结果

上面通过程序模拟了核酸检测的过程,可以看到,当排队区已满时,体温测量员就开始等待了,而当排队区空时,核酸检测员也开始等待,两条线程之间的交互就是通过排队区这个 Stack 进行的。

上面的程序不管运行多少次都不会出现问题,而实际场景中可能存在多个体温测量员和核酸检测员,所以对 main()方法进行改造,创建两个生产者和两个消费者,如下所示。

```
public static void main(String[] args) {
    Stack<String> stack = new Stack<>();
    Object lock = new Object();
    new Thread(new Demo15Temperature(stack, lock)).start();
    new Thread(new Demo15Temperature(stack, lock)).start();
```

```
        new Thread(new Demo15Inspector(stack, lock)).start();
        new Thread(new Demo15Inspector(stack, lock)).start();
    }
```

之后，将排队区的人数改为 1 人，便于测试，再将生产者和消费者中对于等待条件的判断，由 if 语句改为 while 语句，具体原因后面再解释，如下所示。

```
static class Demo15Temperature implements Runnable {
    //省略代码
    @Override
    public void run() {
        String name = Thread.currentThread().getName();
        while(true) {
            try {
                synchronized (lock) {
                    //如果排队区已经满了,则不再测量体温
                    while(stack.size() == 1) {
                        //省略代码
                    }
                    //省略代码
                }
            } catch(Exception e) {
                e.printStackTrace();
            }
        }
    }
}
static class Demo15Inspector implements Runnable {
    //省略代码
    @Override
    publicvoid run() {
        String name = Thread.currentThread().getName();
        while(true) {
            try {
                synchronized(lock) {
                    //如果排队区已经空了,则不再检测核酸
                    while(stack.size() == 0) {
                        //省略代码
                    }
                    //省略代码
                }
            } catch(Exception e) {
                e.printStackTrace();
            }
        }
    }
}
```

之后,再运行程序。程序运行结果如图 11.17 所示。

```
0f245d29-4946-4535-bbf0-c2a7bb98a70d体温测量完毕
排队区当前人数：1
排队区已满，体温测量员 Thread-0 开始等待
0f245d29-4946-4535-bbf0-c2a7bb98a70d核酸检测完毕
排队区剩余人数：0
排队区已无人员等待，核酸检测员 Thread-3 开始等待
排队区已无人员等待，核酸检测员 Thread-2 开始等待
f5dc5dff-9344-4081-a207-f7a2b866def1体温测量完毕
排队区当前人数：1
排队区已满，体温测量员 Thread-1 开始等待
f5dc5dff-9344-4081-a207-f7a2b866def1核酸检测完毕
排队区剩余人数：0
排队区已无人员等待，核酸检测员 Thread-3 开始等待
排队区已无人员等待，核酸检测员 Thread-2 开始等待
7f13d085-5425-40d2-8ceb-97da97985a89体温测量完毕
排队区当前人数：1
排队区已满，体温测量员 Thread-0 开始等待
排队区已满，体温测量员 Thread-1 开始等待
```

图 11.17　程序运行结果

如果多次运行程序就会发现,程序总会在某个时间点"卡死",这是什么原因呢? 下面通过表 11.4 对每个时间点生产者、消费者的休眠情况进行分析。

表 11.4　程序运行结果分析

时　间　点	核酸检测员		体温测量员		描　　述
	Thread-2	Thread-3	Thread-0	Thread-1	
0f245d29-4946-4535-bbf0-c2a7bb98a70d 体温测量完毕,排队区已满,体温测量员 Thread-0 开始等待	唤醒	唤醒	休眠	唤醒	测量员 0 体温后,自己等待
0f245d29-4946-4535-bbf0-c2a7bb98a70d 核酸检测完毕,排队区已无人员等待,核酸检测员 Thread-3 开始等待	唤醒	休眠	唤醒	唤醒	检测员 3 做检测后,唤醒测量员 0,之后,自己等待
排队区已无人员等待,核酸检测员 Thread-2 开始等待	休眠	休眠	唤醒	唤醒	测量员还没测量,排队区为空,检测员 2 等待
f5dc5dff-9344-4081-a207-f7a2b866def1 体温测量完毕,排队区已满,体温测量员 Thread-1 开始等待	休眠	唤醒	唤醒	休眠	测量员 1 测量体温后,唤醒检测员 3,自己等待
f5dc5dff-9344-4081-a207-f7a2b866def1 核酸检测完毕,排队区已无人员等待,核酸检测员 Thread-3 开始等待	唤醒	休眠	唤醒	休眠	检测员 3 做检测后,唤醒检测员 2,自己等待

续表

时　间　点	核酸检测员		体温测量员		描　　述
	Thread-2	Thread-3	Thread-0	Thread-1	
排队区已无人员等待,核酸检测员 Thread-2 开始等待	休眠	休眠	唤醒	休眠	测量员还没测量,排队区为空,检测员 2 等待
7f13d085-5425-40d2-8ceb-97da97985a89 体温测量完毕,排队区已满,体温测量员 Thread-0 开始等待	休眠	休眠	休眠	唤醒	测量员 0 测量体温后,唤醒测量员 1,自己等待
排队区已满,体温测量员 Thread-1 开始等待	休眠	休眠	休眠	休眠	排队区已满,测量员 1 自己等待

　　根据表 11.4 对于每个时间节点的分析,可以得出结论。程序"卡死"的原因是中间某些过程出现了生产者唤醒生产者,消费者唤醒消费者的情况。如何避免这种情况呢?只使用 notifyAll()方法即可。该方法的作用是唤醒所有正在 wait 的线程,而所有被唤醒的线程如果不满足执行条件,无非只是再次进入 wait 而已。

　　将程序中的 notify 修改为 notifyAll 之后,问题就解决了。下面再探讨另外一个问题:为什么上面要求将 if 语句改为 while 语句?

　　考虑一个实际场景,即火车检票。这个行为中,火车相当于消费者,检票员是生产者,而火车检票可能存在这种情况:火车先到站,检票员才开始检票。并不能灵活地控制生产者和消费者启动的顺序,也就是说,可能消费者是先启动的,这时候因为栈中没有数据,所有消费者都进行等待,直到有数据再开始消费。

　　将 main()方法中创建消费者的代码提到前面,并且改为创建 3 个消费者,而生产者暂时只提供 1 个,再将之前改为 while 的语句改回 if,如下所示。

```java
package com.yyds.unit11.demo;
import java.util.Stack;
import java.util.UUID;
public class Demo15Detect {
    public static void main(String[] args) {
        Stack<String> stack = new Stack<>();
        Object lock = new Object();
        new Thread(new Demo15Inspector(stack, lock)).start();
        new Thread(new Demo15Inspector(stack, lock)).start();
        new Thread(new Demo15Inspector(stack, lock)).start();
        new Thread(new Demo15Temperature(stack, lock)).start();
    }
    static class Demo15Temperature implements Runnable {
        //省略代码
        @Override
        public void run() {
            String name = Thread.currentThread().getName();
            while(true) {
                try {
                    synchronized(lock) {
```

```
                                //如果排队区已经满了,则不再测量体温
                                if(stack.size() == 1) {
                                    //省略代码
                                }
                                //省略代码
                            }
                        } catch(Exception e) {
                            e.printStackTrace();
                        }
                    }
                }
            }
            static class Demo15Inspector implements Runnable {
                //省略代码
                @Override
                public void run() {
                    String name = Thread.currentThread().getName();
                    while(true) {
                        try {
                            synchronized(lock) {
                                //如果排队区已经空了,则不再检测核酸
                                if(stack.size() == 0) {
                                    //省略代码
                                }
                                //省略代码
                            }
                        } catch(Exception e) {
                            e.printStackTrace();
                        }
                    }
                }
            }
        }
```

然后运行程序,这次程序运行居然报错了,如图 11.18 所示。

```
排队区已无人员等待，核酸检测员 Thread-0 开始等待
排队区已无人员等待，核酸检测员 Thread-1 开始等待
排队区已无人员等待，核酸检测员 Thread-2 开始等待
98788b07-4e4a-4c36-8e8e-83b3db30c14f体温测量完毕
排队区当前人数：1
排队区已满，体温测量员 Thread-3 开始等待
98788b07-4e4a-4c36-8e8e-83b3db30c14f核酸检测完毕
排队区剩余人数：0
排队区已无人员等待，核酸检测员 Thread-0 开始等待
排队区已无人员等待，核酸检测员 Thread-1 开始等待
java.util.EmptyStackException Create breakpoint
    at java.util.Stack.peek(Stack.java:102)
    at java.util.Stack.pop(Stack.java:84)
    at com.yyds.unit11.demo.Demo15Detect$Demo15Inspector.run(Demo15Detect.java:80)
```

图 11.18　程序运行结果(报错)

通过对异常信息进行分析,定位到问题所在,因为在消费者取数据的时候栈中已经没有数据了,所以会抛出 EmptyStackException 异常。为什么会这样呢?

先创建 3 个消费者线程,此时的栈中没有元素,3 个消费者都等待。之后创建生产者线程,生产一个元素,并唤醒消费者。此时 3 个消费者从 wait 代码继续向下运行,调用了 3 次 pop()方法,导致出现异常。出现异常的原因在于,wait 的线程被唤醒时,会从当初等待的位置开始继续向下运行,而这个过程中可能又满足了 wait 的条件,但是此时消费者线程已经不会重新判断了。

解决方法很简单,当线程被唤醒的时候,不能盲目让线程继续向下执行,而应该再判断一次是否满足休眠条件,如何不满足休眠条件,就正常向下执行,将 if 改为 while 即可完美解决问题。

11.6 显式锁 Lock

11.6.1 synchronized 存在的问题

前面使用 synchronized 实现了线程的同步,使得多条线程操作共享数据时也能够保证数据安全,但是 synchronized 存在以下弊端。

- synchronized 加锁与解锁是隐式的,即并不能直接看到程序在哪里加了锁,在哪里释放了锁,并且如果想让程序在满足某些条件时释放锁,synchronized 也较难实现。
- synchronized 下借助 wait 和 notify 实现了生产者消费者模式,但在多生产多消费场景下,不得不使用 notifyAll 唤醒所有线程,虽然实现了需求,但是存在不必要的性能损耗。

综合以上两点,尽管 synchronized 的使用极为简单,但是其灵活性相对较低,为此 Java 提供了 Lock 锁。

11.6.2 ReentrantLock

Lock 锁较 synchronized 最大的特点是提供了显式的获取锁与释放锁的方式,操作更加灵活,并且 Lock 锁之下的生产者消费者模式并不需要每次都唤醒所有的线程。

Lock 是一个接口,ReentrantLock 是 Lock 最常见的实现类。其核心方法主要有两个:lock()和 unlock()。正如字面意思,分别获取锁与释放锁,如表 11.5 所示。

表 11.5 Lock 接口的核心方法

方 法 签 名	功 能 描 述
void lock()	获取锁。如果此时该锁正在被其他线程锁持有,则当前线程阻塞,直到其他线程释放锁为止
void unlock()	释放锁。如果当前线程没有持有该锁,则会抛出异常

synchronized 的特点是自动获取锁、自动释放锁,因此不需要考虑锁获取与释放过程中的一些问题。而 Lock 锁需要手动获取与释放,如果某个线程成功获取锁,但是释放锁却失

败,那么这个线程将永远持有该锁,导致其他线程永远也获取不到这把锁。因此,使用Lock锁必须保证,一旦一个线程获取到了锁,在后续的代码中必须保证一定能够释放锁。因此,Lock虽然使用起来灵活,但依然有一些使用要求,一般如下所示。

```
lock.lock();
try {
    //业务代码
}catch(Exception e) {
    e.printStackTrace();
}finally {
    //借助 finally 的特点,只要成功获取锁,最后一定会执行 finally 中的代码。将 unlock
    //放在第一行,保证一定能够释放锁
    lock.unlock();
}
```

下面用一个经典的火车站卖票的案例,介绍一下Lock的使用。

假如现在需要卖100张票,火车站为了提高卖票效率,一般会开3～4个窗口同时售卖这100张票,当票全部卖完后,窗口停止售票。

现在再看上面的案例,它其实就是一个很简单的线程同步问题,共享的数据就是这100张票,因此需要加锁。这里使用synchronized完全可以实现,而采用Lock锁的方式,如代码清单11.16所示。

代码清单11.16　**Demo16Ticket**

```
package com.yyds.unit11.demo;
import java.util.concurrent.TimeUnit;
import java.util.concurrent.locks.Lock;
import java.util.concurrent.locks.ReentrantLock;
public class Demo16Ticket implements Runnable {
    private static int ticket = 100;
    //创建 lock 对象
    private Lock lock = new ReentrantLock();
    @Override
    public void run() {
        while(true) {
            lock.lock();
            try {
                if(ticket <= 0) {
                    break;
                }
                TimeUnit.MILLISECONDS.sleep(100);
                ticket--;
                String name = Thread.currentThread().getName();
                System.out.println(name + "出票成功,剩余" + ticket + "张票");
            }catch(Exception e) {
                e.printStackTrace();
            }finally {
                lock.unlock();
            }
        }
```

```
        }
    }
    public static void main(String[] args) {
        Demo16Ticket runnable = new Demo16Ticket();
        //设置线程名称
        new Thread(runnable, "窗口1").start();
        new Thread(runnable, "窗口2").start();
        new Thread(runnable, "窗口3").start();
    }
}
```

程序(代码清单 11.16)运行部分结果如图 11.19 所示。

窗口3出票成功，剩余9张票
窗口3出票成功，剩余8张票
窗口3出票成功，剩余7张票
窗口1出票成功，剩余6张票
窗口1出票成功，剩余5张票
窗口1出票成功，剩余4张票
窗口1出票成功，剩余3张票
窗口1出票成功，剩余2张票
窗口1出票成功，剩余1张票
窗口1出票成功，剩余0张票

图 11.19　程序运行部分结果

11.6.3　Condition 与生产者消费者

扫一扫

synchronized 下的多生产者多消费者问题,可以借助 notifyAll()方法,避免出现生产者唤醒生产者、消费者唤醒消费者的情况,但这种方式使得程序出现不必要的性能损耗。当生产者执行完毕后,只需要唤醒消费者;消费者执行完毕后,只需要唤醒生产者,因此使用 notifyAll 的方式是不太合理的。

Lock 锁也有自己的生产者消费者模式,相关方法的使用与 wait/notify 类似,它们被定义在 Condition 接口中,需要借助 lock.newCondition()方法创建出来。Condition 中与等待唤醒机制相关的方法如表 11.6 所示。

表 11.6　Condition 中与等待唤醒机制相关的方法

方法签名	功能描述
void await()	使该对象监视器所在的当前线程进入休眠,直到其他线程调用了该对象监视器的 notify() 或者 notifyAll()方法
void signal()	唤醒在该对象监视器上进行 wait 的单个线程
void signalAll()	唤醒在该对象监视器上进行 wait 的所有线程

注意:在 Lock 锁的代码块范围内不能使用 wait 和 notify,因为这是属于 synchronized 的方法,必须使用 await/signal。

Condition 的使用就比较灵活了,可以通过 lock.newCondition( )方法创建两个 Condition,分别用于生产者和消费者,这样,消费者消费完毕后,只需要唤醒生产者的 Condition;生产者生产完毕后,只需要唤醒消费者的 Condition,并且只需要使用 signal,而非 signalAll。下面通过代码清单 11.17 演示 Condition 下的生产者消费者。

代码清单 11.17　Demo17Condition

```java
package com.yyds.unit11.demo;
import java.util.Stack;
import java.util.UUID;
import java.util.concurrent.locks.Condition;
import java.util.concurrent.locks.Lock;
import java.util.concurrent.locks.ReentrantLock;
public class Demo17Condition {
    private static final Lock lock = new ReentrantLock();
    //生产者的 condition
    private static final Condition conditionProduct = lock.newCondition();
    private static final Condition conditionConsume = lock.newCondition();
    public static void main(String[] args) {
        Stack<String> stack = new Stack<>();
        new Thread(new Demo17Inspector(stack)).start();
        new Thread(new Demo17Inspector(stack)).start();
        new Thread(new Demo17Inspector(stack)).start();
        new Thread(new Demo17Temperature(stack)).start();
    }
    static class Demo17Temperature implements Runnable {
        private Stack<String> stack;
        public Demo17Temperature(Stack<String> stack) {
            this.stack = stack;
        }
        @Override
        public void run() {
            String name = Thread.currentThread().getName();
            while(true) {
                lock.lock();
                try {
                    while(stack.size() == 5) {
                        //生产者开始等待
                System.out.println("排队区已满,体温测量员 " + name + " 开始等待");
                        conditionProduct.await();
                    }
                    String s = UUID.randomUUID().toString();
                    stack.push(s);
                    System.out.println(s + "体温测量完毕");
                    System.out.println("排队区当前人数: " + stack.size());
                    //唤醒消费者
                    conditionConsume.signal();
                } catch(Exception e) {
                    e.printStackTrace();
                } finally {
                    lock.unlock();
                }
            }
```

```
            }
        }
        static class Demo17Inspector implements Runnable {
            private Stack<String> stack;
            public Demo17Inspector(Stack<String> stack) {
                this.stack = stack;
            }
            @Override
            public void run() {
                String name = Thread.currentThread().getName();
                while(true) {
                    lock.lock();
                    try {
                        while(stack.size() == 0) {
            System.out.println("排队区已无人员等待,核酸检测员 " + name + " 开始等待");
                            //消费者等待
                            conditionConsume.await();
                        }
                        String s = stack.pop();
                        System.out.println(s + "核酸检测完毕");
                        System.out.println("排队区剩余人数: " + stack.size());
                        //唤醒生产者
                        conditionProduct.signal();
                    } catch(Exception e) {
                        e.printStackTrace();
                    } finally {
                        lock.unlock();
                    }
                }
            }
        }
    }
```

程序(代码清单 11.17)运行部分结果如图 11.20 所示。

```
排队区已无人员等待，核酸检测员 Thread-1 开始等待
a6191374-0887-41bd-a0f2-dc6e66a77422体温测量完毕
排队区当前人数：1
0bfd5112-df67-4910-84f5-19cefea0d6a8体温测量完毕
排队区当前人数：2
707f96e6-bb3a-4b2d-af79-222915644cff体温测量完毕
排队区当前人数：3
90ea20c7-6047-4e48-a128-adf9057ca607体温测量完毕
排队区当前人数：4
bf6c07be-57bc-4e50-a211-2f17b428425e体温测量完毕
排队区当前人数：5
排队区已满，体温测量员 Thread-3 开始等待
bf6c07be-57bc-4e50-a211-2f17b428425e核酸检测完毕
排队区剩余人数：4
```

图 11.20 程序运行部分结果

Lock 锁和 Condition 提供了更加灵活的锁机制与等待唤醒机制,因此在以后的开发中要尽可能多使用 Lock。

11.7　Java 并发包

11.7.1　并发包介绍

Java 5.0 提供了并发包 java.util.concurrent,简称 JUC,此包中还增加了在并发编程中很常用的实用工具类。广义上的 JUC 指的是 java.util.concurrent 包下的所有类,包含了Lock、线程池、并发容器、原子类、阻塞队列、工具类,不过一般情况下的 JUC 并不包含前两者。

JUC 的内容非常多,这里只介绍一下其中较为重要的类。

11.7.2　AtomicInteger

在前面的卖票程序中,票数通过 int 类型的变量记录。为了保证票数的线程安全,采用了Lock 锁的方式来解决。尽管可以解决问题,但依然不够灵活。有没有既不需要 synchronized,也不需要 Lock 却能解决卖票问题的方案呢?

答案是有的,只需要使用 AtomicInteger。AtomicInteger 是 JUC 中原子类包下的一个类,这是一个原子性的 Integer,能够解决多线程环境下 Integer 和 int 类型线程不安全的问题。

AtomicInteger 主要方法如表 11.7 所示。

表 11.7　AtomicInteger 主要方法

方 法 签 名	功 能 描 述
int getAndIncrement()	先获取当前值,再让值+1,相当于 i++,但这个是线程安全的
int incrementAndGet()	先让值+1,再获取+1 后的值,相当于++i,但这个是线程安全的
int getAndDecrement()	先获取当前值,再让值-1,相当于 i--,但这个是线程安全的
int decrementAndGet()	先让值-1,再获取-1 后的值,相当于--i,但这个是线程安全的

下面通过代码清单 11.18 演示 AtomicInteger 的使用方式。

代码清单 11.18　Demo18AtomicInteger

```java
package com.yyds.unit11.demo;
import java.util.concurrent.atomic.AtomicInteger;
public class Demo18AtomicInteger implements Runnable {
    //创建原子性 Integer 对象,初始值为 100
    private static AtomicInteger ticket = new AtomicInteger(20);
    @Override
    public void run() {
        while(true) {
```

```
                //先-1再获取值
                int value = ticket.decrementAndGet();
                //如果-1后为 0,说明依然有票,因此=0 的情况要排除
                if(value < 0) {
                    break;
                }
                String name = Thread.currentThread().getName();
                System.out.println(name + "出票成功,剩余" + value + "张票");
            }
        }
        public static void main(String[] args) {
            Demo18AtomicInteger runnable = new Demo18AtomicInteger();
            //设置线程名称
            Thread t1 = new Thread(runnable, "窗口 1");
            Thread t2 = new Thread(runnable, "窗口 2");
            Thread t3 = new Thread(runnable, "窗口 3");
            t1.start();
            t2.start();
            t3.start();
        }
    }
```

程序(代码清单 11.18)运行结果如图 11.21 所示。

```
窗口3出票成功,剩余6张票
窗口2出票成功,剩余3张票
窗口1出票成功,剩余4张票
窗口2出票成功,剩余1张票
窗口3出票成功,剩余2张票
窗口1出票成功,剩余0张票
```

图 11.21　程序运行结果

尽管程序输出顺序可能有点乱,但最终售票的结果是正常的,不会出现少卖、重复卖、超卖的情况,并且程序没有加任何锁,这也意味着程序的性能远比之前要高得多。

除 AtomicInteger 外,并发包中还有 AtomicBoolean、AtomicLong、AtomicReference,分别为了解决并发场景下 boolean、long、引用类型的线程安全问题,使用上大同小异,这里不再赘述。

11.7.3　CountDownLatch

2021 年 8 月 1 日,在东京奥运会男子百米半决赛中,"苏神"苏炳添跑出了 9 秒 83 的成绩,刷新了亚洲纪录,打破了亚洲"9 秒禁区"的魔咒,刘翔也发文称赞其"足以封神"。

在 100 米短跑决赛中共有 6 名选手,每名选手都可以视为一个线程,选手之间虽然互不影响,但比赛必须等待最后一人到达终点才会结束。在之前的学习中,可能无法处理这种需求,因为无法知道线程何时结束,而现在,CountDownLatch 则可以很好地解决这类问题。CountDownLatch 可以让一个线程等待其他线程全部操作完毕后再向后执行。

CountDownLatch 本质上是一个减法计数器,当创建 CountDownLatch 对象时,需要给定一个计数器的数值,之后,每次调用其 countDown()方法,都会让计数器减 1,而 await()方法会让当前线程进入阻塞,直到计数器变成 0 为止,才会继续向下执行。

CountDownLatch 使用起来极为简单,直接通过代码清单 11.19 演示即可。

代码清单 11.19　　**Demo19CountDownLatch**

```java
package com.yyds.unit11.demo;
import java.util.concurrent.CountDownLatch;
import java.util.concurrent.TimeUnit;
import java.util.concurrent.atomic.AtomicInteger;
public class Demo19CountDownLatch implements Runnable {
    private final CountDownLatch latch;
    private final AtomicInteger count;
    public Demo19CountDownLatch(CountDownLatch latch, AtomicInteger count) {
        this.latch = latch;
        this.count = count;
    }
    @Override
    public void run() {
        try {
            String name = Thread.currentThread().getName();
            System.out.println(name + "开始起跑");
            //随机休眠,模拟跑步时间长短区别
            int time = (int) (Math.random() * 2000);
            TimeUnit.MILLISECONDS.sleep(time);
            //原子类记录名次
            int num = count.incrementAndGet();
            System.out.println(name + "到达终点,是第" + num + "名");
        } catch(Exception e) {
            e.printStackTrace();
        }finally {
            //finally第一行执行,保证计数器一定能-1
            latch.countDown();
        }
    }
    public static void main(String[] args) throws InterruptedException {
        System.out.println("比赛开始!");
        CountDownLatch latch = new CountDownLatch(6);
        AtomicInteger count = new AtomicInteger(0);
        Demo19CountDownLatch runnable = new Demo19CountDownLatch(latch, count);
        new Thread(runnable, "马塞洛·雅各布斯").start();
        new Thread(runnable, "弗雷德·克利").start();
        new Thread(runnable, "安德烈德·德格拉斯").start();
        new Thread(runnable, "阿卡尼·辛比内").start();
        new Thread(runnable, "罗尼·贝克").start();
        new Thread(runnable, "苏炳添").start();
        //计数器在这里陷入阻塞,直到计数器归0才会继续向下执行
        latch.await();
        System.out.println("比赛结束!");
    }
}
```

程序(代码清单 11.19)运行结果如图 11.22 所示。

```
比赛开始！
马塞洛·雅各布斯开始起跑
弗雷德·克利开始起跑
安德烈德·德格拉斯开始起跑
阿卡尼·辛比内开始起跑
罗尼·贝克开始起跑
苏炳添开始起跑
弗雷德·克利到达终点，是第1名
阿卡尼·辛比内到达终点，是第2名
马塞洛·雅各布斯到达终点，是第3名
罗尼·贝克到达终点，是第4名
苏炳添到达终点，是第5名
安德烈德·德格拉斯到达终点，是第6名
比赛结束！
```

图 11.22 程序运行结果

CountDownLatch 使用起来虽然简单,但是依然有一些细节需要注意,这与 Lock 的使用有些相似。主线程需要调用 await()方法,等待 CountDownLatch 的计数器归 0,才会继续向下执行。换言之,只要计数器不归 0,程序就会一直阻塞,必须避免计数器不归 0 的情况,为此需要保证 CountDownLatch 使用的两个要点。

(1)必须保证计数器个数与需要等待的线程数一致。

(2)必须保证每个线程执行完一定能够让计数器减 1,因此 countDown()方法必须在finally 第一行调用。

11.7.4 ConcurrentHashMap

HashMap 类是 Java 开发中常用的类,常用于键-值对结构的存储,但它是线程不安全的,不建议在多线程中使用。下面用代码清单 11.20 演示多线程环境下 HashMap 的问题。创建 4 个线程,同时往 HashMap 中插入 10 条数据,最终输出 HashMap 元素个数,如下所示。

代码清单 **11.20** **Demo20Map**

```java
package com.yyds.unit11.demo;
import java.util.HashMap;
import java.util.Map;
import java.util.UUID;
import java.util.concurrent.CountDownLatch;
public class Demo20Map implements Runnable{
    private static Map<String, String> map = new HashMap<>();
    private static CountDownLatch latch = new CountDownLatch(4);
    @Override
    public void run() {
        try {
```

```java
        for(int i = 0; i < 10; i++) {
            map.put(UUID.randomUUID().toString(), i+"");
        }
    }finally {
        latch.countDown();
    }
}
public static void main(String[] args) throws InterruptedException {
    Demo20Map runnable = new Demo20Map();
    new Thread(runnable).start();
    new Thread(runnable).start();
    new Thread(runnable).start();
    new Thread(runnable).start();
    latch.await();
    System.out.println("HashMap中元素个数: "+map.size());
}
}
```

程序(代码清单11.20)运行结果如图11.23所示。

HashMap中元素个数: 39

图 11.23　程序运行结果

运行多次后发现,最终 HashMap 的容量可能并不是 40,因此不要在多线程中使用 HashMap,如果需要在多线程中使用键-值对存储,则可以改用 ConcurrentHashMap。

ConcurrentHashMap 的使用方式与 HashMap 完全相同,将上述代码修改为 new ConcurrentHashMap,如下所示。

```java
private static Map<String, String> map = new ConcurrentHashMap<>();
```

程序修改之后,再次运行,结果正常,这里不再贴出。

11.7.5　BlockingQueue 介绍

BlockingQueue(阻塞队列),顾名思义,是一个队列。队列数据结构如图11.24所示。

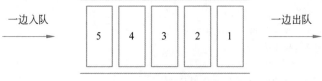

图 11.24　队列数据结构

从图11.24可以看到,队列是一个很简单的数据结构,拥有先进先出的特点,数据从队列的一端输入,从队列的另一端输出。当然,也存在着先进后出的双向队列,比如 DelayQueue。

在多线程环境下,通过队列很容易实现数据共享,比如前面提到的生产者消费者模式中就可以使用阻塞队列来实现。

阻塞队列不同于以往的队列,其特点是"阻塞"二字。具体体现在哪里呢?先考虑经典的生产者消费者场景,生产者、消费者都会有多个,在理想情况下,如果生产者生产的速度大于消费者消费的速度,久而久之数据积累到一定量之后,就需要让生产者阻塞一会儿,以防止资源耗尽;而如果消费者消费的速度大于生产者生产的速度,久而久之容器会被清空,就需要让消费者阻塞一会儿,等待重新生产。这个过程中就可以使用阻塞队列。

一般情况下,阻塞队列会有一个容量,当队列容量已满,再向其中添加数据时,添加的线程就会阻塞,直到队列有空余空间为止;当队列容量已空,再从其中获取数据时,获取的线程就会阻塞,直到队列中有新的数据为止。使用阻塞队列后,就不必关心什么时候生产者阻塞,什么时候消费者阻塞,而只关心数据的存取即可。

阻塞队列的主要方法如表 11.8 所示。

表 11.8　阻塞队列的主要方法

方 法 签 名	功 能 描 述
boolean add(E e)	添加元素,如果队列无法容纳,则抛出异常
boolean offer(E e)	添加元素,如果队列无法容纳,则返回 false
void put(E e)	添加元素,如果队列无法容纳,则阻塞线程,直到有空间为止
E poll(time)	在 time 时间内获取队列排在首位的元素,如果没有元素,则返回 null
E take()	获取队列首位的元素,如果没有元素,则线程阻塞,直到有元素为止
int remainingCapacity()	获取剩余的可用空间大小,为容量减去当前元素个数

11.7.6　ArrayBlockingQueue

ArrayBlockingQueue 是最常见的阻塞队列,底层采用数组方式实现。在创建 ArrayBlockingQueue 对象时,必须为其指定一个容量,以免生产者生产频率过高导致内存溢出。依然采用前面核酸检测的案例演示,只不过这次排队区不采用栈,而是使用 ArrayBlockingQueue,如代码清单 11.21 所示。

代码清单 11.21　Demo21Detect

```java
package com.yyds.unit11.demo;
import java.util.UUID;
import java.util.concurrent.ArrayBlockingQueue;
import java.util.concurrent.BlockingQueue;
import java.util.concurrent.TimeUnit;
public class Demo21Detect {
    public static void main(String[] args) {
        BlockingQueue<String> queue = new ArrayBlockingQueue<>(5);
        new Thread(new Demo21Inspector(queue)).start();
        new Thread(new Demo21Temperature(queue)).start();
        new Thread(new Demo21Temperature(queue)).start();
    }
```

```java
static class Demo21Temperature implements Runnable {
    private BlockingQueue<String> queue;
    public Demo21Temperature(BlockingQueue<String> queue) {
        this.queue = queue;
    }
    @Override
    public void run() {
        String name = Thread.currentThread().getName();
        while(true) {
            String s = UUID.randomUUID().toString();
            try {
                TimeUnit.SECONDS.sleep(1);
                queue.put(s);
            } catch(InterruptedException e) {
                e.printStackTrace();
            }
            System.out.println(s + "体温测量完毕");
            System.out.println("排队区当前人数: " + queue.size());
        }
    }
}
static class Demo21Inspector implements Runnable {
    private BlockingQueue<String> queue;
    public Demo21Inspector(BlockingQueue<String> queue) {
        this.queue = queue;
    }
    @Override
    public void run() {
        String name = Thread.currentThread().getName();
        while(true) {
            String s = null;
            try {
                TimeUnit.SECONDS.sleep(1);
                s = queue.take();
            } catch(InterruptedException e) {
                e.printStackTrace();
            }
            System.out.println(s + "核酸检测完毕");
            System.out.println("排队区剩余人数: " + queue.size());
        }
    }
}
```

程序(代码清单 11.21)运行结果如图 11.25 所示。

采用阻塞队列方式实现的生产者消费者模式,代码量比前面两种方案少得多,并且也更简洁,因为不再需要关心何时休眠,只关注数据的存取即可,并且前面两种方式都依赖于锁,性能较低,而阻塞队列的使用不需要加任何锁,性能远比前面两种方案高。

174e3012-a8a7-4e49-91d3-16a94d9a987e核酸检测完毕

174e3012-a8a7-4e49-91d3-16a94d9a987e体温测量完毕

dbbfa765-4909-47b7-b161-6fa29b0b4066体温测量完毕

排队区当前人数：1

排队区剩余人数：1

排队区当前人数：1

6c9ee53c-ed2d-4f78-88e7-179ae87cc95e体温测量完毕

排队区当前人数：2

f59474ea-e03a-4493-a72b-02e3e9fd456f体温测量完毕

dbbfa765-4909-47b7-b161-6fa29b0b4066核酸检测完毕

排队区当前人数：2

图 11.25　程序运行结果

11.7.7　LinkedBlockingQueue

LinkedBlockingQueue 在使用方式上与 ArrayBlockingQueue 几乎没有区别，只不过其内部使用链表实现，这里就不再演示该类的使用。唯一需要注意的是，尽管 LinkedBlockingQueue 提供了无参构造方法，但一定不要使用，因为无参构造方法事实上创建了一个容量为 Integer.MAX_VALUE 大小的阻塞队列，这个大小在 Java 中已经可以认为是无限了，如果生产者的频率远高于消费者，就可能导致内存溢出，因此即便是使用 LinkedBlockingQueue，也一定要指定容量大小。

11.7.8　DelayQueue

DelayQueue，顾名思义就是"延时队列"，它是一个无界队列，因此在使用时要保证生产者频率不高于消费者频率。DelayQueue 应用场景较少，但都是一些比较巧妙的场景，比如订单 30 分钟后不支付视为超时，用户 10 分钟内不操作视为离开等，都可以使用延时队列。

DelayQueue 并不是什么类型的数据都可以存放，存放到 DelayQueue 中的数据必须是实现了 Delayed 接口的。元素在 DelayQueue 中会以一定的规则进行排序，当获取元素时，线程就会进入阻塞，直到达到延时时间为止。下面通过代码清单 11.22 模拟订单超时未支付的业务。

代码清单 **11.22**　**Demo22DelayQueue**

```java
package com.yyds.unit11.demo;
import java.util.concurrent.DelayQueue;
import java.util.concurrent.Delayed;
import java.util.concurrent.TimeUnit;
public class Demo22DelayQueue {
    public static void main(String[] args) throws InterruptedException {
        DelayQueue<OrderDelay> delayQueue = new DelayQueue<>();
        new Thread(() -> {
            //向队列里放不同延时时间的任务
            delayQueue.offer(new OrderDelay("订单 1", 10000));
```

```
        delayQueue.offer(new OrderDelay("订单2", 3900));
        delayQueue.offer(new OrderDelay("订单3", 1900));
        delayQueue.offer(new OrderDelay("订单4", 5900));
        delayQueue.offer(new OrderDelay("订单5", 6900));
        delayQueue.offer(new OrderDelay("订单6", 7900));
        delayQueue.offer(new OrderDelay("订单7", 4900));
    }).start();
    //使用死循环去取,take会阻塞
    while(true) {
        OrderDelay take = delayQueue.take();
        System.out.println(take.getOrderId() + "已超时");
    }
}
static class OrderDelay implements Delayed {
    //订单号
    private final String orderId;
    //订单失效时间,单位为毫秒
    private final long time;
    private OrderDelay(String orderId, long delayTime) {
        this.orderId = orderId;
    //该元素可在(当前时间+delayTime)毫秒后消费,也就是说,延迟消费delayTime
    //毫秒
        this.time = delayTime + System.currentTimeMillis();
    }
    //重写getDelay()方法,返回当前元素的延迟时间还剩余(remaining)多少个时间
    //单位
    @Override
    public long getDelay(TimeUnit unit) {
        long delta = time - System.currentTimeMillis();
        return unit.convert(delta, TimeUnit.MILLISECONDS);
    }
    public String getOrderId() {
        return orderId;
    }
    //重写compareTo()方法,根据所实现的代码可看出,队列头部的元素是最早即将失效
    //的数据元素
    @Override
    public int compareTo(Delayed o) {
        if(this.time < ((OrderDelay) o).time) {
            return -1;
        } else if(this.time > ((OrderDelay) o).time) {
            return 1;
        }
        return 0;
    }
}
}
```

程序(代码清单11.22)运行结果如图11.26所示。

订单3已超时
订单2已超时
订单7已超时
订单4已超时
订单5已超时
订单6已超时
订单1已超时

图 11.26　程序运行结果

DelayQueue 会根据用户自定义的排序规则对元素排序,当使用 take 获取时,就会进入阻塞,直到到达延时时间为止,这就是 DelayQueue 的特点。当需要完成一些延时任务时,就可以使用到 DelayQueue。

11.8　线程池

11.8.1　线程池介绍

前面在连接池阶段已经介绍过池化技术的核心思想,而线程池也是一种池化技术。每个线程的执行都取决于 CPU,而 CPU 资源是计算机中相当稀缺的资源,因此如果不限制线程的存活数量,大批量创建线程将导致 CPU 忙不过来,反而会造成性能的降低。此外,线程频繁地创建与销毁对于性能的损耗也是较大的,因此必须对线程进行一个合理的管理,使用线程池就是一个很好的管理方式。

合理利用线程池有以下 3 个好处。

- 降低资源消耗。通过重复利用已创建的线程降低线程创建和销毁造成的消耗。
- 提高响应速度。当任务到达时,可以不等到线程创建就立即执行。
- 提高线程的可管理性。线程是稀缺资源,如果无限制创建,不仅会消耗系统资源,还会降低系统的稳定性,使用线程池可以统一进行分配、调优和监控。

在 JDK 5 之前,开发者必须自己实现线程池,而在 JDK 5 中,JUC 就提供了线程池的类。

11.8.2　线程池原理

在前面介绍过 JDBC 连接池之后,线程池的原理其实也相当简单了,不过,其依然有与连接池不太一样的地方。在介绍线程池原理之前,要先了解线程池中核心的 6 个参数。

- corePoolSize(核心线程数):当向线程池提交一个任务时,若线程池已创建的线程数小于 corePoolSize,就会通过创建一个新线程执行该任务,直到已创建的线程数大于或等于 corePoolSize 时,以后的任务才会存储到阻塞队列中。
- maximumPoolSize(最大线程数):线程池所允许的最大线程个数。若队列满了,且已创建的线程数小于 maximumPoolSize,则线程池会创建新的线程来执行任务。

- keepAliveTime(线程存活时间)：当线程池中存活的线程数大于核心线程数时,线程的空闲时间如果超过线程存活时间,那么这个线程就会被销毁,直到线程池中的线程数小于或等于核心线程数。
- workQueue(任务队列)：用于传输和保存等待执行任务的阻塞队列。
- threadFactory(线程工厂)：用于创建新线程。threadFactory 创建的线程也是采用 new Thread()方式,threadFactory 创建的线程名都具有统一的风格：pool-m-thread-n(m 为线程池的编号,n 为线程池内的线程编号)。
- handler(线程饱和策略)：当线程池和队列都满了,再加入线程就会执行此策略。

通过上面的分析可以了解到线程池核心的逻辑：当创建一个线程池时,线程池内部的线程个数为 0。当提交的任务个数不超过核心线程数时,线程池会创建新的线程来执行,并且核心线程数以下的线程永远不会被销毁。当提交的任务数量超过核心线程数,就会将任务存储到任务队列中,等待有空闲的线程来执行。如果任务数量巨大,导致任务队列已满,再次提交任务时,线程池又会创建新的线程执行,线程池内的总线程数不会超过最大线程数。线程池中存活的空闲线程最多只能存活指定的时间,超过指定时间后就会销毁,让线程池内的线程保持在核心线程个数。如果提交任务量非常大,导致创建的线程个数可能超过最大线程数,线程池就会执行拒绝策略(饱和策略)。线程池核心逻辑如图 11.27 所示。

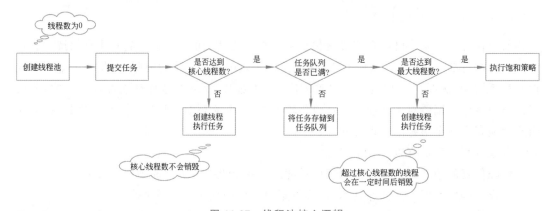

图 11.27　线程池核心逻辑

11.8.3　Executors 工具类创建线程池

Executors 是 JDK 5 之后提供的工具类,使用这个工具类中定义的静态方法可以更简单地创建线程。Executors 通常有以下 4 种创建线程的方式。

1. newSingleThreadExecutor

创建一个只有一条线程的线程池,其中的任务队列是无界队列。当线程工作时,新任务就会进入任务队列中等待。它可用于任务执行时间较小,或者保证任务顺序执行的场景。

2. newFixedThreadPool

创建一个指定大小的线程池,其中的任务队列是无界队列,并且核心线程数与最大线程数相同。这个线程池的特点是每个线程都永久存活,所有的线程都在繁忙状态,适合在已知并发压力的场景下对线程数做限制。

3. newScheduledThreadPool

创建一个固定大小的线程池,线程池内的任务会周期性或者定时执行,新的任务会进入 DelayedWorkQueue 中,并且按照超时时间排序。

4. newCachedThreadPool

创建一个可以无限扩大的线程池,它的核心线程数是 0,最大线程数是无限大,这意味着可以无限制地创建线程。当线程空闲时间超过 60s 后,线程就会销毁,该线程池的任务队列是一个没有存储空间的队列,这意味着只要有请求进来,就必须找到一个线程处理。由于其涉及大量线程的创建和销毁,因此它适合应用于大量短时间任务的场景。也就是说,如果有大量任务,并且这些任务执行时间都比较短,就可以用这个线程池。

在阿里巴巴开发规范中,已经要求不允许使用 Executors 工具类创建线程池,因此这里只对它做一个了解即可。

11.8.4 ExecutorService 接口

扫一扫

11.8.3 节介绍的线程池中,除 newScheduledThreadPool 外,其余的返回值类型都是 ExecutorService。这个 ExecutorService 事实上代表了一个线程池,当使用线程池时,就不再需要创建一个线程,程序只将一个 Runnable 或者 Callable 实现类的对象提交给线程池即可,至于何时执行任务,由线程池自己决定。

ExecutorService 主要方法如表 11.9 所示。

表 11.9　ExecutorService 主要方法

方 法 签 名	功 能 描 述
void execute(Runnable command)	提交一个 Runnable 实现类对象,用于执行无返回值的任务
Future＜T＞ submit(Callable＜T＞ task)	提交一个 Callable 实现类的对象,并返回 Future,用于执行有返回值的任务

接下来通过代码清单 11.23 演示一下上面 3 个线程池的使用。

代码清单 11.23　Demo23Executors

```java
package com.yyds.unit11.demo;
import java.util.concurrent.ExecutorService;
import java.util.concurrent.Executors;
import java.util.concurrent.TimeUnit;
public class Demo23Executors implements Runnable {
    @Override
    public void run() {
        try {
            TimeUnit.SECONDS.sleep(1);
        } catch(InterruptedException e) {
            e.printStackTrace();
        }
        System.out.println(Thread.currentThread().getName() + "执行了");
    }
```

```java
public static void main(String[] args) {
    Demo23Executors runnable = new Demo23Executors();
    //解开这个注释,程序每秒执行一个任务,并且线程名称全部相同
    //ExecutorService executor = Executors.newSingleThreadExecutor();
    //解开这个注释,程序会在 1s 后执行所有任务,并且线程名称都不相同
    //ExecutorService executor = Executors.newCachedThreadPool();
    //解开这个注释,程序会每秒执行两个任务,并且线程名只有两个
    ExecutorService executor = Executors.newFixedThreadPool(2);
    executor.execute(runnable);
    executor.execute(runnable);
    executor.execute(runnable);
    executor.execute(runnable);
    executor.execute(runnable);
}
}
```

程序(代码清单 11.23)运行结果如图 11.28 所示。

newSingleThreadPool	newCachedThreadPool	newFixedThreadPool
pool-1-thread-1执行了	pool-1-thread-1执行了	pool-1-thread-1执行了
pool-1-thread-1执行了	pool-1-thread-4执行了	pool-1-thread-2执行了
pool-1-thread-1执行了	pool-1-thread-2执行了	pool-1-thread-2执行了
pool-1-thread-1执行了	pool-1-thread-3执行了	pool-1-thread-1执行了
pool-1-thread-1执行了	pool-1-thread-5执行了	pool-1-thread-2执行了

图 11.28　程序运行结果

executor()方法用于提交无返回值的任务。如果想获取线程的返回值,可以使用 submit()方法,如代码清单 11.24 所示。

代码清单 11.24　Demo24Submit

```java
package com.yyds.unit11.demo;
import java.util.concurrent.Callable;
import java.util.concurrent.ExecutorService;
import java.util.concurrent.Executors;
import java.util.concurrent.Future;
import java.util.concurrent.TimeUnit;
public class Demo24Submit implements Callable<Integer> {
    @Override
    public Integer call() throws Exception {
        int time = (int)(Math.random() * 3000 + 2000);
        TimeUnit.MILLISECONDS.sleep(time);
        return time;
    }
    public static void main(String[] args) throws Exception {
        ExecutorService executorService = Executors.newFixedThreadPool(3);
        Demo24Submit callable = new Demo24Submit();
        Future<Integer> future1 = executorService.submit(callable);
        Future<Integer> future2 = executorService.submit(callable);
```

```
        Future<Integer> future3 = executorService.submit(callable);
        System.out.println(future1.get());
        System.out.println(future2.get());
        System.out.println(future3.get());
    }
}
```

程序(代码清单 11.24)运行结果如图 11.29 所示。

```
2623
4871
3382
```

图 11.29　程序运行结果

ExecutorService 的使用就是如此简单,当使用线程池之后,就不再需要关心如何创建线程了,只关心 Runnable 与 Callable 即可。

11.8.5　自定义线程池

在 11.8.3 节介绍的 Executors 工具类中接触的多种线程池,可以解决多种场景下的问题,但是,如果你的开发工具安装了 Alibaba Java Coding Guidelines(阿里巴巴开发规范)插件,就会发现 Executors 上报了一个严重警告。这是因为 Executors 封装过度,虽然提供了多种场景的线程池创建方式,但是却剥夺了所设置其他线程池核心参数的权力,比如用户无法指定阻塞队列,无法精确地指定核心线程数和最大线程数,因此在开发中并不建议直接使用 Executors 工具类创建线程池。

在开发中,建议手动创建线程池,这样就可以根据实际场景调整线程池的每个核心参数,尽可能地提高程序性能。随便查看 Executors 中的一个创建线程池的方法,如下所示。

```
public static ExecutorService newFixedThreadPool(int nThreads) {
    return new ThreadPoolExecutor(nThreads, nThreads,
                        0L, TimeUnit.MILLISECONDS,
                        new LinkedBlockingQueue<Runnable>());
}
```

发现这些方法都在创建一个 ThreadPoolExecutor 类,进入这个类之后可以发现它最终实现了 ExecutorService 接口,也就是说,ThreadPoolExecutor 其实就是线程池类,直接创建它的对象就可以手动调参了。

ThreadPoolExecutor 的构造方法有很多,直接找一个最全的学习即可,如下所示。

```
public ThreadPoolExecutor(int corePoolSize,
                    int maximumPoolSize,
                    long keepAliveTime,
                    TimeUnit unit,
                    BlockingQueue<Runnable> workQueue,
                    ThreadFactory threadFactory,
                    RejectedExecutionHandler handler) {
```

```
    if(corePoolSize < 0 ||
        maximumPoolSize <= 0 ||
        maximumPoolSize < corePoolSize ||
        keepAliveTime < 0)
        throw new IllegalArgumentException();
    if(workQueue == null || threadFactory == null || handler == null)
        throw new NullPointerException();
    this.corePoolSize = corePoolSize;
    this.maximumPoolSize = maximumPoolSize;
    this.workQueue = workQueue;
    this.keepAliveTime = unit.toNanos(keepAliveTime);
    this.threadFactory = threadFactory;
    this.handler = handler;
}
```

该构造方法共有 7 个参数,除 unit 参数是设置线程存活时间的时间单位外,其余参数就是线程池的 6 大核心参数,所以使用这个构造方法创建一个线程池,要求如下:核心线程数为 2,最大线程数为 4,阻塞队列采用容量为 2 的 ArrayBlockingQueue,线程存活时间为60s;线程工厂采用默认的工厂即可,饱和策略采用丢弃任务并抛出异常,最后对这个线程池测试,如代码清单 11.25 所示。

代码清单 11.25　Demo25Pool

```java
package com.yyds.unit11.demo;
import java.util.concurrent.ArrayBlockingQueue;
import java.util.concurrent.Executors;
import java.util.concurrent.ThreadPoolExecutor;
import java.util.concurrent.TimeUnit;
public class Demo25Pool {
    public static void main(String[] args) {
        ThreadPoolExecutor executor = new ThreadPoolExecutor(
                2, 4,                               //核心线程数与最大线程数
                60, TimeUnit.SECONDS,               //线程存活时间为 60s
                new ArrayBlockingQueue<>(2),        //任务队列使用容量为 2 的
                                                    //ArrayBlockingQueue
                Executors.defaultThreadFactory(),   //线程工厂,采用默认的工厂即可
                new ThreadPoolExecutor.AbortPolicy());
                //饱和策略,超出线程池可容纳的容量后,丢弃多的任务并抛出异常
        //lambda 创建 runnable
        Runnable runnable = () -> {
            try {
                TimeUnit.SECONDS.sleep(1);
            } catch(InterruptedException e) {
                e.printStackTrace();
            }
          System.out.println(Thread.currentThread().getName() + "执行了");
        };
        executor.execute(runnable);
        executor.execute(runnable);
    }
}
```

在测试代码中,向线程池中提交 2 个任务,任务量没有超过核心线程数,因此最终运行结果应该是 1s 后输出两行文字,如图 11.30 所示。

```
pool-1-thread-1执行了
pool-1-thread-2执行了
```

图 11.30　程序运行结果一

当提交的任务数增加到 3 个时,由于已经超过核心线程数,多出来的 1 个将会存储到任务队列中,等待 1s 其他任务执行完毕后,再交由核心线程执行,最终输出的线程名称只有两个,如图 11.31 所示。

再增加任务数量,将任务增加到 5 个,此时有 2 个任务直接交由核心线程执行,而阻塞队列无法容纳下 3 个任务,将会创建新的线程执行任务,因此最终输出的线程名称会有 3 个,如图 11.32 所示。

```
pool-1-thread-1执行了
pool-1-thread-2执行了
pool-1-thread-1执行了
```

图 11.31　程序运行结果二

```
pool-1-thread-2执行了
pool-1-thread-1执行了
pool-1-thread-3执行了
pool-1-thread-1执行了
pool-1-thread-2执行了
```

图 11.32　程序运行结果三

最后,将任务个数调整到 7 个,而线程池最大线程数＋阻塞队列容量只有 6,无法容纳,多出的 1 个任务就会触发饱和策略,最终这条任务会被丢弃,并且抛出异常,如图 11.33 所示。

```
Exception in thread "main" java.util.concurrent.RejectedExecutionException Create breakpoint : Task com.yyds.unit11.demo
.Demo25Pool$$Lambda$1/1747585824@7699a589 rejected from java.util.concurrent.ThreadPoolExecutor@58372a00[Running, pool
size = 4, active threads = 4, queued tasks = 2, completed tasks = 0] <3 internal lines>
    at com.yyds.unit11.demo.Demo25Pool.main(Demo25Pool.java:31)
pool-1-thread-2执行了
pool-1-thread-1执行了
pool-1-thread-3执行了
pool-1-thread-4执行了
pool-1-thread-2执行了
pool-1-thread-3执行了
```

图 11.33　程序运行结果四(代码清单 11.25)

在上面配置线程池时使用到了饱和策略,饱和策略相关的类都是 ThreadPoolExecutor 的内部类,一共有 4 种,根据情况选择即可,如表 11.10 所示。

表 11.10　线程池饱和策略

策略名称	描述
ThreadPoolExecutor.AbortPolicy	丢弃任务并抛出 RejectedExecutionException 异常(默认的饱和策略)
ThreadPoolExecutor.DiscardPolicy	也是丢弃任务,但不会抛出异常
ThreadPoolExecutor.DiscardOldestPolicy	丢弃队列最前面的任务,执行后面的任务
ThreadPoolExecutor.CallerRunsPolicy	由调用线程处理该任务(串行处理)

至此,线程池已经介绍完毕。在开发中,强烈建议自己配置 ThreadPoolExecutor,因为这样更加灵活。

11.9 本章小结

本章首先介绍了线程和进程的概念,进而引出多线程的一些理论知识。在线程的创建方式中,首先介绍了 3 种方式,分别是继承 Thread 类、实现 Runnable 接口、Callable 与 Future 结合,但依然需要注意,在更加严谨的场合要能够分清线程的创建方式其实只有一种。之后介绍了多线程中的重中之重,即锁机制以及等待唤醒机制,多线程之间数据共享往往需要加锁,Lock 锁相比 synchronized 而言更加灵活,因此在开发中推荐使用。Java 并发包在多线程开发中也比较常用,读者需要掌握基本的原子类、工具类和阻塞队列的使用方式。最后介绍了线程池,作为一种池化技术思想的实现,线程池拥有诸多优点,合理使用之能够提高程序性能。

11.10 习题

1. 什么是线程?什么是进程?请描述它们二者的区别。

2. 线程的生命周期有哪些?线程结束阻塞状态后有可能转变为哪些状态?

3. synchronized 和 Lock 有什么共同点和区别?

4. 线程池有哪些核心参数?分别介绍每个参数的特点。

5. 请以流程图的形式梳理出线程池的执行流程。

6. 请使用 Lambda 表达式的方式改写代码清单 11.15～11.17。

7. 编写一个有两个线程的程序,第一个线程用来计算 2～100000 的素数的个数,第二个线程用来计算 100000～200000 的素数的个数,最后输出结果(CountDownLatch 结合线程池)。

8. 编写一个龟兔赛跑的程序,赛道一共长 50 米,兔子每秒跑 2 米,但有 30% 的概率会睡 3 秒,乌龟每秒跑 1 米,请输出最后的冠军。

9. 编写一个复制文件的程序,将一个文件从 D 盘复制到 E 盘,复制过程中在控制台显示"xx 文件已复制了 xx%"。创建 3 个线程,同时复制 3 个大文件。

10. (扩展习题)与 ExecutorService 接口类似,ScheduledExecutorService 接口也是一个线程池接口,请编写 Demo 演示它的使用。

第12章 网络编程

12.1 网络通信协议

1. 网络通信协议的定义

网络通信协议是一种网络通用语言，为连接不同操作系统和不同硬件体系结构的互联网络提供通信支持，对传输速率、传输代码、代码结构、传输控制步骤、出错控制等制定标准。

例如，网络中一个微机用户和一个大型主机的操作员进行通信，由于这两个数据终端所用字符集不同，因此操作员所输入的命令彼此不认识。为了能进行通信，规定每个终端都要将各自字符集中的字符先变换为标准字符集的字符后才进入网络传送，到达目的终端之后，再变换为该终端字符集的字符。因此，网络通信协议也可以理解为网络上各台计算机之间进行交流的一种语言。

2. 网络通信协议的分层

计算机网络通信涉及内容很多，比如指定源地址和目标地址，加密、解密，压缩、解压缩，差错控制，流量控制，路由控制。实现如此复杂的一套协议，必然需要一个合理的解决方案，那就是分层。

由于结点间联系复杂，所以在制定协议的时候，就把复杂的成分分解成一个个简单的成分，最后再将它们复合起来，这就是分层的思想。

业界普遍的分层方式有两种：OSI 七层模型和 TCP/IP 四层模型。前者是理论上的标准，分为物理层、数据链路层、网络层、传输层、会话层、表示层、应用层；后者是实际应用上的标准，分为链路层、网络层、传输层、应用层。

数据由传送端的最上层（通常指应用程序）产生，由上层往下层传送。每经过一层，都会在前端增加一些该层专用的信息，这些信息称为"报头"，然后才传给下一层，不妨将"加上报头"想象为"套上一层信封"。因此，到最底层时，原本的数据已经套上了 7 层信封。而后通

过网络线、电话线、光缆等媒介,传送到接收端。

接收端收到数据后,会从最底层向上层传送,每经过一层就拆掉一层信封(即去除该层所识别的报头),直到最上层,数据便恢复成当初从传送端最上层产生时的原貌。

本章重点介绍的 socket 属于传输层。

 ## TCP 和 UDP

12.2.1　TCP

传输控制协议(Transmission Control Protocol,TCP)是一种面向连接的、可靠的、基于字节流的传输层通信协议,旨在适应支持多网络应用的分层协议层次结构。连接到不同但互连的计算机通信网络的主计算机中的成对进程之间依靠 TCP 提供可靠的通信服务,就像打电话一样。TCP 通过建立连接执行通信,通过终止连接释放通信。

1. 建立连接

TCP 是因特网中的传输层协议,使用三次握手协议建立连接。当主动方发出 SYN 连接请求后,等待对方回答 SYN+ACK,并最终对对方的 SYN 执行 ACK 确认。这种建立连接的方法可以防止产生错误的连接,TCP 使用的流量控制协议是可变大小的滑动窗口协议。

TCP 三次握手的过程如下。

- 客户端发送 SYN(SEQ=x)报文给服务端,进入 SYN_SEND 状态。
- 服务端收到 SYN 报文,回应一个 SYN(SEQ=y)ACK(ACK=x+1)报文,进入 SYN_RECV 状态。
- 客户端收到服务端的 SYN 报文,回应一个 ACK(ACK=y+1)报文,进入 Established 状态。

三次握手完成,TCP 客户端和服务端成功建立连接,便可以开始传输数据了。

2. 终止连接

建立一个连接需要三次握手,而终止一个连接需要四次握手,这是由 TCP 的半关闭(half-close)造成的。

- 某个应用进程首先调用 close,称该端执行“主动关闭”(active close)。该端的 TCP 于是发送一个 FIN 分节,表示数据发送完毕。
- 接收到这个 FIN 的对端执行“被动关闭”(passive close),这个 FIN 由 TCP 确认。
- 一段时间后,接收到这个文件结束符的应用进程将调用 close 关闭它的套接字。这导致它的 TCP 也发送一个 FIN。
- 接收这个最终 FIN 的原发送端 TCP(即执行主动关闭的那一端)确认这个 FIN。

TCP 是面向连接的点到点通信,占用系统资源较多、效率偏低。

12.2.2　UDP

用户数据报协议(User Datagram Protocol,UDP)是一种无连接的传输层协议,提供面向事务的简单、不可靠信息传送服务。UDP 存在诸如不提供数据包分组、组装和不能对数据包进行排序的缺点,也就是说,当报文发送之后,是无法得知其是否安全完整到达的。UDP 用来支持那些需要在计算机之间传输数据的网络应用,新冠疫情期间各大学校提供在线平台上网课就使用到 UDP。

UDP 是非面向连接的通信协议,传输不可靠,可能存在数据的丢失,但是开销偏小。发送方不关注接收方是否准备好,接收方收到消息也不会告诉发送方。

12.3　IP 与端口

12.3.1　IP 地址与分类

在生活中,寄快递时,需要通过收货地址判断收货方住在哪里;打电话时,需要通过手机号判断电话打给谁;发邮件时,需要通过邮箱地址判断收件方是谁⋯⋯。互联网是一个非常大的资源共享平台,在偌大的网络中,也需要有一个"号码"标识出接入网络的设备,这个设备可以是计算机、路由器等。而 IP 地址就是用来标志网络中一个通信实体的地址。

IP 地址分为 IPv4 和 IPv6 两个版本地址,IPv4 是一个 32 位(4 字节)地址,以点分十进制表示,例如 IP 地址 192.168.0.1;IPv6 是 128 位(16 字节)地址,写成 8 个 16 位的无符号整数,每个整数用 4 个十六进制数表示,数与数之间用冒号(:)分开,例如 IP 地址 3ffe:3201:1401:1280:c8ff:fe4d:db39:1984。

12.3.2　端口与分类

IP 地址用来标志一台计算机,但是一台计算机上可能会提供很多的应用程序,比如用户可以一边聊 QQ,一边听歌,此时 QQ 和音乐软件的 IP 地址都是用户计算机的 IP 地址,那么互联网上其他设备就无法区分出这个 IP 地址代表的是计算机中的哪个软件。此时可以使用端口区分这些应用程序。

IP 地址就像每个房子的门牌号,而端口就像房子里每个房间的房间号。当一台设备想发送数据到另一台设备时,必须同时指定 IP 地址和端口才能正确发送数据。

端口只是一个虚拟的概念,并不是说计算机上真的有若干端口,它的范围是 0~65535。

12.3.3　IP 与端口相关类

Java 中与 IP 和端口相关的类主要有两个。

- InetAddress 类:该类封装计算机的 IP 地址,没有端口。
- InetSocketAddress 类:该类包含端口,用于 socket 通信。

这里简单介绍一下 InetAddress 类,做一个了解即可。

java.net.InetAddress 类是 Java 的 IP 地址封装类,可以通过该类操作主机名和 IP 地址,常见的网络相关类都需要使用到该类。InetAddress 类常见的方法如表 12.1 所示。

表 12.1　InetAddress 类常见的方法

方法签名	功能描述
static InetAddress getLocalHost()	返回本地计算机的 InetAddress
String getHostName()	返回指定 InetAddress 对象的主机名
String getHostAddress()	返回指定 InetAddress 对象的主机地址的字符串形式
static InetAddress getByName(String hostname)	使用 DNS 查找指定主机名或域名为 hostname 的 IP 地址,并返回 InetAddress
byte[] getAddress()	返回指定对象的 IP 地址的以网络字节为顺序的 4 个元素的字节数组

下面通过代码清单 12.1 演示 InetAddress 的作用。

代码清单 12.1　Demo1InetAddress

```java
package com.yyds.unit12.demo;
import java.net.InetAddress;
import java.net.UnknownHostException;
public class Demo1InetAddress {
    public static void main(String[] args) throws UnknownHostException {
        //获得本地主机的相关信息
        InetAddress ia = InetAddress.getLocalHost();
        //获取本地 IP 地址
        System.out.println("本机 IP 地址: "+ia.getHostAddress());
        //获取本地主机名
        System.out.println("本机主机名: "+ia.getHostName());
        //获取主机名为 DESKTOP-BDLPKS9 的 IP 地址
        System.out.println("DESKTOP-BDLPKS9 的 IP 地址: "+InetAddress.
        getByName("DESKTOP-BDLPKS9").getHostAddress());
        //获得指定域名的主机信息
        System.out.println("百度的 IP 地址: "+InetAddress.getByName("www.
        baidu.com"));
        //获得本地 PC 名为 DESKTOP-BDLPKS9 的所有 IP 地址
        InetAddress[] ias = InetAddress.getAllByName("DESKTOP-BDLPKS9");
        //如果有一张网卡,得到的第一个是 IPv4 的 IP 地址,第二个是 IPv6 的 IP 地址
        System.out.println("DESKTOP-BDLPKS9 的所有 IP 地址");
        for(InetAddress i : ias) {
            System.out.println(i.getHostAddress());
        }
    }
}
```

程序(代码清单 12.1)运行结果如图 12.1 所示。

```
本机IP地址：192.168.0.176
本机主机名：DESKTOP-BDLPKS9
DESKTOP-BDLPKS9的IP地址：192.168.0.176
百度的IP地址：www.baidu.com/112.80.248.75
DESKTOP-BDLPKS9的所有IP地址
192.168.0.176
fe80:0:0:0:b8f2:1d44:b633:b56a%18
```

图 12.1　程序运行结果

12.4　Socket 通信

12.4.1　长连接与短连接

1. 长连接

长连接指在一次连接的过程中可以连续发送多个数据包，整个通信的过程只开启一次连接，客户端和服务端只用一个 Socket 对象，长期保持着 Socket 的连接。

2. 短连接

短连接就是每次请求都建立一次连接，交互完毕后就关闭这个连接。

3. 二者优势对比

长连接一般用于操作频繁、点对点的通信，而且连接数不能太多的情况，比如聊天室。每个 TCP 连接都需要三次握手，这需要一定的时间，如果每发送一条消息都建立一次连接，那么程序对消息的处理速度就降低了很多，这种情况下就需要保证每个操作完毕后不断开连接，下次处理时直接发送数据包就可以了。

而像 Web 网站这一类的应用一般都使用短连接，因为这类应用一般用户量巨大，如果使用长连接，在面对成千上万甚至上亿的客户端连接时，长连接处理起来反而耗费资源。

12.4.2　Socket 通信流程

Socket 是"打开——读/写——关闭"模式的实现，首先服务端会初始化 ServerSocket 对象，然后对指定的端口进行绑定，接着监听该端口，通过调用 accept()方法进行阻塞。此时，在客户端如果有一个 Socket 连接到服务端，那么服务端的 accept()方法就会推出阻塞，连接成功。Socket 通信流程如图 12.2 所示。

12.4.3　Socket 与 ServerSocket

扫一扫

1. Socket 类

java.net.Socket 类代表一个客户端的套接字，它可以使一个应用从网络中读取和写入数据，通过指定服务端的 IP 和端口，就可以让不同计算机上的两个应用通过连接发送和接收字节流。Socket 类的主要构造方法和成员方法如表 12.2 所示。

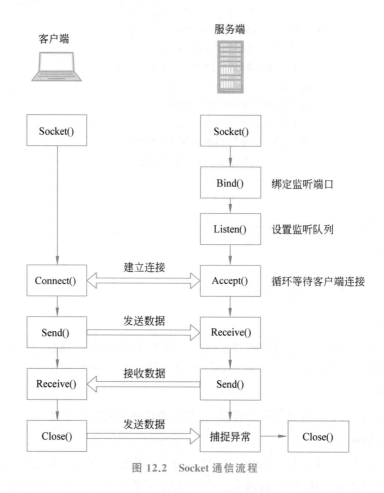

图 12.2　Socket 通信流程

表 12.2　Socket 类的主要构造方法和成员方法

	方 法 签 名	方 法 描 述
构造方法	Socket(Inet Address，int port)	创建套接字并将其连接到指定的 IP 和端口号
	Socket(String host，int port)	创建套接字并将其连接到指定的主机和端口号
成员方法	void bind(SocketAddress bindpoint)	将套接字绑定到本地地址
	void close()	关闭此套接字
	void connect(SocketAddress endpoint)	将此套接字连接到服务器
	InetAddress getInetAddress()	返回套接字所连接的地址
	InputStream getInputStream()	返回此套接字的输入流
	OutputStream getOutputStream()	返回此套接字的输出流
	void shutdownInput()	将此套接字的输入流放置在"流的末尾"

2. ServerSocket 类

java.net.ServerSocket 类是服务端的 Socket。对于一个服务端,不需要关注是哪个客户端进行连接,只需要监听一个端口,随时待命,只要有客户端发起 Socket 连接请求,就建立连接。

ServerSocket 与 Socket 不同,ServerSocket 是等待客户端的请求,一旦获得一个连接请求,就创建一个 Socket 示例与客户端进行通信。ServerSocket 类的主要构造方法和成员方法如表 12.3 所示。

表 12.3　ServerSocket 类的主要构造方法和成员方法

	方 法 签 名	方 法 描 述
构造方法	ServerSocket()	创建未绑定的服务器套接字
	ServerSocket(int port)	创建绑定到指定端口的服务器套接字
成员方法	Socket accept()	侦听并接受此套接字的连接
	void bind(SocketAddress endpoint)	将 ServerSocket 绑定到特定的 IP 和端口号
	void close()	关闭此套接字
	InetAddress getInnetAddress()	返回此服务器套接字的本地地址
	int getLocalPort()	返回此套接字正在侦听的端口号
	boolean isBound()	返回 ServerSocket 的绑定状态
	boolean isClosed()	返回 ServerSocket 的关闭状态

12.4.4　Socket 通信示例

扫一扫

Socket 编程基本上围绕 Socket 和 ServerSocket 两个类。在对 Socket 通信基本原理和主要的 API 了解完毕后,编写一个简单的示例,完成一次 Socket 通信。

1. 服务端代码

首先编写服务端代码。服务端只需要监听 8080 端口,并启动一个 ServerSocket,接着调用它的 accept()方法,等待客户端连接。如果没有连接,就持续阻塞,直到与某个客户端建立连接为止。最后,读取到客户端发来的消息。代码清单 12.2 是服务端代码。

代码清单 12.2　Demo2ServerSocket

```java
package com.yyds.unit12.demo;
import java.io.BufferedReader;
import java.io.IOException;
import java.io.InputStreamReader;
import java.net.ServerSocket;
import java.net.Socket;
public class Demo2ServerSocket {
    public static void main(String[] args) throws IOException {
        //创建 ServerSocket,绑定 8080 端口
        ServerSocket serverSocket = new ServerSocket(8080);
        System.out.println("服务端启动完毕,监听连接...");
        //监听客户端的连接。如果没有连接,就会在这里阻塞。如果有连接,就会获取到
        //socket 继续往后执行
        Socket socket = serverSocket.accept();
```

```
        System.out.println("连接成功");
        //获取输入流
        BufferedReader br = new BufferedReader(new InputStreamReader(socket.
        getInputStream()));
        //读取一行数据
        String str = br.readLine();
        System.out.println(str);
    }
}
```

2. 客户端代码

如果你在这个时候启动服务端程序,会发现程序没有任何反应。因为此时程序在等待客户端连接,会"卡"在 accept 这里,只有当客户端成功与服务端建立了连接,程序才会继续往后运行。因此,还需要编写客户端代码,通过 Socket 对象连接服务端的 8080 端口,并向服务端发送消息。代码清单 12.3 是客户端代码。

代码清单 **12.3**　**Demo3Socket**

```
package com.yyds.unit12.demo;
import java.io.BufferedWriter;
import java.io.IOException;
import java.io.OutputStreamWriter;
import java.net.Socket;
public class Demo3Socket {
    public static void main(String[] args) throws IOException {
        //创建 Socket 对象,连接到本地的 8080 端口
        Socket socket = new Socket("127.0.0.1", 8080);
        //获取输出流,往服务端写消息
        BufferedWriter bw = new BufferedWriter(new OutputStreamWriter(socket.
        getOutputStream()));
        String str = "HelloWorld!";
        bw.write(str);
        //刷新输出流
        bw.flush();
        //关闭输出流,告诉服务端消息发送完毕
        socket.shutdownOutput();
    }
}
```

最后先启动服务端程序,可以发现,服务端程序没有任何反应。此时再启动客户端程序,观察服务端程序控制台。程序(代码清单 12.3)运行结果如图 12.3 所示。

```
服务端启动完毕,监听连接...
连接成功
HelloWorld!
```

图 **12.3**　程序运行结果

12.4.5　使用 while 循环接收消息

上面的案例虽然已经实现了客户端和服务端的通信,但是客户端每次发送完消息后,服务端和客户端都会关闭。而在实际应用场景中,比如微信和 QQ,微信的服务器肯定是持续开启的,如果每发一条消息就关闭服务器,那用户体验将会非常糟糕。

回到该程序,虽然很简单,但问题也很明显：每次发送消息都需要重新启动程序,这非常麻烦,如何让客户端可以连续给服务端发送消息呢？其实使用一些手段让服务端不退出即可,最简单也是最有效的方式是使用 while 循环。代码清单 12.4 和代码清单 12.5 是对服务端和客户端代码进行改造后的结果。

代码清单 **12.4**　**Demo4ServerSocket**

```java
package com.yyds.unit12.demo;
import java.io.BufferedReader;
import java.io.IOException;
import java.io.InputStreamReader;
import java.net.ServerSocket;
import java.net.Socket;
public class Demo4ServerSocket {
    public static void main(String[] args) throws IOException {
        //创建 ServerSocket,绑定 8080 端口
        ServerSocket serverSocket = new ServerSocket(8080);
        System.out.println("服务端启动完毕,监听连接...");
        //监听客户端的连接。如果没有连接,就会在这里阻塞。如果有连接,就会获取到
        //socket 继续往后执行
        Socket socket = serverSocket.accept();
        System.out.println("连接成功");
        //获取输入流
        BufferedReader br = new BufferedReader(new InputStreamReader(socket.getInputStream()));
        String str;
        //循环读取客户端发送的数据
        while((str = br.readLine()) != null) {
            System.out.println(str);
        }
    }
}
```

代码清单 **12.5**　**Demo5Socket**

```java
package com.yyds.unit12.demo;
import java.io.BufferedWriter;
import java.io.IOException;
import java.io.OutputStreamWriter;
import java.net.Socket;
import java.util.Scanner;
public class Demo5Socket {
    public static void main(String[] args) throws IOException {
        Scanner sc = new Scanner(System.in);
```

```
        //创建 Socket 对象,连接到本地的 8080 端口
        Socket socket = new Socket("127.0.0.1", 8080);
        //获取输出流,往服务端写消息
        BufferedWriter bw = new BufferedWriter(new OutputStreamWriter(socket.
        getOutputStream()));
        //不停地输入
        while(true) {
            String next = sc.nextLine();
            bw.write(next);
            bw.write("\n");
            bw.flush();
        }
    }
}
```

通过对程序的改造,便满足了客户端多次发送消息的需求,程序运行结果如图 12.4 所示。

服务端启动完毕,监听连接...
连接成功
Hello
你好
Java

图 12.4　程序运行结果

12.4.6　多线程下的 Socket 编程

扫一扫

下面再对上面的程序进行改造,在连接成功时输出客户端名称。由于改动较少,因此代码清单 12.6 只贴出部分代码。

代码清单 12.6　**Demo6ServerSocket**

```
package com.yyds.unit12.demo;
//服务端改造
public class Demo6ServerSocket {
    public static void main(String[] args) throws IOException {
        ......
        BufferedReader br = new BufferedReader(new InputStreamReader(socket.
        getInputStream()));
        System.out.println(br.readLine()+"连接成功");
        String str;
        ......
    }
}
//客户端
public class Demo4Socket {
    public static void main(String[] args) throws IOException {
        ......
```

```
BufferedWriter bw = new BufferedWriter(new OutputStreamWriter(socket.
getOutputStream())));
bw.write("客户端A");
bw.write("\n");
bw.flush();
//不停地输入
......
    }
}
```

之后,将 DemoSocket 代码复制一份,重命名为 DemoSocketB,并将代码中写的"客户端A"改成"客户端B",最后,先启动服务端和客户端A,再启动客户端B。

这里就发现了问题:客户端A和服务端连接成功后,客户端B无法再与服务端进行连接。显然这是错误的,现实中的QQ和微信支持上千万乃至上亿用户的聊天。因此,还需要对程序进行再改造。

上面的程序出现问题的原因是程序是单线程的,只能同时处理一条线程,可以引入多线程,主线程通过 while 循环监听客户端的连接,一旦有连接成功,就开启一条新的线程处理连接信息,而主线程则继续阻塞等待下一个客户端进行连接。

客户端代码无须修改,只修改服务端代码,引入多线程技术即可。代码清单 12.7 是修改后的服务端代码。

代码清单 12.7　Demo7ServerSocket

```
package com.yyds.unit12.demo;
import java.io.BufferedReader;
import java.io.IOException;
import java.io.InputStreamReader;
import java.net.ServerSocket;
import java.net.Socket;
public class Demo7ServerSocket {
    public static void main(String[] args) throws IOException {
        ServerSocket serverSocket = new ServerSocket(8080);
        System.out.println("服务端启动完毕,监听连接...");
        //主线程只负责监听连接
        while(true) {
            Socket socket = serverSocket.accept();
            //一旦有连接建立,立即创建线程处理
            new Thread(new Runnable() {
                @Override
                public void run() {
                    try {
                        BufferedReader br = new BufferedReader(new
                        InputStreamReader(socket.getInputStream()));
                        String clientName = br.readLine();
                        System.out.println(clientName + "连接成功");
                        String str;
                        while((str = br.readLine()) != null) {
                            System.out.println(clientName + ": " + str);
```

```
                }
            } catch(IOException e) {
                e.printStackTrace();
            }
        }
    }).start();
        }
    }
}
```

之后,启动服务端程序,再分别启动客户端 A 和 B,观察控制台,程序运行正常,可以同时处理多个客户端的连接和消息。程序(代码清单 12.7)运行结果如图 12.5 所示。

> 服务端启动完毕,监听连接...
> 客户端**A**连接成功
> 客户端**B**连接成功
> 客户端**B**: Hello
> 客户端**A**: 您好

图 12.5　程序运行结果

扫一扫

12.4.7　实现一个网课聊天室

疫情爆发后,前线医务人员众志成城,共同抗疫,而各大高校和中小学也都加入了防疫的行列。学校线下停课后将课堂转移至线上,诸如腾讯课堂、钉钉等在线平台则是线上教学的首选。除了核心的直播功能外,这类平台往往还有聊天室的功能,供教师上课提问,以及与学生互动。

接下来编写一个聊天室程序,实现多个用户之间的交流。

1. 服务端代码

服务端的作用相当于一个交通枢纽,或者说是一个"搬运工"。当一个用户提供客户端在聊天室发送消息时,服务端负责将这条消息转发到除他以外的所有在线的客户端中。因此,服务端还需要一个容器用来记录当前创建了连接的客户端,这里注册时可能存在线程安全问题,因此使用 ConcurrentHashMap 类,这个类的使用方式与 HashMap 一模一样,只不过它是线程安全的。服务端代码如代码清单 12.8 所示。

代码清单 12.8　**Demo8ChatServer**

```
package com.yyds.unit12.demo;
import java.io.BufferedReader;
import java.io.BufferedWriter;
import java.io.IOException;
import java.io.InputStreamReader;
import java.io.OutputStreamWriter;
import java.net.ServerSocket;
import java.net.Socket;
import java.text.SimpleDateFormat;
```

```java
import java.util.Date;
import java.util.Map;
import java.util.concurrent.ConcurrentHashMap;
public class Demo8ChatServer {
    //记录连接用户。key 为昵称,value 为对应 Socket 对象的输出流
    private static final Map<String, BufferedWriter> registerMap = new
    ConcurrentHashMap<>();
    public static void main(String[] args) throws IOException {
        ServerSocket serverSocket = new ServerSocket(8080);
        System.out.println("服务端启动完毕,监听连接...");
        //主线程只负责监听连接
        while(true) {
            Socket socket = serverSocket.accept();
            //一旦有连接建立,立即创建线程处理
            new Thread(new Runnable() {
                @Override
                public void run() {
                    try {
                        BufferedReader br = new BufferedReader(new
                        InputStreamReader(socket.getInputStream()));
                        String clientName = br.readLine();
                        System.out.println("欢迎 " + clientName + " 加入聊天室");
                        //注册用户
                        BufferedWriter bw = new BufferedWriter(new
                        OutputStreamWriter(socket.getOutputStream()));
                        registerMap.put(clientName, bw);
                        String str;
                        while((str = br.readLine()) != null) {
                        //只要接收到客户端发来的消息,就将这条消息发送给除该用户以外
                        //的所有客户端
                            for (Map.Entry< String, BufferedWriter > entry :
                            registerMap.entrySet()) {
                            if(entry.getKey().equals(clientName)) {
                                //消息的发送者不需要再次发送
                                continue;
                            }
                            BufferedWriter writer = entry.getValue();
                            writer.write(new SimpleDateFormat("yyyy-MM-dd
                            HH:mm:ss").format(new Date())+ "   " + clientName
                            + ":\n" + str + "\n");
                            writer.flush();
                            }
                        }
                    } catch(IOException e) {
                        e.printStackTrace();
                    }
                }
            }).start();
        }
    }
}
```

2. 客户端代码

客户端代码较前面的案例而言,并没有大的改动。只增加一些代码,用来获取服务端分发来的消息即可。代码清单 12.9 是改动后的客户端的代码。

代码清单 12.9　Demo9ChatSocket

```java
package com.yyds.unit12.demo;
import java.io.BufferedReader;
import java.io.BufferedWriter;
import java.io.IOException;
import java.io.InputStreamReader;
import java.io.OutputStreamWriter;
import java.net.Socket;
import java.util.Scanner;
public class Demo9ChatSocket {
    public static void main(String[] args) throws IOException {
        Scanner sc = new Scanner(System.in);
        //创建 Socket 对象,连接到本地的 8080 端口
        Socket socket = new Socket("127.0.0.1", 8080);
        //获取输出流,往服务端写消息
        BufferedWriter bw = new BufferedWriter(new OutputStreamWriter(socket.
        getOutputStream()));
        //获取输入流,用来接收服务端传来的消息
        BufferedReader br = new BufferedReader(new InputStreamReader(socket.
        getInputStream()));
        //为了保证随时可以获取消息,应该开启新的线程
        new Thread(new Runnable(){
            @Override
            public void run() {
                try {
                    String str;
                    while((str = br.readLine()) != null) {
                        System.out.println(str);
                    }
                }catch(IOException e) {
                    e.printStackTrace();
                }
            }
        }).start();
        bw.write("刘备");
        bw.write("\n");
        bw.flush();
        //不停地输入
        while(true) {
            String next = sc.nextLine();
            bw.write(next);
            bw.write("\n");
            bw.flush();
        }
    }
}
```

复制两份客户端代码,并分别启动服务端和 3 个客户端程序。服务端程序运行较为简单,这里不再展示。客户端运行结果如图 12.6 所示。

```
2022-04-09 15:28:22    关羽:
大哥为何不参与十八路诸侯一并讨董
2022-04-09 15:28:29    张飞:
俺也一样
二弟三弟不知,近日疫情严重,我等皆为汉臣,不可聚集
2022-04-09 15:31:23    关羽:
关某不才,除董之事无法参与,实为英雄无用武之地也!
2022-04-09 15:31:28    张飞:
俺也一样!
二弟三弟不急,我已命简雍孙乾备些药材辎重,待隔离半月便参与抗疫
2022-04-09 15:34:08    关羽:
哈哈哈,原来大哥早有准备,关某敬佩
2022-04-09 15:34:11    张飞:
俺也一样
2022-04-09 15:34:45    关羽:
虽不能上阵杀敌,但参与抗疫也是为国效力,仍不失匡扶汉室之心
2022-04-09 15:34:49    张飞:
俺也一样!
2022-04-09 15:35:28    关羽:
待此疫情结束,关某定要与那吕布大战三百回合
2022-04-09 15:35:33    张飞:
俺也一样!
```

图 12.6　客户端运行结果

12.5　Java 中的 UDP

12.5.1　UDP

UDP(User Datagram Protocol,用户数据报协议)是一种无连接的传输层协议,提供面向事务的简单不可靠信息传送服务。UDP 的特点是不需要明确客户端和服务端,只明确发送方和接收方,UDP 便可以通过数据包进行传输。

12.5.2　Java 使用 UDP 进行数据传输

UDP 的接收方必须明确端口,发送方必须明确接收方的地址和端口,并且发送方和接收方的端口一定要对应。这里以代码清单 12.10 和代码清单 12.11 为例,使用 UDP 完成一个简单的通信。

代码清单 12.10　**Demo10UdpReceiver**

```
package com.yyds.unit12.demo;
import java.net.DatagramPacket;
import java.net.DatagramSocket;
```

```java
public class Demo10UdpReceiver {
    public static void main(String[] args) {
        try {
            //接收方指定监听 1234 端口
            DatagramSocket datagramSocket = new DatagramSocket(1234);
            //UDP 以数据包的形式发送,因此需要指定这个包的大小
            byte[] data = new byte[16];
            //数据包对象,用于接收发送来的数据
            DatagramPacket packet = new DatagramPacket(data, 0, data.length);
            //将数据封装到 packet 中
            datagramSocket.receive(packet);
            //参数 1: 接收方包的数据,参数 2: 偏移量(0),参数 3: 接收方包数据长度
            String str = new String(packet.getData(), packet.getOffset(),
            packet.getLength());
            System.out.println(str);
        } catch(Exception e) {
            e.printStackTrace();
        }
    }
}
```

代码清单 12.11　Demo11UdpSender

```java
package com.yyds.unit12.demo;
import java.net.DatagramPacket;
import java.net.DatagramSocket;
import java.net.InetAddress;
public class Demo11UdpSender {
    public static void main(String[] args) {
        try {
            DatagramSocket datagramSocket = new DatagramSocket();
            String str = "HelloWorld!";
            byte[] data = str.getBytes();
            //UDP 使用数据包传输,这里创建一个数据包对象,指定将数据发送到本地的 1234
            //端口
            DatagramPacket pck = new DatagramPacket(data, 0, data.length,
            InetAddress.getLocalHost(), 1234);
            datagramSocket.send(pck);
        } catch(Exception e) {
            e.printStackTrace();
        }
    }
}
```

　　这里只需要注意一点,UDP 使用数据包进行传输,所谓数据包就像一个钱包,包的大小是有限的,因此单次发送的数据不能超过包的容量,如果超出,那么超出部分将会直接丢失。程序运行结果较为简单,这里不再展示。

12.6　HTTP

12.6.1　URL 介绍

统一资源定位（Uniform Resource Locator，URL）是因特网的万维网服务程序上用于指定信息位置的表示方法。它最初由蒂姆·伯纳斯-李发明用来作为万维网的地址，现在已被万维网联盟编制为互联网标准 RFC1738。

URL 的语法一般为 protocol ://hostname[:port]/path/[?query]，如 https://www.baidu.com。语法各部分的含义如下。

- protocol：指定使用的传输协议，常见的协议有 file、http、https。
- hostname：主机名。一般是 IP 或者域名，有时也可以是连接到服务器的用户名和密码。
- port：端口。如果省略，则使用指定传输协议默认的端口，如 http 协议的默认端口是 80，https 协议的默认端口是 443。
- path：路径。就像家庭住址一样，万维网上的网络资源通过路径表示，每条路径都代表不同的资源。
- query：参数。某些 URL 在请求时需要指定参数，比如查看一件商品信息，就需要通过参数将商品编号传递给服务端。

12.6.2　Java 中的 URL 类

java.net.URL 类是 Java 语言中的 URL 类，可以通过构造一个 URL 对象的方式表示一个 URL 地址，在后面使用 HttpURLConnection 类时，需要借助 URL 类指定请求路径。表 12.4 是 URL 类主要的构造方法和成员方法。

表 12.4　URL 类主要的构造方法和成员方法

	方 法 签 名	方 法 描 述
构造方法	URL(String spec)	从 spec 表示形成一个 URL 对象。参数 spec 格式必须符合 URL 的语法
	URL（String protocol，String host，int port，String file）	指定协议、主机名、端口、路径来创建一个 URL 对象
成员方法	Object getContent()	获取此 URL 内容
	int getDefaultPort()	获取此 URL 指定协议的默认端口号
	String getFile()	获取此 URL 的文件名
	String getHost()	获取此 URL 的主机名
	String getPath()	获取此 URL 的路径部分
	int getPort()	获取此 URL 的端口
	String getProtocol()	获取此 URL 的协议名
	String getQuery()	获取此 URL 的查询部分
	URLConnection openConnection()	返回一个 URLConnection 实例
	InputStream openStream()	打开此 URL 返回一个 InputStream，以便获取数据

URL 类本身很简单,举一个简单的例子演示它的各个方法即可。URL 真正的使用场景要在 12.6.4 节才能体现出来。演示代码如代码清单 12.12 所示。

扫一扫

12.6.3 HTTP 介绍

超文本传输协议(Hyper Text Transfer Protocol,HTTP)是一个简单的请求-响应协议,通常运行在 TCP 之上。它指定了客户端可能发送给服务器什么样的消息以及得到什么样的响应。请求和响应消息的头以 ASCII 形式给出;而消息内容则具有一个类似 MIME 的格式。这个简单模型是早期 Web 成功的有功之臣,因为它使开发和部署非常直截了当。

HTTP 每次连接只处理一个请求,因此也是一个无连接的协议。同时,它也是一个无状态的协议,HTTP 对于事务处理没有记忆能力,如果后续处理需要前面的信息,则必须重传,由于存在这些特性,可能导致每次连接传输的数据量增大。尽管如此,HTTP 相较于其他的协议而言非常简单,因此也是目前开发中使用最多的协议。HTTP 请求原理如图 12.7 所示。

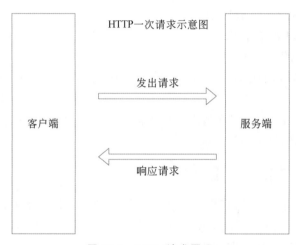

图 12.7　HTTP 请求原理

HTTP 针对数据的不同操作方式,分成了 8 种请求方法,如表 12.5 所示。

表 12.5　HTTP 的请求方法

方　法	描　述
GET	请求指定的页面信息,并返回实体主体
POST	向指定资源提交数据进行处理请求(例如提交表单或上传文件)。数据被包含在请求体中,POST 请求可能导致新的资源建立或已有资源修改
HEAD	类似于 GET 请求,只不过返回的响应中没有具体内容,用于获取报头
OPTIONS	允许客户端查看服务器的内容
PUT	从客户端向服务器传送的数据取代指定的文档内容
DELETE	请求服务器删除指定页面
TRACE	回显服务器收到的请求,主要用于测试或诊断
CONNECT	HTTP/1.1 协议中预留给能够将连接改为管道方式的代理服务器

当客户端发送一条请求给服务端时,服务端会对这次请求做出响应,而本次请求成功与否,以及失败的原因,都是靠状态码表达的。状态码的职责是当客户端向服务器发送请求时,描述返回的请求结果。借助状态码,用户可以知道服务端是正常处理了请求,还是出现了错误。

HTTP 的状态码有很多,表 12.6 只列举出常见的状态码,作为一名合格的 Java 开发工程师,需要熟记这些状态码。

表 12.6　HTTP 常见状态码

状态码	状态标识	描　　述
200	OK	请求正常处理
302	Found	资源临时性重定向
304	Not Modified	资源已找到,但未符合条件请求
400	Bad Request	服务端无法理解客户端发送的请求,请求报文中可能存在语法错误
401	Unauthorized	发送的请求需要有通过 HTTP 认证的认证信息
403	Forbidden	不允许访问资源,可能是没有权限
404	Not Found	服务器上没有请求的资源
500	Internal Server Error	内部资源出故障,可能 Web 应用存在 Bug

12.6.4　HttpURLConnection 类

1. 基本介绍

java.net.HttpURLConnection 类是 Java 中支持 Http 的一个类,可以通过该类发送 HTTP 请求。HttpURLConnection 是一个抽象类,因此不能直接创建它的实例。大家知道,封装是面向对象的三大特性之一,Java 中对于 HttpURLConnection 也有高度的封装,这并不需要关心创建它的是哪个子类的实例,只需要保证成功获取到对应的对象即可。

在 12.6.2 节讲到,使用 HttpURLConnection 时必须借助 URL 对象,因此使用 url.openConnection()方法即可获取到一个 HttpURLConnection 的实例。

HttpURLConnection 类中的主要构造方法和成员方法如表 12.7 所示。

表 12.7　HttpURLConnection 类中的主要构造方法和成员方法

	方 法 签 名	方 法 描 述
构造方法	HttpURLConnection(URL u)	接收一个 URL 来创建实例,该构造方法是 protected 的
成员方法	void setRequestMethod(String method)	设置请求方式
	void setConnectTimeout(int time)	设置请求超时时间,单位为毫秒
	void setRequestProperty(String key,String value)	设置请求参数
	void connect()	建立连接、发送请求
	InputStream getInputStream()	获取请求的输入流
	int getResponseCode()	获取请求响应的状态码
	void disconnect()	关闭连接

下面通过一个小实战掌握 HttpURLConnection 的使用方法。

2. 实战演练

疫情爆发期间,以支付宝、丁香医生等为首的 App 推出了全国疫情实时动态监控服务,每个人都可以在这些平台上关注疫情的实时情况。在心系防疫的同时也不忘思考,这些数据从何而来?为什么不同的平台数据却是一致的?

首先,数据并不是这些软件的运营公司收集的,如我国的数据是国家卫生健康委员会收集的,美国的数据是霍普金斯大学提供的,等等,再由三大运营商收集,提供给百度、新浪、阿里等国内知名大企业,这些企业处理完数据之后,会对外提供出一个接口(应用程序提供给外界的接口,与 Java 的 interface 不是一回事),供各个防疫平台直接调用,最后在平台展示即可。

因此,各个平台其实都是从这个接口获取数据,然后在自己的平台中展示。虽然页面可能存在不同,但是数据渠道一样,最终展示的数据也是相同的,也同样可以调用这个接口,搭建自己的疫情防控平台。代码清单 12.12 为对接新浪疫情数据接口的 demo。

代码清单 12.12   **Demo12HttpApiSina**

```java
package com.yyds.unit12.demo;
import java.io.IOException;
import java.io.InputStream;
import java.net.HttpURLConnection;
import java.net.URL;
public class Demo12HttpApiSina {
    public static void main(String[] args) throws IOException {
        //接口地址
        String api = "https://interface.sina.cn/news/wap/fymap2020_data.d.json";
        //创建 URL 对象
        URL url = new URL(api);
        //开启一个 HttpURLConnection 对象
        HttpURLConnection urlConnection = (HttpURLConnection) url.openConnection();
        //设置请求方式,默认是 GET
        urlConnection.setRequestMethod("GET");
        //获得状态码
        int code = urlConnection.getResponseCode();
        System.out.println("请求状态码为: " + code);
        //若状态码为 200,则表示请求成功
        if(code == 200) {
            //获取输入流进行解析
            InputStream is = urlConnection.getInputStream();
            byte[] b = new byte[1024];
            int len;
            StringBuilder sb = new StringBuilder();
            while((len = is.read(b)) != -1) {
                sb.append(new String(b, 0, len));
            }
            is.close();
            //断开连接
            urlConnection.disconnect();
```

```
            System.out.println(sb);
        } else if(code == 404) {
            System.out.println("地址错误!");
        } else {
            System.out.println("系统内部错误");
        }
    }
}
```

程序(代码清单 12.12)运行部分结果如图 12.8 所示。

请求状态码为: 200

{"data_title":"fymap","data":{"times":"\u622a\u81f34\u670817\u65e516\u65f600\u5206","mtime":"2022-04-17 16:00:00",
"cachetime":"2022-04-17 16:08:52","gntotal":524764,"deathtotal":14602,"sustotal":29,"curetotal":230011},
"econNum":280151,"heconNum":44,"asymptomNum":285,"jwsrNum":2200,"add_daily":{"addcon":440967,"addsus":0,
"adddeath":11250,"addcure":151507,"wjw_addsus":2,"addcon_new":"+440967","adddeath_new":"+11250",
"addcure_new":"+151507","wjw_addsus_new":"+2","addecon_new":"+278210","addhecon_new":"+3","addjwsr":"+666",
"addasymptom":"+2"},"jwsrTop":[{"jwsrNum":"4574","name":"\u4e0a\u6d77","ename":"shanghai"},{"jwsrNum":"1472",

图 12.8 程序运行部分结果

初学者对这个结果可能有些迷茫,为什么只给出一大串字符串?细心的读者其实会发现,这串字符串的格式比较特殊,这称作 JSON 字符串,如果掌握了 Java EE 技术,就可以对这串字符串进行解析处理,转换成 Java 对象。如果还熟悉 HTML、Ajax 这些前端技术,就可以写一个美观的页面并将这些数据展示到页面中,这里将不再展示。

12.7 本章思政元素融入点

思政育人目标:潜移默化地让学生体验到"齐心协力、众志成城、共克时艰,中国精神、中国速度和中国力量"等精神食粮,从而润物无声式激发学生的奉献精神、团队协作精神、科技报国的家国情怀和使命担当。

思政元素融入点:继续拓展前面章节引入的"新型冠状病毒感染疫情"这一主题,以 wuhan2020 开源社区共同体发起的"wuhan2020:新型冠状病毒防疫开源信息收集平台"的开源项目为案例,要求学生组建团队,分别设计甚至用所学知识编程实现该平台的部分功能,并有机融入思政元素到本章和前面章节专业知识的实践巩固中以达到学以致用和"春风化雨、润物无声"立德树人的目的。有机融入的方式是在阐述多线程与网络编程的基本概念、思想和编程技术,引入这个案例以形象化地嵌入思政教育:wuhan2020 开源社区是针对 2020 年武汉新型冠状病毒感染疫情所自发诞生的一个公益性开源组织,是广大公益志愿者和技术开发者所形成的一个共同体,汇集了全球 3000 多位优秀的志愿者,历时一个月,打造了全网最大、最全的关于新型冠状病毒感染疫情的开源信息收集平台。该平台旨在统一收集和发布本次事件中各医院、酒店、物流、工厂、捐款捐物、预防与治疗、义诊和动态等信息,通过建立供需方信息系统、数据分析预测等以快速有效地实现各方之间信息互通、自助对接,从而有效调配社会资源。该平台直接部署在 GitHub 上,可以让分布在世界各地的软件开发志愿者利用开源技术和并行分布协作方式进行多线程和网络编程,也可以让各方志愿

者随时随地在该网络平台上以并发的方式填写相关数据和整理相关信息,从而实时、高效地更新和发布。该项目以开源为纽带,连接每一个渺小而伟大的力量,为抵抗疫情作贡献。通过这个案例思政的有机融入,让学生潜移默化地体验到"齐心协力、众志成城、共克时艰,中国精神、中国速度和中国力量"等精神食粮,从而润物无声式激发学生的奉献精神、团队协作精神、科技报国的家国情怀和使命担当。同时,可鼓励学生参加社会公益组织,从事公益活动,为社会作贡献。

12.8　本章小结

本章讲解了网络编程方面相关的基础知识。首先简要介绍了网络编程中的一些基础概念,包括网络通信协议、TCP 和 UDP、IP 地址与端口号;接着讲解了 Socket 通信,并重点讲解了 Socket 与 ServerSocket 类,以及如何通过 Socket 通信实现一个简单的疫情背景下的网课聊天室;然后讲解了 Java 中的 UDP 和 URL,以及 HTTP,并重点介绍了 HttpURLConnection 类;最后指出了本章中的一些知识点可融入的思政元素。

本章旨在让读者掌握 TCP、UDP 等协议的基本原理,掌握 Socket 编程的思想和基本使用,了解 URL 类并且能够使用 HttpURLConnection 类调用第三方提供的 API。通过对本章的学习,读者能够了解网络编程相关的基础知识,熟练掌握 Socket、TCP、UDP 和 HTTP 网络程序的编写。

12.9　习题

1. 端口的取值范围是什么?

2. TCP 与 UDP 的优点与缺点分别是什么?

3. 一个 URL 包含哪些部分? 请举出 protocol 部分常见的取值。

4. 如何通过 URL 对象获取到一个 HttpURLConnection?

5. 当 Socket 编程找不到服务器地址时会抛出什么异常?

6. 如果想创建一个 Socket 应用于不可靠的数据报传输,应当创建哪个类的对象?

7. 简述用 Java 创建一个 Socket 的服务器需要哪些步骤。

8. 使用 Socket 编程模拟登录功能:服务器存储 10 条账号、密码信息,客户端输入账号、密码,之后发送到服务器,如果账号、密码匹配失败,则提示"用户名或密码错误";如果账号、密码匹配成功,则提示"登录成功",并且客户端可以继续向服务器发送字符串。

9. 对聊天室程序进行改造,使用户输入 quit 时可以退出聊天室,并向其他在线的客户端发送消息"xxx 已退出聊天室"。

10. (扩展习题)尝试引入 fastjson 或者 jackson 的 JSON 解析包,对代码清单 12.12 获取到的 JSON 格式疫情数据进行解析。

第13章 反射与注解

13.1 反射

13.1.1 什么是反射

Java 反射机制是在运行状态中,对于任意一个类,都能够知道这个类的所有属性和方法;对于任意一个对象,都能够调用它的任意一个方法和属性,这种动态获取的信息以及动态调用对象的方法的功能称为 Java 语言的反射机制。

用更加通俗的话来说,反射就是能将一个类的各个组成部分(方法、属性、构造方法)封装成其他对象。

13.1.2 Java 程序在计算机中的 3 个阶段

一个 Java 类在计算机中有 3 个阶段,如图 13.1 所示。首先是源代码阶段。这里的"源代码"并非指 Java 文件,而是指编译后的类文件,在这个阶段中,可以随意操作一个类的对象的任何属性和方法。其次是类加载阶段。在这个阶段会将前一阶段的类文件经过类加载器 ClassLoader 进行加载,解析类文件以生成 Class 对象。最后是运行时阶段。这个阶段就是创建对象并运行的阶段。

大家知道,在程序编译前可以在 Java 文件中任意操作一个对象,但是一旦经过编译运行之后,便无法像编写代码一样获取对象的信息了。此时如果还想操作对象的一些信息,就需要使用到反射。

再或者,需要判断一个对象中是否存在 name 属性,再进行下一步操作,待判断对象之间并不一定存在继承关系,甚至待判断对象的类根本没有 name 属性,因此通过 getName()方法判断的方式是不可取的,这种情况下也需要使用反射。

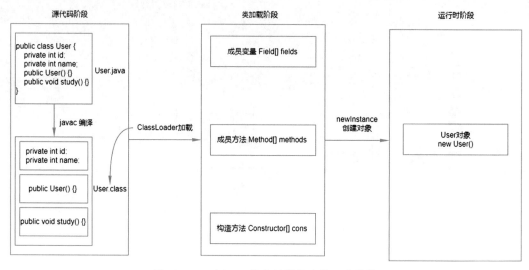

图 13.1　一个 Java 类在计算机中的 3 个阶段

13.1.3　反射相关的类

Java 反射技术主要涉及 4 个类,即 Class、Method、Field 和 Constructor,除这 4 个类外,还有 Modifier 等一些类,但是这些类的使用率较低,这里不再列举。Java 反射涉及的主要类如表 13.1 所示。

表 13.1　Java 反射涉及的主要类

类　　名	作　　用
java.lang.Class	代表类的结构信息
java.lang.reflect.Method	代表方法的结构信息
java.lang.reflect.Field	代表字段的结构信息
java.lang.reflect.Constructor	代表构造方法的结构信息

下面通过程序演示这些类的使用。为了方便演示,先创建 User 和 Car 两个类,类中的成员变量、成员方法、构造方法分别提供 private 和 public 两种,如代码清单 13.1 所示。

代码清单 13.1　User

```
package com.yyds.unit13.demo;
public class User {
    public Integer id;
    private String name;
    public Integer age;
    public User() {
    }
    private User(String name) {
        this.name = name;
    }
}
```

```
    public void sleep() {
        System.out.println("睡觉");
    }
    private void eat() {
        System.out.println("吃饭");
    }
    //get()和set()方法
}
package com.yyds.unit13.demo;
public class Car {
    public Integer id;
    private String type;
    public Double price;
    public Car() {
    }
    private Car(String type) {
        this.type = type;
    }
    private void run() {
        System.out.println("车在路上跑");
    }
    //get()和set()方法
}
```

13.1.4 获取 Class

扫一扫

Class 对象是使用反射机制的核心类,Field、Method 等其他对象都需要通过 Class 对象来获取。Java 中每个类都可以获取到它的 Class 对象。每个类的 Class 对象都会在加载时存放到方法区内,并且一个 Java 类只会被加载一次,因此也只有一个 Class 对象,不管通过哪种方式获取,获取到的都是同一个对象。

Class 对象的获取方式主要有 3 种:使用 Class.forName,或者使用类名.class,或者使用对象名.getClass(),如代码清单 13.2 所示。

代码清单 13.2   Demo2GetClass

```
package com.yyds.unit13.demo;
public class Demo2GetClass {
    public static void main(String[] args) throws ClassNotFoundException {
        //方式 1: 使用 Class.forName,不推荐这种方式
        //因为要保证全类目一定完全写对,否则会抛出 ClassNotFoundException
        Class<?> clazz1 = Class.forName("com.yyds.unit13.demo.User");
        System.out.println(clazz1);
        //方式 2: 每个类中都有 class 属性,可以使用类名.class 获取 class 对象,推荐这种
        //方式
        Class<User> clazz2 = User.class;
        System.out.println(clazz2);
        //方式 3: 每个对象中都有 getClass()方法,可以使用对象名.getClass()获取 class
        //对象,也推荐这种方式
        User user = new User();
```

微课视频版

```
        Class<? extends User> clazz3 = user.getClass();
        System.out.println(clazz3);
        //证明 3 个 Class 对象是同一个对象
        System.out.println(clazz1 == clazz2);
        System.out.println(clazz2 == clazz3);
    }
}
```

扫一扫

13.1.5　Class 类的相关方法

在上面已经成功获取到 Class 类的对象，Class 类是反射的核心类，其余类的对象都需要通过 Class 获取。Class 类的核心方法如表 13.2 所示。

表 13.2　Class 类的核心方法

返回值		方法签名	方法描述
获取成员变量	Field	getField(String name)	返回一个名字为 name 的 public 的成员变量
		getDeclaredField(String name)	返回一个名字为 name 的成员变量
	Field[]	getFields()	返回所有 public 的成员变量
		getDeclaredFields()	返回所有成员变量
获取构造方法	Constructor	getConstructor(Class… types)	返回一个参数类型是 types 的 public 构造方法
	Constructor[]	getDeclaredConstructor(Class…types)	返回一个参数类型是 types 的构造方法
		getConstructors()	返回所有的 public 构造方法
		getDeclaredConstructors()	返回所有的构造方法
获取成员方法	Method	getMethod(String name，Class…types)	获取一个名字为 name，参数列表为 types 的 public 成员方法
		getDeclaredMethod(String name，Class…types)	获取一个名字为 name，参数列表为 type 的成员方法
	Methods	getMethods()	获取所有的 public 成员方法
		getDeclaredMethods()	获取所有的成员方法
获取类名	String	getName()	获取类的全类名，包括包名
		getSimpleName()	获取类名

可以发现，在 Class 类中，获取 Constructor、Method 与 Field 这 3 个类的对象的相关方法的名称基本类似。因此，只需记忆其中一个，剩下的举一反三即可。下面会详细地讲解 Field、Method、Constructor 的使用方式。

扫一扫

13.1.6　Field 类的相关方法

Field 类代表一个类中的变量，它可以是成员变量，也可以是静态变量，有时候更喜欢叫它"字段"。因为反射的主要目的是在运行时操作对象的一些属性,所以讨论静态的变量、方法并没有多大意义,因此不考虑静态变量的情况(下同)。

Field 类的主要方法如表 13.3 所示。

表 13.3　Field 类的主要方法

方法签名	方法描述
Object get(Object obj)	获取对象 obj 的该 Field 变量的值
String getName()	获取该变量的名称
Type<?> getType()	获取该变量的类型
void set(Object obj,Object value)	将对象 obj 的该 Field 变量的值设置为 value
void setAccessible(String boolean)	暴力反射,使该字段即使是非 public 的,也能通过反射操作

这里主要提一下 setAccessible()方法,该方法的作用是可以设置访问标识为 true,让即使 private 的成员变量也能够被访问,这种做法一般称为暴力反射。反射机制默认只能操作 public 的变量、方法等,而 private 修饰的变量默认情况下它的 accessible 访问标识是 false,如果直接使用反射操作,会抛出异常。

下面通过代码清单 13.3 演示 Field 的使用方式。

代码清单 13.3　Demo3Field

```java
package com.yyds.unit13.demo;
import java.lang.reflect.Field;
import java.util.Arrays;
public class Demo3Field {
    public static void main(String[] args) throws Exception {
        User user = new User();
        Class<? extends User> userClass = user.getClass();
        //获取所有 public 的成员变量
        Field[] fields = userClass.getFields();
        System.out.println("getFields");
        //stream+lambda 输出
        Arrays.stream(fields).forEach(e-> System.out.print(e.getName()+" "));
        //获取所有的成员变量
        Field[] declaredFields = userClass.getDeclaredFields();
        System.out.println("\ndeclaredFields");
        Arrays.stream(declaredFields).forEach(e-> System.out.print(e.getName()+" "));
        //如果使用 getField,会获取不到 name
        Field name = userClass.getDeclaredField("name");
        //去掉这行代码,再试试运行结果
        name.setAccessible(true);
        name.set(user, "张三");
        Object nameValue = name.get(user);
        System.out.println("\n"+nameValue);
    }
}
```

程序(代码清单13.3)运行结果如图13.2所示。

可以看到,Field使用起来并不麻烦,但是对于刚接触反射的读者而言却很难理解。这里主要存在一点难以理解的地方:为什么不可以直接使用setName()和getName()方法操作变量name的值,而要几经转折使用反射操作?

先看这个需求:编写一个方法buildId(),该方法接收一个对象,如果对象中有成员变量id,并且是Integer类型,就设置它的值。所有的ID从1开始。

看到这个需求,可能你第一反应想到的是通过继承＋多态的方式编写,但是这里存在两个问题:一是User和Car两个类在逻辑上并不存在继承关系,强行设计成继承关系反而不合理;二是"如果对象中有成员变量id"这个需求如何实现。

想必看到这里你会茅塞顿开,没错,这就是反射的典型使用场景。下面通过代码清单13.4演示这个需求。

代码清单13.4　Demo4BuildId

```java
package com.yyds.unit13.demo;
import java.lang.reflect.Field;
public class Demo4BuildId {
    public static Integer ID = 1;
    public static void main(String[] args) throws Exception {
        User user = new User();
        buildId(user);
        Car car = new Car();
        buildId(car);
        System.out.println("user的id: " + user.getId());
        System.out.println("car的id: " + car.getId());
    }
    public static void buildId(Object obj) throws Exception{
        //获取class
        Class<?> clazz = obj.getClass();
        //获取id变量
        Field id = clazz.getDeclaredField("id");
        //如果id变量存在,并且类型是Integer
        if(id != null && id.getType() == Integer.class) {
            //设置id值
            id.setAccessible(true);
            id.set(obj, ID++);
        }
    }
}
```

程序(代码清单13.4)运行结果如图13.3所示。

```
getFields
age
declaredFields
id name age
张三
```

图13.2　程序运行结果

```
user的id: 1
car的id: 2
```

图13.3　程序运行结果

可以发现,反射甚至可以让本没有继承关系的对象之间也有通用的方法,这也是反射的典型应用场景之一。

13.1.7　Constructor 类的相关方法

扫一扫

Constructor 是与构造方法相关的类,通过 Constructor 可以实现更加强大的功能,如使用 private 的构造方法创建对象。大名鼎鼎的 Spring 框架,其 IoC 底层就是使用 Constructor 实现的。

Constructor 类的主要方法如表 13.4 所示。

表 13.4　Constructor 类的主要方法

方 法 签 名	方 法 描 述
String getName()	获取该构造方法的名称
int getParameterCount()	获取该构造方法的参数个数
Class<?>[] getParameterTypes()	获取该构造方法的参数类型数组
void setAccessible(String boolean)	暴力反射,使该构造方法即使是非 public 的,也能通过反射操作
T newInstance(Object…args)	使用指定的构造方法创建这个类的对象。构造方法的参数个数、类型、顺序必须与传入的完全一致

Constructor 类使用起来也比较简单,获取 Constructor 的方式与获取 Field 的方式基本一致,所以只演示带有 Declared 的方法即可。下面通过代码清单 13.5 演示该类的使用方式。

代码清单 13.5　Demo5Constructor

```java
package com.yyds.unit13.demo;
import java.lang.reflect.Constructor;
import java.util.Arrays;
public class Demo5Constructor {
    public static void main(String[] args) throws Exception {
        Class<User> userClass = User.class;
        //获取全部的构造方法
        Constructor<?>[] constructors = userClass.getDeclaredConstructors();
        System.out.println("获取所有构造方法: ");
        for(Constructor<?> constructor : constructors) {
            //暴力反射
            constructor.setAccessible(true);
            System.out.println("name: "+constructor.getName());
            System.out.println("参数个数: " + constructor.getParameterCount());
            System.out.println("参数类型: " + Arrays.toString(constructor.
            getParameterTypes()));
        }
        System.out.println("获取指定的构造方法: ");
        //这里直接获取空参构造
        Constructor<User> constructor = userClass.getDeclaredConstructor();
        constructor.setAccessible(true);
```

```
System.out.println("name: "+constructor.getName());
System.out.println("参数个数: " + constructor.getParameterCount());
System.out.println("参数类型: " + Arrays.toString(constructor.
getParameterTypes()));
//直接创建对象,该方法的参数个数、类型和顺序必须与 getDeclaredConstructor 时
//完全一致
User user = constructor.newInstance();
System.out.println(user);
    }
}
```

程序(代码清单 13.5)运行结果如图 13.4 所示。

```
获取所有构造方法:
name: com.yyds.unit13.demo.User
参数个数: 0
参数类型: []
name: com.yyds.unit13.demo.User
参数个数: 1
参数类型: [class java.lang.String]
获取指定的构造方法:
name: com.yyds.unit13.demo.User
参数个数: 0
参数类型: []
com.yyds.unit13.demo.User@1540e19d
```

图 13.4　程序运行结果

从上面的程序中可以发现,如果直接创建 User 的空参构造,编译时就会报错,因为 User 类的空参构造是 private 修饰的。而 Constructor 却可以使用 private 的构造方法创建对象,这也是 Constructor 的应用场景之一。

13.1.8　Method 类的相关方法

扫一扫

Method 类是与方法相关的类,它主要用来调用对象的成员方法。Method 类的相关方法如表 13.5 所示。

表 13.5　Method 类的相关方法

方法签名	方法描述
String getName()	获取该方法的名称
int getParameterCount()	获取该方法的参数个数
Class<?>[] getParameterTypes()	获取该方法的参数类型数组
Class<?> getReturnType()	返回该方法的返回值类型
Object invoke(Object obj, Object…args)	执行 obj 的该方法,传递参数为 args,返回值是 Object

使用 Method 也比较简单,其中部分方法与 Constructor 类似,这里不单独演示,先通过

代码清单 13.6 演示一下其基本使用。

代码清单 13.6　**Demo6Method**

```java
package com.yyds.unit13.demo;
import java.lang.reflect.Method;
public class Demo6Method {
    public static void main(String[] args) throws Exception {
        User user = new User();
        Class<? extends User> userClass = user.getClass();
        //获取 sleep()方法
        Method sleep = userClass.getDeclaredMethod("sleep");
        //执行 user 对象的 sleep()方法
        Object sleepResult = sleep.invoke(user);
        System.out.println("返回值: " + sleepResult);
        //获取 eat()方法
        Method eat = userClass.getDeclaredMethod("eat");
        eat.setAccessible(true);
        Object eatResult = eat.invoke(user);
        System.out.println("返回值: " + eatResult);
    }
}
```

程序(代码清单 13.6)运行结果如图 13.5 所示。

案例程序中并没有将所有情况演示出来,比如获取返回值、执行有参数的方法等。事实上,如果已经掌握了 Field 类和 Constructor 类的使用,那么 Method 类的基本使用是没有任何难度的。Method 类的基本使用已经不是重点,需要关注的仍然是这个类究竟有什么用。

```
睡觉
返回值: null
吃饭
返回值: null
```

图 13.5　程序运行结果

大家思考一个案例:在执行程序时,往往需要对这段程序的执行情况做日志记录,一般记录执行的方法名、参数列表、返回值、执行耗时、请求 IP、异常信息等。看到这里读者可能觉得很简单,只要在方法执行前后分别写上这些代码就可以了,但事实上这么做会造成代码的侵入性较高,并且如果此时有 100、1000、10000 个方法,很明显不可能在每个方法上都加上日志记录,此时就可以使用反射机制了。

编写一个方法,参数接收指定的对象、方法名、参数列表,执行这个方法,并对这个方法记录日志,如代码清单 13.7 所示。

代码清单 13.7　**Demo7MethodInvoke**

```java
package com.yyds.unit13.demo;
import java.lang.reflect.InvocationTargetException;
import java.lang.reflect.Method;
import java.util.Arrays;
public class Demo7MethodInvoke {
    public static void main(String[] args) throws InvocationTargetException,
    IllegalAccessException {
        User user = new User();
        user.setId(123);
```

```java
        Object id = invokeMethod(user, "getId");
        System.out.println(id);
        Car car = new Car();
        invokeMethod(car, "run");
        invokeMethod(car, "start");      //执行一个不存在的方法
    }
    private static Object invokeMethod
            (Object obj, String methodName, Object... args)
            throws InvocationTargetException, IllegalAccessException {
        long startTime = System.currentTimeMillis();
        Class<?> objClass = obj.getClass();
        System.out.println("正在执行方法: " + objClass + "." + methodName);
        System.out.println("参数列表: " + Arrays.toString(args));
        //Stream 获取参数类型列表
        Class<?>[] parameterTypes = Arrays.stream(args).map(Object::getClass).
        toArray(Class<?>[]::new);
        //获取方法
        Method method;
        try {
            method = objClass.getDeclaredMethod(methodName, parameterTypes);
        } catch(NoSuchMethodException e) {
            throw new RuntimeException("方法: " + methodName + "不存在!");
        }
        method.setAccessible(true);
        //执行
        Object result = method.invoke(obj, args);
        System.out.println("方法返回值: " + result);
        long endTime = System.currentTimeMillis();
        System.out.println("方法耗时: " + (endTime - startTime) + "毫秒");
        return result;
    }
}
```

程序(代码清单 13.7)执行结果如图 13.6 所示。

```
正在执行方法: class com.yyds.unit13.demo.User.getId
参数列表: []
方法返回值: 123
方法耗时: 69毫秒
123
正在执行方法: class com.yyds.unit13.demo.Car.run
参数列表: []
车在路上跑
方法返回值: null
方法耗时: 0毫秒
正在执行方法: class com.yyds.unit13.demo.Car.start
参数列表: []
Exception in thread "main" java.lang.RuntimeException Create breakpoint : 方法: start不存在!
```

图 13.6   程序执行结果

可以看到,使用 Method 类就实现了给方法记录日志,如此便不需要给每个方法都追加日志记录了,这也是 SpringAOP 的思想,即面向切面编程。

到这里细心的读者可能发现,反射机制的性能貌似很差,原本不到 1ms 就能执行完的方法,可能因为使用到反射而需要耗时几十毫秒,这是因为反射内部使用的是 JNI(Java Native Interface,主要用来调用底层的 C/C++ 代码)。JVM 无法预知 JNI 的行为带来的影响,就把很多优化隔绝了,因此反射的性能偏低。正因为这样的特性,绝对不要在业务代码中使用反射机制。这样会使系统的性能损耗加大。而在工具的封装、框架的研发这类非业务代码中,则强烈建议使用反射,因为工具、框架的存在是为了简化开发,牺牲一些程序性能来换取高效的开发效率是完全值得的。

反射是框架的灵魂。一个合格的框架,其内部必然用到大量的反射,如 Spring、SpringMVC、MyBatis、SpringBoot 等框架。因此,掌握反射技术是成为一名架构师的基础。

13.1.9　使用反射验证泛型擦除

扫一扫

前面在学习集合与泛型时曾说到,泛型提供了编译期的类型安全,在运行时则会被擦除,而这仅仅只是停留在了理论阶段,事实上真的是这样吗?下面通过这个示例程序验证泛型擦除。

思路很简单,先创建一个泛型为 Integer 的 List,再通过反射机制调用 List 的 add()方法,往集合中添加 String 类型的数据。由于反射是在运行时期执行的,所以能够逃避泛型检查。代码清单 13.8 是案例代码。

代码清单 13.8　**Demo8Generics**

```java
package com.yyds.unit13.demo;
import java.lang.reflect.Method;
import java.util.ArrayList;
import java.util.List;
public class Demo8Generics {
    public static void main(String[] args) throws Exception {
        List<Integer> list = new ArrayList<>();
        list.add(1);
        list.add(2);
        //使用反射机制添加数据
        Class<? extends List> listClass = list.getClass();
        Method method = listClass.getDeclaredMethod("add", Object.class);
        method.invoke(list, "Hello");
        method.invoke(list, "World");
        System.out.println(list);
    }
}
```

程序(代码清单 13.8)运行结果如图 13.7 所示。

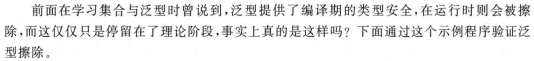

```
[1, 2, Hello, World]
```

图 13.7　程序运行结果

显而易见,泛型为 Integer 的集合中成功地加入了 String 类型的数据,这也直接反映了泛型仅是在编译期提供类型检查,运行时则会被擦除。

13.2 注解

13.2.1 什么是注解

注解是从 Java 5 开始被引入的一个特性,也称作元数据,是一种代码级别的说明。它可用于创建文档,跟踪代码中的依赖性,甚至执行基本编译时检查。

看了百度百科(https://baike.baidu.com/item/Java％20％E6％B3％A8％E8％A7％A3/4404368)的解释后,可能你会一脸茫然,毕竟这个解释太过于抽象化,先举几个例子解释。

经过疫情这几年,每个人对病毒都有了一定的了解,一旦一个人经常咳嗽,大家的第一反应就是"你有没有做核酸检测?""快把口罩戴上"。而在互联网短视频上也逐渐出现了一些调侃:"你视频消毒了没?"早期对于疫情,大众并没有准确的认知,当"口罩、消毒、核酸检测"等标签出现后,大众对疫情的防护才有了一些了解。

其实注解就像一种标签,标签本身对于某个类、某个方法并没有做出什么改变,或者说标签本身并没有什么功能,但是其他的代码却可以根据这个"标签"对某个类、某个方法做出不同的逻辑处理。

扫一扫

13.2.2 注解的语法

注解的语法很简单,它的定义方式像一种接口。在 interface 关键字前面加上"@"符号就是一个注解。之后,这个注解就可以加到类、方法、变量、参数上了。注解的语法格式如下。

```
//定义注解
public @interface MyAnnotation {
}
//使用注解
@MyAnnotation
public class User {
}
```

这样就给 User 类加上了一个@MyAnnotation 注解,可以理解成是对 User 贴上了一个标签。而标签本身并没有什么作用,想让注解能够正常工作,还需要学习另外一个知识点——元注解。

扫一扫

13.2.3 注解的属性

注解也可以拥有属性,但不能拥有方法。注解中属性的语法很特殊,是以"无形参的方法"的形式存在的,即便如此,它们也并不是方法。属性的语法格式如下。

```
package com.yyds.unit13.demo;
public @interface MyAnnotation {
    //注解的语法: 类型 属性名() default 默认值; 其中 default 默认值可以省略
    int id();
    String msg() default "HelloWorld";
}
public @interface TypeTag {
    String value() default "无描述";
}
```

上面的代码定义@MyAnnotation 这个注解拥有 int 类型的 id 和 String 类型的 msg 两个属性,其中 msg 的默认值是"HelloWorld"。如果注解的属性有默认值,那么在使用时就可以不对其进行赋值,而如果没有默认值,则必须对其赋值。

注解的属性在使用时是以"属性名=属性值"的形式赋值的,如果注解有且仅有一个需要赋值的属性,且这个属性名叫 value 时,属性名可以省略。如果注解中没有需要赋值的属性,那么注解后的括号可以省略不写,如下所示。

```
@MyAnnotation(id = 1, msg = "用户")
@TypeTag
public class User {
}
```

需要注意,注解属性的数据类型只能是类、接口、注解、基本数据类型以及它们的数组。

13.2.4 元注解

元注解是"注解的注解",它可以作用到注解上,对注解本身进行额外的描述,例如描述这个注解可以使用到哪里,生效范围是什么,等等。元注解也可以理解成一个标签,只不过这个标签比较特殊,是用来解释说明其他普通标签的。元注解有 5 种,如表 13.6 所示。

扫一扫

表 13.6   元注解

注 解 名 称	注 解 描 述
@Retention	规定注解的存活时间,比如保留到运行时、编译期等
@Documented	规定注解是否包含到 JavaDOC 中
@Target	规定注解的作用范围,比如规定一个注解可以运用到类上或者方法上
@Inherited	规定注解是否可以被继承。这里并非指注解本身可以被继承,而是指一个父类打上注解后,子类也相当于加上了这个注解
@Repeatable	规定注解是否可以重复,即同一处允许重复出现一个注解

一般来说,使用@Target 和@Retention 的频率居多,因此只对这两个元注解作详细介绍。

1. @Target

@Target 可以指定注解的运用位置,一个注解原本可以运用到任何地方,而一旦使用

@Target 对这个注解描述后,它就只能运用在特定的地方。@Target 的 value 属性规定了取值范围,可以取多个值,常见的取值如表 13.7 所示。

表 13.7   @Target 常见的取值

名　　称	描　　述
ElementType.ANNOTATION_TYPE	规定注解可以给一个注解进行注解
ElementType.CONSTRUCTOR	规定注解可以给构造方法进行注解
ElementType.FIELD	规定注解可以给变量进行注解
ElementType.LOCAL_VARIABLE	规定注解可以给局部变量进行注解
ElementType.METHOD	规定注解可以给方法注解
ElementType.PARAMETER	规定注解可以给方法内的参数进行注解
ElementType.TYPE	规定注解可以给一个类、接口、枚举进行注解

2. @Retention

@Retention 规定了注解的存活时间,即注解仅在哪个阶段生效。@Retention 的 value 属性取值如表 13.8 所示。

表 13.8   @Retention 的 value 属性取值

名　　称	描　　述
RetentionPolicy.SOURCE	注解只在源码阶段保留,在编译期编译时它会被丢弃,因此运行时并不能获取到这个注解
RetentionPolicy.CLASS	注解可以保留到编译时,但是并不会被加载到 JVM 中,因此运行时并不能获取到这个注解
RetentionPolicy.RUNTIME	注解可以保留到程序运行时,它会被加载到 JVM 中,因此可以在程序运行时获取到这些注解

下面对@MyAnnotation 加上元注解进行描述,规定这个注解只能加到类上,并且注解保留到运行时,如代码清单 13.9 所示。

代码清单 13.9   **MyAnnotation**

```java
package com.yyds.unit13.demo;
import java.lang.annotation.ElementType;
import java.lang.annotation.Retention;
import java.lang.annotation.RetentionPolicy;
import java.lang.annotation.Target;
@Target(ElementType.TYPE)
@Retention(RetentionPolicy.RUNTIME)
public @interface MyAnnotation {
    //注解的语法：类型 属性名() default 默认值；其中 default 默认值可以省略
    int id();
    String msg() default "HelloWorld";
}
```

13.2.5 注解的使用

前面将注解比作标签,前面的知识点都是在讲怎么写注解、打注解,而类、方法上被加上注解后,程序的运行并没有什么变化,因为注解本身是没有任何功能的,只有通过后续编写的其他程序获取注解,再根据注解的属性执行某些额外的操作。

注解的使用要依赖于反射机制,在 Class、Method、Field、Constructor 类中,都有如下几个方法,这些方法是对注解的获取以及判断操作,通过这些方法就可以赋予这些注解一定的功能。反射中注解的相关方法如表 13.9 所示。

表 13.9 反射中注解的相关方法

方 法 签 名	方 法 描 述
boolean isAnnotationPresent(Class<?> clazz)	判断类、方法、变量、构造方法上是否有指定的注解
A getAnnotation(Class<A> clazz)	获取类、方法、变量、构造方法上的指定注解,如果该注解不存在,则返回 null
Annotation[] getAnnotations()	获取类、方法、变量、构造方法上的所有注解

直接以 Field 为例创建注解@Id,限定其只能运用到变量上,属性 value 为 Id 长度。接着,在 User 类的 id 字段上加上@Id 注解。

```java
package com.yyds.unit13.demo;
import java.lang.annotation.ElementType;
import java.lang.annotation.Retention;
import java.lang.annotation.RetentionPolicy;
import java.lang.annotation.Target;
@Retention(RetentionPolicy.RUNTIME)
@Target(ElementType.FIELD)
public @interface Id {
    int value() default 4;
}
```

编写一个方法,创建指定 Class 对应的对象,并判断如果存在加了@Id 的字段,则为其赋值为 0～9999(value 个长度的 9)的随机值,最后输出对象,详细代码如代码清单 13.10 所示。

代码清单 13.10　Demo10GeneratorId

```java
package com.yyds.unit13.demo;
import java.lang.reflect.Constructor;
import java.lang.reflect.Field;
public class Demo10GeneratorId {
    public static void main(String[] args) throws Exception {
        User user = newInstance(User.class);
        System.out.println("user 的 id 为: " + user.getId());
        Car car = newInstance(Car.class);
        System.out.println("car 的 id 为: " + car.getId());
    }
```

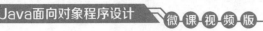

```java
        private static <T> T newInstance(Class<T> clazz) throws Exception {
            //获取构造方法创建对象
            Constructor<T> constructor = clazz.getDeclaredConstructor();
            constructor.setAccessible(true);
            T t = constructor.newInstance();
            //获取所有字段
            Field[] fields = clazz.getDeclaredFields();
            for(Field field : fields) {
                //判断字段上是否有@Id注解
                if(field.isAnnotationPresent(Id.class)) {
                    field.setAccessible(true);
                    //获取@Id注解
                    Id id = field.getAnnotation(Id.class);
                    //获取 value 属性。注解属性的获取像方法的调用
                    int value = id.value();
                    int multi = 1;
                    for(int i = 0; i < value; i++) {
                        multi *= 10;
                    }
                    //生成 0~9999(value 个长度的 9) 的随机数
                    int idValue = (int) (Math.random() * multi);
                    //设置 id 值
                    field.set(t, idValue);
                }
            }
            return t;
        }
    }
```

程序(代码清单 13.10)运行结果如图 13.8 所示。

user的id为：8377
car的id为：null

图 13.8　程序运行结果

13.3　本章小结

本章共分两大节,首先介绍了反射的概念,以及 Java 程序在计算机中的 3 个阶段,从而理解反射的应用时期;接着通过典型的案例,介绍了反射中主要涉及的四个类——Class、Field、Constructor、Method 的使用方式,并通过反射机制验证了泛型擦除。

在注解一节中,依然是基于反射对注解进行详细的学习,并以自动生成 ID 为例,演示了反射＋注解在实际开发中的应用场景。

本章的内容并没有涉及任何业务性质的代码,如添加订单、购物车查询,这是因为反射的性能较差。尽管如此,在实际开发中依然可以牺牲这点性能损耗来换取高效率的开发。

通过本章的学习，读者能够了解反射和注解的基本使用，以及更高一层的封装思想，迈向通往架构师道路的第一步。

13.4 习题

1. 获取一个类类型的 Class 对象一共有几种方式？请分别写出。

2. 假设一个 User 类中有一些空参方法，其方法名和方法个数都不确定，请使用反射机制，创建 User 对象，调用它所有的空参方法。

3. 通过反射创建对象是否会调用构造方法？请举例说明。

4. 编写程序创建 Math 的对象，并输出 Math。

5. 反射是否能给 final 修饰的字段赋值？请编写程序加以证明。

6. 执行一个类中所有以"test"开头的方法。

7. Class 中也存在 newInstance()方法，该方法创建对象是否需要执行构造方法？

8. 除元注解外，Java 中还内置了哪些常见的注解？请举例说明它们的作用。

9. 编写一个注解@Id，规定其只允许使用在字段上。编写一个方法，能够根据传入的 Class 创建对应的对象，其中，如果对象的字段中存在@Id 注解，根据其数据类型，如果是 Integer，则赋值为 1000～9999 的随机数；如果是 Long，则赋值为当前时间戳；如果是 String，则赋值为 UUID；如果是其他数据类型，则抛出异常提示"Id 数据类型不合法！"。

10. （扩展习题）参考第 12 章的扩展练习，自行封装一个对象转 JSON 的工具，并自定义注解@JSONField，当字段上有该注解时，该字段不参与 JSON 转换。

参 考 文 献

［1］ 耿祥义,张跃平. Java 面向对象程序设计［M］. 3 版. 北京：清华大学出版社,2020.

［2］ 余平. Java 程序设计［M］. 北京：北京邮电大学出版社,2018.

［3］ 黑马程序员. Java 基础入门［M］. 3 版. 北京：清华大学出版社,2022.

［4］ 马俊,曾述宾. Java 语言面向对象程序设计［M］. 3 版. 北京：清华大学出版社,2022.

［5］ 肖睿,崔雪炜. Java 面向对象程序开发及实战［M］. 北京：人民邮电出版社,2018.

［6］ DOWNEY A B. 像计算机科学家一样思考 Java［M］. 滕云,周哲武,译. 北京：人民邮电出版社,2013.

［7］ 梁勇,阮丽珍. Java 深入解析：透析 Java 本质的 36 个话题［M］. 北京：电子工业出版社,2013.

［8］ 李兴华,马云涛. 第一行代码 Java［M］. 北京：人民邮电出版社,2017.

［9］ 满志强,张仁伟,刘彦君. Java 程序设计教程［M］. 慕课版. 北京：人民邮电出版社,2017.

［10］ 李刚. 疯狂 Java 讲义［M］. 2 版. 北京：电子工业出版社,2012.

［11］ 何水艳. Java 程序设计［M］. 北京：机械工业出版社,2016.

［12］ CALVERT K L,DONAHOO M J. Java TCP/IP Socket 编程［M］. 2 版. 北京：机械工业出版社,2009.

［13］ LIANG Y D. Java 语言程序设计（基础篇）［M］. 戴开宇,译. 10 版. 北京：机械工业出版社,2017.

［14］ 眭碧霞,蒋卫祥,朱利华,等. Java 程序设计项目教程［M］. 北京：高等教育出版社,2015.

［15］ REGES S. Java 程序设计教程［M］. 3 版. 北京：机械工业出版社,2015.

［16］ 李金忠. 有机融入思政元素的面向对象程序设计课程教学探析［J］. 计算机教育,2021(7)：51-55.